环境工程工学硕士研究生教学用书

环境工程工艺设计教程

赵玉明　编著

中国环境出版社·北京

图书在版编目（CIP）数据

环境工程工艺设计教程/赵玉明编著. —北京：中国环境出版社，2013.9

ISBN 978-7-5111-1527-0

Ⅰ. ①环… Ⅱ. ①赵… Ⅲ. ①环境工程—工艺设计—研究生—教材 Ⅳ. ①X505

中国版本图书馆 CIP 数据核字（2013）第 176719 号

出 版 人 王新程
责任编辑 丁 枚
文字编辑 赵楠婕
责任校对 尹 芳
封面设计 金 喆

出版发行 中国环境出版社
（100062 北京市东城区广渠门内大街 16 号）
网　　址：http://www.cesp.com.cn
电子邮箱：bjgl@cesp.com.cn
联系电话：010-67112765（编辑管理部）
010-67112735（环评与监察图书出版中心）
发行热线：010-67125803，010-67113405（传真）

印　　刷 北京市联华印刷厂
经　　销 各地新华书店
版　　次 2013 年 12 月第 1 版
印　　次 2013 年 12 月第 1 次印刷
开　　本 787×1092 1/16
印　　张 18 插页 2
字　　数 420 千字
定　　价 36.00 元

前　言

作者从事环境工程工作已有 30 年了，从事环境工程工学硕士研究生工艺设计教学工作也已经 14 年了。这 30 年，我国工业化进程不断加快，国家对于污染控制的投入越来越大，环境工程工学硕士研究生的数量也急剧增多。但回头望望，心中却是忐忑不安。由于工作原因，每年要跨入上百家企业的大门，许多工厂里污染控制设施稳定达标之艰难使人瞠目。如果将企业及管理部门监管的主观因素排除，再审视每年参加的几十项废水、废气等治理方案的评审，却有相当比例的方案需要做重大修改这一事实，就不难得出结论：污染控制设施的设计水平不高造成其处理效能低下，而设计水平低的原因显然与设计人员的水平密切相关。环境工程工学硕士研究生在三年的学习期间，绝大多数时间呆在课堂和实验室里，与实际工程接触过少；从本科一路学来，只知道各种污染控制单元或方法的优点，岂不知，美国管理学家彼得·圣吉（Peter M. Senge）提出的“水桶效应（Buckets effect）”早已告诉我们，一种工艺单元是否能够用于某个工艺流程中，受制于该工艺单元的局限性。

曾经有媒体记者采访环境工程界高端人士后撰文称污水处理专家为“魔术师”。但恰恰相反，环境工程工艺设计人员不能当“魔术师”，不能用“障眼法”对付“三废”，而要用最适用技术、最简单的方法，将污染物转化成为无害物质，消除工业、农业和第三产业的环境污染。

读读本书，希望能提供帮助并给予启发。

环境工程领域之深奥，虽尽气力，仍难以圆满，衷心希望各位提出宝贵意见。

王利超、马堂文同学参加了本书的编撰，在此一并表示感谢。

编者

2013 年 5 月

目　录

第一章　设计基础

第一节　概　述

环境工程工艺设计是环境科学、污染控制技术与经济学相结合的一门技术学科。环境工程工艺设计必须依据国家的经济政策、技术政策和环境政策，最合理、最有效地利用国家的财富和资源，合理地采纳环境科学、污染控制技术、清洁生产工艺等方面的最新成就，设计成果要做到技术先进、经济合理。所谓技术先进是指污染控制单元应能够将生产单元产生的各类污染物净化至一定的排放标准，减少其对环境影响的技术；污染控制单元在净化污染物时，需消耗资源、人力和动力，从而占用一定的生产成本，但如占用生产成本比例过高，则会影响生产经营活动的正常开展。因此，污染控制单元应在达到其技术指标前提下，以尽可能低的运行成本投入运行，这就是环境工程设计成果的经济合理性。

环境工程在多个方面与化学工程相类似，使用了大量的化工单元操作过程，不仅是化学和物理化学的处理单元，即使是生物处理单元，也大量应用了传质、传热、液固分离等基本化工单元过程。由此可见，在环境工程工艺设计方面大量借鉴和吸取化工工艺设计理论、方法和成果是非常必要的。另一方面，环境工程又与化学工程间存在巨大差异。首先是对象不同，化学工程物料为高含量、低杂质，物料特性主要取决于主含量物质的特性，物理化学特性明确而易量化，而环境工程面对的废水、废气、废渣，是由生产物料中所含杂质、未反应原料、副反应物和流失产物等组成，含量低、组分多、相互间影响大，呈现非常复杂的物理化学特性。其二，化学工程物料通常在较稳定的指标范围内运行，而环境工程面对的废水、废气、废渣污染源，其组分、浓度、流量、温度、酸碱度等常常变化非常大。因此，环境工程工艺设计相比之化学工程工艺设计，有更多的不确定因素，更复杂，必须更多地依赖于实验数据和工程经验。第三，环境工程项目的流程复杂，一个既含有有机物、又含有无机物的中等复杂程度的废水处理流程，可能就包含了物理、化学、物理化学和生物处理等单元过程，为了保证其能够达到预期的处理效率，对工艺设计的要求无疑将更高。

综上所述，为了满足环境工程工艺要求，环境工程工艺设计人员应当要有扎实的污染控制方法学、化学、化工、防腐、生物、机械、材料、制图学、计算机应用等基础理论知识并能熟练地加以应用。不可忽视的是，面对如此复杂的各类污染源，没有一本教科书或设计手册能够说明和解答所有问题，因此，环境工程工艺设计人员应注意在实践中积累和应用知识，特别应努力吸取以往工程实例的经验和教训，从工程实践中增长经验和技巧，才能最终成长为一名优秀的环境工程工艺设计师。

第二节 环境工程工艺设计阶段

一、研究性实验与方案设计

环境工程项目方案设计（schematic design）的前提是建设单位的委托。

方案设计通常以研究性实验结果为依据，编制项目方案。如果是成熟工艺，也可以直接进行设计。

环境工程的对象（废水、废气等）其特点是水质、水量、气质变化大，不稳定，不同厂家生产的同一种产品排放的废水、废气也会有较大差别，一种处理工艺是否可行，仅仅通过文献调研远远不够，实验在许多情况是唯一可行和可靠的途径。从严格意义上说，如果没有同类工程实例，除了COD浓度适宜、BOD与COD之比恰当的废水可以直接进行好氧生化系统设计外，包括混凝在内的环境工程工艺单元，都需经过实验，尤其是萃取、吸附、化学氧化、光催化氧化、微电解、膜分离等必须经实验，验证处理效果和二次污染物妥善处置的可行性，才能进入编制技术方案阶段。

研究性实验就是通常所称的“小试”。研究性实验主要目的是研究废弃物处理步骤及其规律，打通工艺路线，提出主要原辅材料、主要技术经济指标及工艺技术条件，编制工艺技术方案，为中试做技术准备。要求技术指标和工艺操作条件稳定、可靠，经济性合理，建立相应的工艺控制和分析方法。

研究性实验与生产性工程相比较，有以下几方面差异：

（1）所用原料不同

研究性实验所用原料为实验用药剂纯度较高，多为化学纯，甚至为分析纯。实验用药剂纯度高、杂质少，简化了杂质对实验的影响，方便了对实验规律的研究，但带来的问题是不清楚杂质物质可能对实验的影响。

（2）搅拌

搅拌对于很多化学过程有着至关重要的影响，例如对于混凝过程，需先高速搅拌，使混凝剂与废水在短时间内充分混合，然后减速搅拌，有利于絮凝体长大。研究性实验的反应容器多为各类烧杯，直径小，搅拌时搅拌轴心与搅拌叶尖刀线速度差别不大，物料混合较为均匀；而生产性工程装置直径大，搅拌时搅拌轴心与搅拌叶尖刀的线速度差别非常大，物料混合不均匀，将严重影响混凝效果。对于各类废水处理中的搅拌过程，还常常采用矩形的池子作为反应器，其物料混合特征更是与实验室实验相差巨大。

（3）传热

同样，由于传热的研究性实验的反应容器多为各类烧杯、交换柱等小直径容器，无论是采用夹套加热还是直接加热，传热距离短，温度均一所需时间短；而生产性工程装置直径大，反应体系内部温度梯度大，对于吸附—脱附这样的过程而言，在低浓度的吸附流出液与高浓度的脱附液间会形成较长的混合区，最终将缩小脱附液与流出液的浓度比，使吸附装置的经济指标下降。

除以上问题外，在加料方式、过滤、物料转移、过程控制等方面，研究性实验与生产性工程装置也存在着巨大差异。实验室实验中，由于物料量小，加料基本采用手工，而在实际工业生产中，液体物料有机泵压送、真空泵抽吸、计量罐自流滴加等多种方式；气体物料有自身压力压送、抽吸等方式；粉状物料有机械输送加料、气力输送加料、人工加料等方式。在实验室实验中，过滤常采用各类滤纸、滤膜，而实际工业生产中，过滤材料有各种滤布、微孔金属、陶瓷、高分子材料等，过滤机械更是种类繁多、性能各异。这些差异的积累使得仅仅按实验室实验参数放大到工业规模后，往往无法重现实验的结果，形成所谓的“工程放大效应”。因此，研究性实验参数往往不能直接应用于工程设计。

为了了解这些差异，减小这些差异对工程设计的影响，就需要进行放大模拟试验，并以其结果，进行基础设计。

大型项目则需编制可行性研究报告。可行性研究报告主要内容有：

1）项目兴建理由与目标。

2）技术提供单位以往的研究基础和本项目研究进展。

3）方案比选。包括场址方案、技术方案、设备方案、工程方案、原材料燃料供应方案、总图布置方案、场内外运输方案、公用与辅助工程方案等比选。

4）劳动安全卫生与消防。环境工程内容有时会使用易燃易爆、有毒有害等原辅材料，因此同样应注意劳动安全卫生与消防问题。

5）组织机构与人力资源配置。

6）项目实施进度。

7）财务评价。

8）风险分析。由于环境工程项目应当尽量采用先进技术，因此可能会带来一些技术风险问题，应当加以阐述。

9）研究结论与建议。对于设计方案，通常由建设单位委托管理部门组织评审，如通过了评审，即可以编制项目建议书，上报立项。

二、放大模拟试验与基础设计

基础设计（foundation design）是以放大模拟试验（中试）结果为依据，编制基础设计说明书。

放大模拟试验（中试）又称“生产性放大试验”。放大模拟试验是研究在一定规模设备中的操作参数和条件的变化规律，验证实验室工艺路线的可行性，解决在实验室阶段未能解决或尚未发现的问题，提供将研究结果应用到大规模的工业生产中所必需的数据。

放大模拟试验的目的，是为了最大限度地降低“工程放大效应”。

放大模拟试验应该具有一定规模。这是因为，同样的工艺目标，处理规模不同，所用的设备可以完全不同，其单元效率、成本甚至二次污染的情况都有可能不同。放大模拟试验规模一般可为实际工业生产的几十分之一，放大效用越显著的，放大倍数应当越小。

放大模拟试验应采用工业级原料以及与今后工业规模基本相同的设备，并配套全部辅助过程如输料、搅拌、加热、冷却、过程控制等。

放大模拟试验还应有一定的持续时间。这是因为，有些单元过程存在着积累性的损害影响，这些影响有时甚至是不可逆转的。例如，树脂吸附过程的脱附效率常随着工作次数的增加逐渐降低，最终影响树脂的吸附能力而导致树脂失效；过滤材料以及超滤、纳滤、反渗透等膜分离过程，会由于微生物的滋长和机械杂质的堵塞使过滤材料及膜材料逐渐失效。因此，放大模拟试验必须有一定的持续时间，通过对试验期间过程效率-时间曲线的分析，最终判断相关工艺单元应用时工艺参数的稳定性和设备的可靠性。

放大模拟试验得到的试验数据，供编制基础设计说明书。

三、初步设计

在基础设计通过论证的基础上，开展初步设计（preliminary design），包括编制初步设计说明书、绘制主要图纸及编制项目总概算。

各类图纸包括：带控制点工艺流程图、物料平衡图、设备布置图、管道布置图、关键非标设备总图、定型设备总图等。

初步设计由建设单位委托管理部门组织审查。

四、施工图设计

初步设计审查通过后，进入施工图设计（construction drawing design）阶段，其成果为详细的施工图纸、施工文字说明、主要材料汇总表及工程量表。

各类图纸包括：带控制点工艺流程图，蒸汽、空气等辅助管道系统图，物料平衡图，设备特征图，设备及换热器的热量平衡图。其中设备布置图包括首页图、设备布置图、设备支架图、管口方位图；管道图包括各类管道布置图、管段图、管架图、管件图；非标准设备图包括各类非标准设备总设备图及零部件图；定型设备图包括设备总图和零部件图等。

设计阶段中，可行性研究和计划任务书属设计前期工作。

表 1-1 工艺设计图样及其内容

初步设计	施工设计	内容
工艺设计图		
全厂总工艺流程图、物料平衡图		全厂总工艺流程图、物料衡算结果
物料流程图		车间（装置）的物料流程、物料衡算、设备特征、换热器的热量衡算等
带控制点工艺流程图	带控制点工艺流程图、辅助管道系统图、蒸汽管系统图	车间（装置）或工段中主辅管道、生产设备、仪表、管件、阀门的配置
设备布置图	首页图、设备布置图、设备支架图、管口方位图	车间（装置）、工段中生产设备、操作平台等的具体位置和安装情况，支架、平台的详细结构
管道布置图	管道布置图、蒸汽管道布置图、管段图、管架图、管件图	车间（装置）、工段的管道、管件、阀门、管架及仪表检测点的位置，安装情况，管段、管件的详细结构
设备图 非定型管件总设备图		非定型总设备图及零部件、设备总图，部件、零件的结构形式、尺寸、材质、数量、技术要求等
定型设备总图及零部件图		设备的主要结构形式、尺寸、技术特征

第三节 环境工程工艺设计步骤

一、了解生产工艺及污染源、污染物状态和性质

污染物的性质、排放量、排放方式等与生产工艺密切相关。充分了解生产工艺及污染源、污染物状态和性质，可以最大限度地回收资源，减少污染物的排放及处理量；可以合理地设计操作方式、处理流程、降低运行成本；可以合理地布置处理设施，减少对工艺装置的干扰。

1. 原辅材料调查

任何一种生产过程的转化效率不会是100%，生产中所使用的原料常常不能够完全转化为产品，可能转变成副反应物或被分解等。根据物质不灭定律，其未转化为产品的原料在生产过程中以各种形式进入到废气、废水或固体废弃物中，成为污染物质。另一方面，生产过程常常使用的大量辅助性原料如溶剂、酸碱调节剂、催化剂等，虽不参与反应，但会有过程损耗如流失、回收损失和分解损失等，损耗的部分同样最终进入废气、废水和固体废弃物，成为污染因子。因此，对生产过程所使用的各类原辅材料进行调查分析是必要的。

在工程分析中，对各类原辅材料的调查分析应注重两个问题：一是其理化性质、毒性，二是其消耗。

理化性质、毒性的调查范围，不仅包括生产过程将使用的各类原辅材料，还包括中间产物和产品。所以应给出其规范的名称、分子式、分子量、危险货物编号（危规号）、外观与性状、密度、熔点、沸点、溶解性、饱和蒸汽压、可燃烧性、爆炸极限、闪点、稳定性、毒性指标等。应特别注意给出溶解性、饱和蒸汽压、在与其他物质接触或高温条件下的稳定性、分解产物等。因此物质的溶解性关系到该物质在废水中的最低浓度；而有机物如有机溶剂的挥发损失和冷凝损失都与其饱和蒸汽压相关；某些物质与其他物质接触时会发生激烈的化学反应，某些物质在高温或其他条件下易分解甚至放出有毒有害气体等，易引起次生或伴生环境风险。

对于物质的毒性，除了对人体一般性毒害的定性描述外，还应给出半数致死量（LD_{50}）、半数致死浓度（LC_{50}）等毒性指标、“三致”性等特殊毒性参数。

在对生产过程所使用的各类原辅材料的调查中，如有拟使用或在生产过程中可能产生持久性有机污染物（POPs）、消耗臭氧层物质（ODS）、易制毒类及其他国际和国内禁用或严格控制使用、生产的化学品，须逐一标明。

各类原辅材料的消耗首先应根据可行性研究报告给出拟定单耗和年用量，同时，应计算出其理论消耗。

理论消耗是在最适宜条件下，假设原料完全转变为产品得到的。在实际生产中，由于各种生产过程的工艺条件、效率等很难达到理想条件，原料在生产过程中不能被完全利用，就有了化学反应的转化率、物理过程的转变率和产品收率。显然，这些效率越高，原料的

利用率就越高，原料的拟定消耗也就越接近于理论消耗。通过工程分析计算出的这些数据，是核定各类污染源源强和评估建设项目清洁生产水平的依据。

2. 工业设备及其运行时的环境特征

设备在工作时会产生和排放各类污染物，我们将生产设备在工作时产生、排放污染物的方式、种类和特点称为该设备运行时的环境特征。常见化工设备的环境特征见表 1-2，常用环境工程单元的环境特征见表 1-3。

表 1-2 常见化工设备的环境特征

设备/工艺	排污工况	排污方式	排放的污染物
压力反应器	卸压	间歇	放空气体
连续式生产设备	在中修、大修时需吹扫、清洗等	间歇	吹扫废气和清洗废水
间歇式生产设备	常需清洗	间歇	设备清洗废水
各种固液分离设备	凡在有机相中的固液分离过程	间歇	有机溶剂挥发形成的无组织排放
连续式干燥设备、气力输送系统	物料全部经过分离系统，工艺分离系统与尾气净化系统常合为一体	连续	粉尘
间歇式干燥设备	蒸汽挥发时夹带粉尘	间歇	粉尘
蒸馏、精馏	冷凝器后排气	连续	不凝气
真空设备	排气、排水	连续	尾气、废水

表 1-3 常见环境工程单元的环境特征

工艺	排污工况	排污方式	排放的污染物
吸附	脱附剂为有机溶剂时的冷凝回收	连续	不凝气
萃取	分层分离	间歇	萃取剂流失进入萃余项
含挥发性物质废水处理	整个收集、输送和处理过程	连续	无组织排放源

3. 产污环节及源强核算

对建设项目工艺流程进行分析，是为了找出流程中全部的污染物产生环节，为进一步查清源强提供依据。

一般来说，一个工业产品的生产过程是由一个或多个工艺单元构成的，这些单元按其原理，可分为物理过程和化学过程两大类，在实际工艺流程中，常常既有物理过程又有化学过程。

工业生产中的产污环节按生产过程可分为原料投放时、生产过程中和仓储过程中的产污环节。按污染源的种类可分为废气、废水、固体废弃物和噪声等。

在工程分析中，首先要绘制流程框图（大型项目一般用装置流程图的方式说明生产过程），按工艺流程中的单元过程顺序逐一阐述，说明并图示主要原辅料投加点和投加方式。工艺流程中有化学反应过程的，应列出主化学反应方程式、主要副反应方程式和主要工艺参数，明确主要中间产物、副产品及产品产生点、污染物产生环节和污染物的种类（按废水、废气、固废、噪声分别编号）、物料回收或循环环节。工艺流程说明、工艺流程及产污环节图和污染源一览表，应做到文、图、表统一。

污染源分布和污染物类型及排放量是各专题评价的基础资料，必须按建设过程、运营过程两个时期，详细核算和统计，根据项目评价需要，一些项目还应对服务期满后（退役期）影响源源强进行核算。因此，对于污染源分布应根据已经绘制的带产污环节的生产工艺流程图及列表逐个给出各污染源中各种污染物的排放强度、浓度及数量，完成污染源核算。

二、确定操作方式

环境工程设施的操作方式主要确定两个问题，其一是连续操作还是间歇操作；其二是否与生产设施同步。

环境工程工艺单元按操作方式可分为连续操作（continuous operation）或间歇操作（intermittent operation）。如过滤、化学氧化/还原过程、萃取、离子交换与吸附等为间歇操作过程；膜分离、生化处理等过程为连续操作过程；混凝、化学沉淀等视采用的设备，可以为间歇操作也可以为连续操作。如果生产设施的操作方式与拟采用的环境工程设施的操作方式不一致，应当增加必要的调节设施如调节池等进行缓冲。

污染控制设施的操作方式或周期是否采取与生产工艺操作相同的方式，可根据污染物处理周期的长短考虑。例如，生产装置为连续生产，但废水量很小，很短的时间即可处理完毕，则污染控制设施的生产操作方式可采取间歇式，以一定容量的调节池暂时接纳、均化停机时间的废水；反之，若生产装置为间歇生产，但在某个时间段废水量很大或较难处理，处理流程很长，亦可设置较大容量的调节池进行调节、均质，并采取运行操作较稳定的连续操作方式的污染控制设施为好。

三、选择单元过程及设备

根据实验、经验或文献调研，选择合理的处理单元或单元组合，构成处理工艺。

选择恰当的单元过程，以及为完成该单元过程所需的设备。同一工艺目的或要求可用不同的工艺单元完成。例如，去除有机物（COD）可以用混凝、化学氧化/还原、吸附、萃取、生化法等，到底采用哪一种工艺单元才合理呢？对于固液分离，沉淀、过滤、离心分离、气浮等单元都可以完成。同一工艺单元也可以用不同的方式和设备实现，如过滤可以分为重力过滤、真空过滤和压力过滤等方式，各种过滤方式都有多种可选设备，如压力过滤用滤布过滤、颗粒层过滤器、微孔过滤器、纤维球过滤器等完成。在选择时，要考虑单元或设备的效率、成本以及对下一工艺步骤的影响等因素；还要考虑物料的理化性质如腐蚀性、黏度、细度、气味、易燃易爆性、浓度、单位时间产生量等。进一步地，还要综合考虑所需的原料来源、厂方的技术、经济状态、人员素质、环境管理部门的要求、气候条件及其他影响因素等。

如在北方高寒地区，通常的生化池受气候条件限制，不能全年正常运行，如果改成塔形生化反应器，则有利于保温。

在选择单元过程及设备阶段和确定辅助过程及设备阶段中，必须进行大量的物料和设备选型计算。

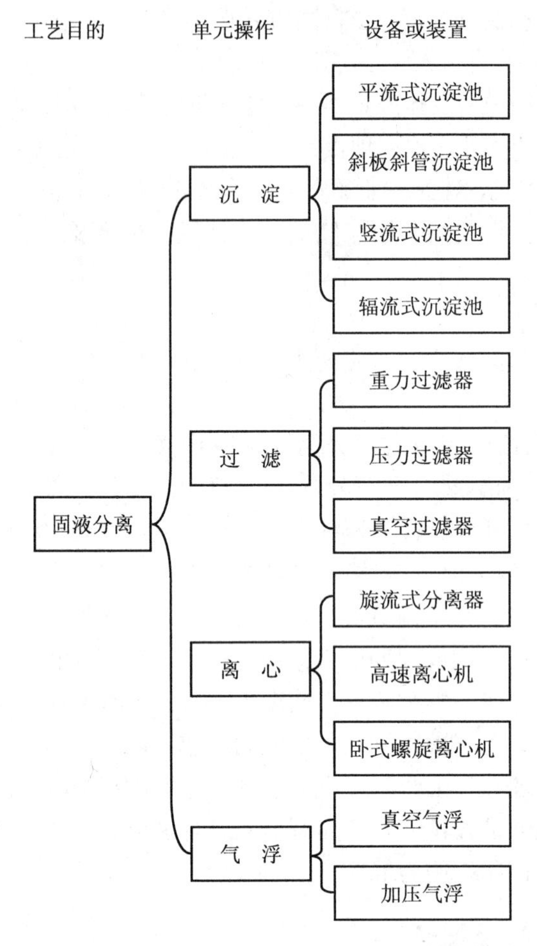

图 1-1 用于固液分离的不同单元及不同设备或装置

四、确定辅助过程及设备

通常组成一个完整的单元过程，需要主反应器（main reactor）和辅助系统（auxiliary system）两大部分。

主反应器包括：反应器、分离器等设备和水工构筑物。

辅助系统包括：物料输送系统（materials handling system）、储配料系统（feed proportioning system）、加热冷却系统（heater and cooling system）、过程控制系统（process control system）等。

一个完整的单元过程的各系统如图 1-2 所示，一个或数个这样的单元过程构成一个工艺流程。

物料输送系统中，液体的输送方式有泵送、负压抽送、气体压送、重力自流等；气体的输送方式有风机抽吸、空气压缩机压力输送等；固体的输送方式有机械输送（各种提升机、螺旋输送机、皮带输送机）、水力输送、气力输送（真空抽吸或压送）、人工搬运等（见表 1-4）。

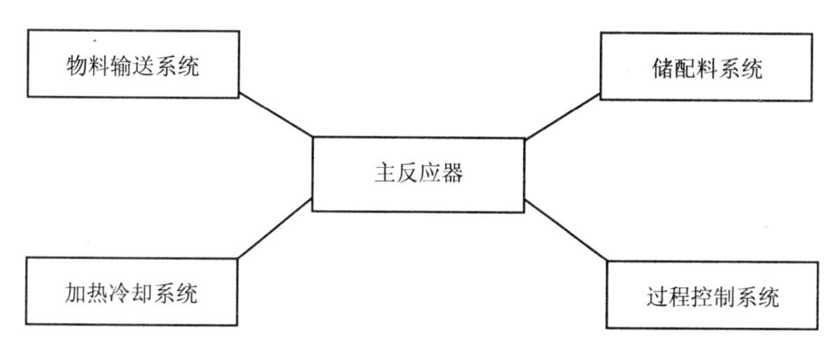

图 1-2　单元过程的构成

表 1-4　各种介质的输送方式及动力设备

介质	输送方式		动力设备
液体	压力输送		泵
	负压输送		真空泵
气体	气体压送		空压机
	重力自流		重力
	压力输送		风机、空压机
	负压输送		风机
固体	机械输送		皮带输送机、螺旋输送机、提升机
	气力输送	压力输送	空压机
		负压输送	风机
	水力输送	压力输送	泵

储配料系统主要指原辅材料储罐、高位槽、计量罐、配料罐、缓冲储器等。缓冲储器起中间过渡作用，有时也起中间均质作用，如吸附、离子交换过程的中间容器。储配料系统的操作可以选择人工液位控制加料、计算机控制计量泵加料、计算机控制全自动配料、加料系统加料等。

加热、冷却系统有各种不同的加热方式如蒸汽加热、电加热、热媒体加热或直接加热等；传热方式和设备也有多种多样。冷却方式有水冷却、空气冷却、自然冷却等。

过程控制系统包括数据采集（data capture）和控制部分（control portion），主要对象有温度、压力、酸碱度、料位、成分等采样、测量、控制装置等，可以分为间断采样和在线控制两类。按控制水平，又可以分为现场仪表显示、人工控制、电动仪表远传控制和计算机控制，如 DCS 系统等。

五、确定设备的相对高低位置

设备的相对高低位置影响连续操作程度、设备规格和数量、动力消耗、厂房展开面积、劳动生产率等，都会最终影响处理设施的工艺流程和运行费用。当各单元间不需要很大的压力差时，可采用一次提升，然后逐级利用重力流使物料从上一单元自流向下一单元；在设计废水处理设施时尤其是生物化学处理装置中，不同的废水提升方式将形成不同的工艺流程，设计时应仔细考虑这个问题。

第四节　环境工程工艺设计内容

一、工艺流程图设计

所谓工艺流程图，是通过图解方式，描述整个工艺过程、使用的设备、设备间的关系（主要和辅助）和衔接、相对位差等。在废水处理过程中，工艺流程图可以表现废水中污染物和能量发生的变化及流向、采用的单元过程及设备，还可以在此基础上通过图解的形式进一步表示出管道流程（piping flow）和计量—控制流程（measure-control flow）。

在整个工艺设计中，工艺流程图设计是最先开始，最后完成。

在可行性研究阶段可先定性地画出工艺流程示意图，其目的是确定工艺路线、采用的处理单元和设备，为物料计算提供依据。在初步设计阶段，应根据物料计算和初步的设备计算（选定容积型定型设备和非标设备的形式、台数、主要尺寸，计量和储存设备的容积、台数），画出物料和动力（水、汽、压缩空气、真空等）的主要流程、管线和流向箭头、必要的文字注释等，为车间布置设计提供依据。在施工图设计阶段，继续进行设备设计（包括所有技术问题，如过滤面积、传热面积、加热冷却剂用量等），并根据最终计算结果和设备布置设计完成工艺流程图，施工图阶段的工艺流程图上，必须画出所有的设备、仪表等。

二、物料计算

1. 基本概念

物料计算（material calculation）是环境工程设计中的基本计算。

物料计算建立在物料衡算（material balance）的基础上，通过物料计算得出进入和离开设备的物料（原料、中间产品、成品）的成分、重量和体积，即设计由定性转入定量阶段，可进行能量计算、设备计算（确定设备的容量、套数、主要尺寸和材料）、工艺流程设计和管道计算等。

通过物料计算，可以考察工艺可行性。例如通过计算看转化率、去除率是否符合设计要求；核算经处理后的尾水、尾气是否达到排放标准。

根据物料计算，还可进一步计算出原料消耗定额、消耗量，汇总成原料的综合消耗表，在表中除给出物料量外，还应根据该原料的工业品规格给出实际消耗量，以便计算运输量。例如氢氧化钠是常用的原料之一，通常都采用浓度为30%液碱，因此最后应计算出30%液碱的用量。原辅材料消耗定额作为运行成本的一部分，同时其消耗量也是设备计算的一个依据。

根据物料计算，还可以得出水、电、蒸汽、压缩空气、真空、其他惰性气体、冷介质等公用工程消耗量。

物料计算中最基本的和最重要的是物料衡算计算。

物料衡算可以是对过程的总的物质平衡计算，也可以是对一个单元过程或一台设备的局部物质平衡计算。在环境工程领域，还常进行针对某特定物质如有毒有害物质、重金属或某个元素等的衡算。

物料衡算可以是针对现有的生产设备和装置，利用实际运行时测定的数据，计算出其他不能直接测定的数据，建立起整个生产过程的数字化模型；也可以是为了设计新的设备、单元或装置，根据设计任务，先作物料衡算，再计算能量平衡求出设备或过程的热负荷，从而确定设备规格、数量等。

化工单元过程指包含有物理化学变化的化学生产基本操作，例如有关物料流动的操作如管道输送、泵道输送、风机输送等；有关传质过程的操作如蒸发、蒸馏、吸收、吸附、萃取等；有关机械过程的操作如固液分离、气固分离、固体物料的粉碎等。这些过程也是环境工程中最基本的工艺单元过程。

无论进行何种层次的物料衡算，均需要如下基本数据和条件：

输入输出物料的速率、组分、浓度，单位应当统一；物料发生物理变化时的变化率（吸收率、吸附率等）；当有化学反应发生时，应明确反应转化率和产物；有多个化学反应同时发生时，应获得各反应的比例等。

2．物料衡算

过程或单元的物料衡算，如下图所示。

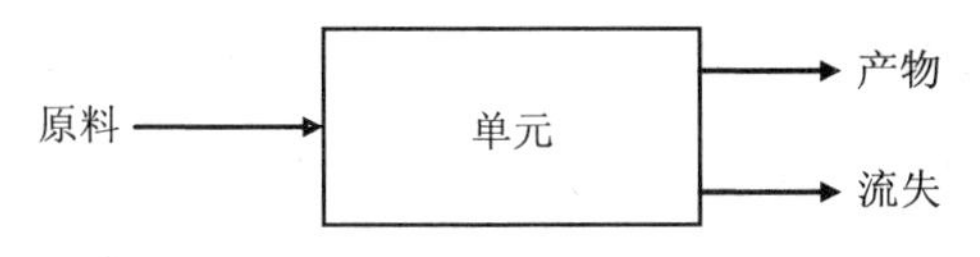

图 1-3　过程或单元物料平衡

根据质量守恒定律（即进入一个系统的全部物料量必等于离开系统的全部物料量），再加上过程中的损失量和在系统中的积累量。可列出等式：

$$\sum G_1 = \sum G_2 + \sum G_3 + \sum G_4 \tag{1-1}$$

式中：$\sum G_1$ ——输入物料量总和；

$\sum G_2$ ——输出产物量总和；

$\sum G_3$ ——物料损失量总和；

$\sum G_4$ ——物料积累量总和。

对于稳定的连续过程，系统内物料积累量总和可以视为零，上式可以写成：

$$\sum G_1 = \sum G_2 + \sum G_3 \tag{1-2}$$

特定物质或元素的物料衡算，可按下式进行计算：

$$\sum W_i X_{w_i} = \sum WD_i X_{D_i} + \sum WF_i X_{F_i} \tag{1-3}$$

式中：W_i ——含特定物质或元素的 i 种原料的量；

X_{wi} ——特定物质或元素的原料在 W_i 中的浓度；

WD_i ——含特定物质或元素的 i 种产物的量；

X_{D_i} ——特定物质或元素的原料在 D_i 中的浓度；
WF_i ——含特定物质或元素的 i 种流失物的量；
X_{F_i} ——特定物质或元素的原料在 F_i 中的浓度。

3．物料衡算的基准

物料衡算的基准如下：

（1）以单位批次操作为基准，例如若物化处理过程采用间歇操作方式，其物料衡算常采用此基准；

（2）以单位时间为基准，适用于连续操作过程的物料衡算；

（3）以每单位废弃物量为基准，如每立方米废水、每万立方米废气、每吨固体废弃物等。

某些环境工程设施的运行时间与生产车间设备正常年开工生产时间不同，如一些废气只是在过程的某个阶段才产生，或某些生产过程的废水量很小时，其废气或废水处理装置的运行时间常小于生产车间设备正常年开工生产时间，因此在进行物料衡算时应加以注意。

4．物料衡算的计算步骤

（1）收集和计算物料衡算所必需的基本数据和条件，包括主、副反应化学方程式，根据给定条件画出工艺流程简图；

（2）选择物料衡算计算的基准；

（3）进行物料衡算；

（4）根据衡算结果，列出物料衡算表，画出物料平衡流程图。对于整个流程的物料计算，应根据计算结果给出原辅材料消耗定额、公用工程和动力消耗定额等具体数据。

5．苯氧化法顺酐生产尾气物料平衡计算

顺酐生产采用苯固定床催化氧化、部分冷凝回收液体顺酐、二甲苯恒沸脱水、减压精馏一体的工艺，氧化部分由固定床氧化反应器、部分冷凝回收液体顺酐以及水吸收三个单元组成，与主单元相匹配的有原料供应系统、熔盐循环系统、蒸气产生系统。

生产过程为连续与间断相结合，其中氧化为连续过程。

计算条件为：

（1）在本项目工艺参数条件下，氧化反应的 3 个主、副反应的发生比例分别为反应（1-4）73%，反应（1-5）23%，反应（1-6）4%。

$$C_6H_6 + 4.5O_2 = \frac{\text{催化剂}}{350\sim360℃} = C_4H_2O_3 + 2H_2O + 2CO_2 \tag{1-4}$$

$$C_6H_6 + 7.5O_2 = 3H_2O + 6CO_2 \tag{1-5}$$

$$C_6H_6 + 6O_2 = 3H_2O + 3CO_2 + 3CO \tag{1-6}$$

（2）氧化反应设计苯转化率 99.98%。

（3）设计风量 30 000 m^3/h，选离心鼓风机两台，额定风量 520 m^3/min，一用一备。

（4）吸收塔对顺酐的吸收率 99.9%，塔后排气筒高度 20 m。

（5）苯消耗量为 2.798 1 t/h。

求：洗涤尾气中苯、顺酐、CO、CO_2 等污染物排放浓度和速率，氧化工序苯消耗、收率等。

解：根据计算条件，按下列步骤计算：

（1）求顺酐产率

转化了的苯量为 2.798 1×99.98%=2.797 5 t/h

未反应的苯量为 2.798 1–2.797 5=0.6 kg/h

由反应（1-4）计算生成的顺酐量为 2.565 8 t/h。

（2）求生成的水（$\sum W_{H_2O}$）、二氧化碳（$\sum W_{CO_2}$）和 CO

由反应（1-4）、（1-5）、（1-6）分别计算生成的水（$\sum W_{H_2O}$）、二氧化碳（$\sum W_{CO_2}$）和 CO

得 $\sum W_{H_2O} = 1\,465.4\ \text{kg/h}$

$\sum W_{CO_2} = 4\,671.1\text{kg/h}$

$W_{CO} = 120.5\ \text{kg/h}$

（3）验证空气量 $V_{空气}$

由反应（1-4）、（1-5）、（1-6）计算反应需氧量 W_{O_2}：

$$W_{O_2} = \sum O_2 = 6.025\,4\ \text{t/h}$$

标准状况下，氧气的密度 1.429 kg/m^3，空气中氧气的体积分数为 21%，故将所需氧气折合成空气体积 $V_{空气}$：

$$V_{空气} = \frac{W_{O_2}}{1.429 \times 21\%} = \frac{6.025\,4 \times 10^3}{1.429 \times 0.21} = 20\,079\ \text{m}^3/\text{h}$$

设计风量为 30 000 m^3/h，所选风机提供风量为 520×60=31 200 m^3/h，可以满足需要。

（4）求尾气中各污染物浓度

根据计算出的各污染物排放速率和风机风量，算出尾气中各污染物浓度。

尾气中苯的浓度：

$$0.6\times10^6\div30\,000=20\ \text{mg/m}^3$$

尾气中顺酐的浓度：

$$2.565\,8\times(1-99.9\%)\times10^9\div30\,000=85.5\ \text{mg/m}^3$$

尾气中 CO 的浓度：

$$120.5\times10^6\div30\,000=4\,016.7\ \text{mg/m}^3$$

尾气中 CO_2 的浓度：

$$4\ 671.1\times10^6\div30\ 000=155\ 703.3\ \text{mg/m}^3$$

（5）计算氧化工序收率

以苯计算氧化工序产品收率：（2.797 5×73%）÷2.798 1=72.99%

氧化工序苯消耗率：2.798 1÷2.565 8=1.09

所有计算结果见表 1-5。由表中可以看出，尾气中苯排放浓度为 20 mg/m^3，未达到《大气污染物综合排放标准（GB 16297—1996）》中“表 2 新污染源大气污染物排放限值”的 12 mg/m^3 的限值；排放速率满足排气筒高度 20 m 时的限值（0.9 kg/h）要求。

表 1-5 物料平衡分析结果

项目	单位	数值
以苯计氧化工序产品收率	%	72.99
氧化工序苯消耗率	t/t	1.09
尾气中苯排放浓度	mg/m^3	20
尾气中苯排放速率	kg/h	0.6
尾气中顺酐排放浓度	mg/m^3	85.5
尾气中顺酐排放速率	kg/h	2.56
尾气中 CO 排放浓度	mg/m^3	4 016.7
尾气中 CO 排放速率	kg/h	120.5
尾气中 CO_2 排放浓度	mg/m^3	155 703.3
尾气中 CO_2 排放速率	kg/h	4 671.1

三、能量计算

环境工程过程中的化学或物理过程，往往伴随着能量变化，因此必须进行能量衡算。又因一般无轴功存在或轴功相对来讲影响较小，因此能量衡算（energy calculation）实际上主要是热量衡算（heat balance）。

1．热量衡算表达式

热量衡算的主要依据是能量守恒定律。在无轴功的条件下，进入系统的热量与离开系统的热量相互平衡。

其热量衡算表达式为：

$$Q_1+Q_2+Q_3=Q_4+Q_5+Q_6 \tag{1-7}$$

式中：Q_1——物料进入设备带到设备中的热量；

Q_2——由加热剂（冷却剂）传给设备和物料的热量（加热时取正值，冷却时取负值）；

Q_3——过程的热效应，它分为两类，即化学反应热效应和状态变化热效应；

Q_4——物料从设备离开所带走的热量；

Q_5——消耗于加热（冷却）设备和各个部件上的热量；

Q_6——设备向四周散失的热量。

通过上式可以计算出 Q_2，由 Q_2 进而可计算加热剂或冷却剂的消耗量。

2. 计算过程

（1）所处理的物料带到设备中去的热量（Q_1）

Q_1 可用下式计算：

$$Q_1 = \sum G \cdot c \cdot t \tag{1-8}$$

式中：G ——物料的重量，kg；

c ——物料的比热容，kJ/kg·℃；

t ——物料的温度，℃。

G 的数值根据物料衡算的结果而定。t 的数值由生产工艺操作规程或中间试验数据或由其他搜集得来的资料而定。至于物料的比热容可从各种手册中找到，在缺乏数据的情况下可根据经验式或做实验求取。

（2）由加热剂（或冷却剂）传给设备和所处理的物料之热量（Q_2）

Q_2 在大多数情况下为未知数，需利用热量衡算来求出。据此用以确定传热面积的大小，以及加热剂（或冷却剂）的用量。

（3）过程的热效应 Q_3

Q_3 可以分成两类，一类是由于发生化学反应的结果，放出或吸入的热量，一般称为化学反应热。另一类是由于物理化学过程所引起的结果。此种热量一般称为状态热。

在某一过程中，有时只有化学反应热，有时只有状态热，有时两者兼有。

属化学反应热的有聚合热、硝化热、磺化热、氯化热、氧化热、氢化热、中和热等。这些化学反应热的数据可以从手册、工艺学书籍、工厂实际生产数据、中间试验数据，以及科学研究中获得。如果缺乏数据，可根据元素的生成热和化合物的燃烧热求出。

属状态热的有汽化热、熔融热、溶解热、升华热、结晶热等。这些数据同样也可从手册、化工过程及化工计算书籍等资料中找到。

（4）反应产物由设备中带出的热量（Q_4）

计算方法同所处理的物料带到设备中去的热量 Q_1。

（5）消耗在加热设备各个部件上的热量（Q_5）

应该指出，对于连续操作的设备只需建立物料平衡和热量平衡，不需要建立时间平衡。但对于间歇操作的设备，还需建立时间平衡。这是因为在间歇操作中，条件随时间而改变。

根据计算结果，可以得到设备传热面积、综合能耗表。

3. 四氟化硅吸收塔热量平衡计算实例

含四氟化硅废气以吸收塔经水吸收得氟硅酸，液相温度与吸收效率成反比，因此要对吸收塔的热量关系进行核算。热量平衡计算的依据之一是其物料平衡结果，见表 1-6。

表 1-6 吸收塔物料平衡

进料		出料	
组分	重量/kg	组分	重量/kg
SiF_4	118.5	SiF_4	3.6
干空气	10 740.6	干空气	10 740.6
水蒸气	694.1	水蒸气	773.3
补充水	1054	H_2SiF_6	106.1
		H_2SiO_3	28.7
		水	954.9
合计	12 607.2		12 607.2

吸收塔热量平衡方程式为：

$$Q_1 + Q_2 + Q_3 + Q_4 = Q_5 + Q_6 + Q_7 + Q_8 \tag{1-9}$$

式中：Q_1——气体带入热量，kJ/h；

Q_2——水蒸气带入热量，kJ/h；

Q_3——液体带入热量，kJ/h；

Q_4——反应热，kJ/h；

Q_5——气体带出热量，kJ/h；

Q_6——水蒸气带出热量，kJ/h；

Q_7——液体带出热量，kJ/h；

Q_8——热损失，kJ/h。

已知：进入吸收塔气体温度为 80℃，80℃时空气比热容为 1.01 kJ/（kg·℃）

$$Q_1 = (10\,740.6 + 118.5) \times 1.01 \times 80 = 877\,415 \text{ kJ/h}$$

已知：80℃时水蒸气热焓为 2 643 kJ/kg

$$Q_2 = 694.1 \times 2\,643 = 1\,834\,506 \text{ kJ/h}$$

已知：补充水温度为 20℃，水的比热空为 4.186 8 kJ/（kg·℃）

$$Q_3 = 1\,054 \times 4.186\,8 \times 20 = 88\,257.7 \text{ kJ/h}$$

反应式：

$$3SiF_4 + 2H_2O = 2H_2SiF_6 + SiO_2$$

已知生成热：SiF_4 1 548 kJ/mol

H_2O 286 kJ/mol

H_2SiF_6 2 331 kJ/mol

SiO_2 841 kJ/mol

$$反应热\Delta H_m = (2 \times 2\,331 + 841) - (3 \times 1548 + 2 \times 286) = 287 \text{ kJ/mol}$$

每千克 SiF_4 的反应热为

$$(287\times1\,000)/(3\times104)=920\ \text{kJ/kg}$$

$$Q_4=(118.5-3.6)\times920=105\,708\ \text{kJ/h}$$

已知：吸收塔出口气体温度为 51℃

51℃时空气比热容为 1J/（g·℃）

$$Q_5=(10\,740.6+3.6)\times51\times1=547\,954\ \text{kJ/h}$$

已知：51℃时水蒸气热焓为 2 593.3 kJ/kg

$$Q_6=773.3\times2\,593.3=2\,005\,398.9\ \text{kJ/h}$$

已知：吸收塔出口液体温度为 t℃

$$Q_7=(106.1+28.7+954.9)\times4.1868t=4\,562.4\,t$$

热损失 Q_7

设 Q_8 为进入总热量的 2%，即：

$$Q_8=(Q_1+Q_2+Q_3+Q_4)\times2\%$$
$$=(877\,415+1\,834\,506+88\,257.7+105708)\times2\%=58\,118\ \text{kJ/h}$$

将以上计算结果代入总热量平衡式：

$$877\,415+1\,834\,506+88\,257.7+105\,708=547\,954+2\,005\,398.9+4\,562.4\,t+58\,118$$

$$t=64.5℃$$

热量衡算结果：

气体进口温度：80℃

气体出口温度：51℃

液体进口温度：20℃

液体出口温度：64.5℃

四、设备及水工构筑物布置

设备布置设计就是对装置的布置和设备的排列进行合理安排。设备布置的合理性与今后污染控制设施能否正常运行有很大关系。

设备布置设计内容包括装置的整体布置、厂房轮廓设计及设备的排列和布置。

1. 装置的整体布置

一般来说，废水处理设施通常布置在工厂排水管网末段，以便接纳待处理废水，而处理后废水则可以很方便排向接纳水体；另一方面，废水处理过程中有时会有恶臭气体等逸出，生化处理过程中会有甲烷等易燃易爆气体以及有不良气味的污泥等排出，因此废水处理设施通常布置在工厂的下风向。由于同样理由，废气处理设施和固体废弃物临时堆放场也应布置在工厂的下风向。但是，若工厂下风向的邻近有易燃易爆物质、其他敏感物质、水源地或人群密集地如办公场所、公共事业设施等，在整体布置（integer layout of the equipment）时应充分考虑，应布置在其安全距离以外。

2. 装置的平面布置

装置的平面布置（floor plan layout of the equipment）应根据污染控制设施工艺条件（包括工艺流程、生产特点、生产规模等）以及建筑本身的特性与布置的合理性（包括建筑形式、结构方案、施工条件和经济条件等）来考虑。

厂房的平面设计，应力求简单，这会给设备布置带来更多的可变性和灵活性，同时给建筑的定型化创造有利条件。

厂房的轮廓在平面上分为长方形、L 型、T 型等数种。其中以长方形最常采用。这是由于长方形厂房便于总平面的布置，节约用地，便于设备管理，能有效缩短管道的安装，便于安排交通和出入口，有较多可供自然采光和通风的墙面。

根据设备布置要求，确定厂房的柱网布置（column arrangement）。同时要尽可能符合建筑模数制的要求，以便利用建筑上的标准预制构件，节约建筑设计和施工量，加速设计和施工进度。

一般多层厂房采用 6 m×6 m 的柱网。如果柱网的跨度因生产及设备要求必须加大时，一般应不超过 12 m。

多层厂房的总宽度，由于受到自然采光和通风的限制，一般应不超过 24 m。

单层厂房的总宽度，一般不超过 30 m。

常用的厂房总跨度一般有 6 m、9 m、12 m、15 m、18 m、24 m、30 m 等。

3. 装置的立体布置

环境工程装置的立体布置（solid arrangement of the equipment）需根据污染控制设施的工艺特点、装置可以布置成单层或多层，或单层与多层相结合的形式。另外装置的立体布置也要注意满足建筑上采光、通风等各方面的要求。

厂房立面也同平面一样，应力求简单，要充分利用建筑物的空间，遵守经济合理及便于施工的原则。

厂房每层高度主要取决于设备的高度、安装的位置、安全要求等条件。一般生产厂房每层高度为 4～6 m，最低不宜低于 3.2 m。由地面到顶棚凸出构件底面的高度（净空高度），不得低于 2.6 m。

安装有产生高温或有毒气体装置的厂房，要适当加高建筑物的层高，以利通风散热。

污染控制设施中各类塔、柱较多，这类设备所在的厂房，应留有足够的净空高度，以利于安装、调试和维修。

厂房的高度也要尽可能符合建筑模数的要求。所谓模数（module），是指选定的尺寸单位，作为尺度协调中的增值单位；建筑模数（construction module），是指建筑设计中，统一选定的协调建筑尺度的增值单位。

选定的标准尺度单位，作为建筑物、建筑构配件、建筑制品以及有关设备尺寸相互间协调的基础。目前，世界各国均采用 100 mm 为基本模数，用 *M* 表示，即 1*M*=100 mm。同时还可采用 1/2*M*（50 mm）、1/5*M*（20 mm）、1/10*M*（10 mm）等分模数以及 3*M*（300 mm）、6*M*（600 mm）、12*M*（1 200 mm）、15*M*（1 500 mm）、30*M*（3 000 mm）、60*M*（6 000 mm）

等扩大模数。

4．设备的排列和布置

当厂房的整体布置及厂房的轮廓设计告一段落后，即可进行设备的排列及布置。设备的排列和布置应当满足工艺、设备安装、检修、建筑等方面的要求。

在布置设备时，以工艺流程通顺为原则，保证工艺流程在水平方向和垂直方向的连续性。

一般来说，计量设备宜布置在最高层；主要设备如反应设备等布置在中层；贮槽及重型设备布置在底层；生化处理用大型风机等高振动、高噪声的设备放在底层，同时应做好隔振防噪等设计。每台设备都要考虑一定的场地，包括设备和附属装置所占场地，操作场地，检修拆卸场地，设备拆卸运输，设备与设备、设备与建筑物间的安全距离等。凡属几套相同设备、同类型设备或性质相似及操作相关的设备，应尽可能布置在一起，以集中管理、统一操作、节约劳动力。还应考虑相同设备或相似设备相互调换使用的可能性和方便性，以便充分发挥设备的潜力。设备布置时，应尽可能缩短设备间的管线长度；管线和物料的输送尽量避免交错。同时，管道一般只沿墙敷设。设备与设备之间、设备与建筑物之间的安全距离要符合有关规范和设备的技术要求。

辅助房间及行政用房包括控制室、配电室、机修间、材料仓库、分析化验室等；行政用房有办公室、更衣室、休息室、厕所等。房间设置应注重安全及防腐问题，要有良好的采光条件，设备布置时应尽量使工人背光操作。

污染处理设施运行时易散发出一些有毒有害、易燃易爆或带有异味的气体、粉尘等，应采取自然通风或强制通风方式处理，所以应妥善考虑厂房通风问题。各类固体废弃物特别是危险固废的临时堆放场设计时，应考虑防渗、防漏、防雨和防火，夏天还应注意防洪问题。当污染处理设施使用有机溶剂、产生易燃易爆粉尘时，应按火灾危险性等级考虑厂房的防火防爆防静电等问题。污染处理设施常要使用大量酸、碱等，防腐是设备布置设计中要特别加以注意的问题，凡使用或产生腐蚀性介质的除设备本身及设备基础的防护外，还需考虑设备附近的墙、柱、地坪等建筑物的腐蚀性。凡接触腐蚀性介质的水工构筑物等也需仔细考虑防腐问题。

五、管道设计内容

根据《工业金属管道设计规范》(GB 50316—2000)，工业流体按理化性质将流体分为五类。A_1类流体指剧毒流体，在输送过程中如有极少量的流体泄漏到环境中，被人吸入或人体接触时，将造成严重中毒，脱离接触后，不能治愈；相当于《职业性接触毒物危害程度分级（GBZ 230—2010）》中Ⅰ级（极度危害）毒物。A_2类流体指有毒流体，接触此类流体后，会有不同程度的中毒，脱离接触后可治愈；相当于《职业性接触毒物危害程度分级（GBZ 230—2010）》中Ⅱ级以下（高度、中度、轻度危害）的毒物。B类流体指这些流体在环境或操作条件下是一种气体或可闪蒸产生气体的液体，这些流体能点燃并在空气中连续燃烧。D类流体指不可燃、无毒、设计压力小于或等于1.0MPa和设计温度高于–20～186℃的流体。C类流体指不包括D类流体的不可燃、无毒的流体。

管道（piping）是由管道组成件、管道支吊架等组成，用以输送、分配、混合、分离、排放、计量或控制流体流动；管道系统（piping system）简称管系，指按流体与设计条件划分的多根管道连接成的一组管道；管道组成件（piping components）指用于连接或装配管道的元件，包括管子、管件、法兰、垫片、紧固件、阀门以及管道特殊件等；管道特殊件（piping specialties）指非普通标准组成件，是按工程设计条件特殊制造的管道组组成件，包括：膨胀节、补偿器、特殊阀门、爆炸片、阻火器、过滤器、挠性接头及软管等。

管道设计（piping design）内容包括管道流量（piping flow）、压降计算（pressure drop calculation）、管道材料（tube feed）、管径（pipe diameter）、壁厚（wall thickness）、防腐（antisepsis）、管道布置（pipe arrangement）、敷设条件（lay condition）、管架（pipe rack）、保温设计（insulation design）等。

管道设计应根据压力、温度、流体特性等工艺条件，并结合环境和荷载等条件进行。废气、废水排放管道还应考虑相关排放标准对其的要求，如排气筒设置高度要求等。

管道应能承受以下的动力荷载：外部或内部条件引起的水力冲击、液体或固体的撞击等冲击荷载；室外的地上管道应能承受风荷载；在地震区的管道应能承受地震引起的水平力，并应符合有关国家现行抗震标准的规定；管道的布置和支承设计应消除由于冲击、压力脉动、机器共振、风荷载等引起有害的管道振动的影响；在管道布置和支架设计时，应能承受由于流体的减压或排放时所产生的反作用力。

管道材料的选用必须依据管道的使用条件（设计压力、设计温度、流体类别）、经济性、耐蚀性、材料的焊接及加工等性能，同时应符合《工业金属管理设计规范》所提出的材料韧性要求及其他规定。用于管道的材料，其规格与性能应符合国家现行标准的规定。使用现有规范中未列出的材料制成的管道，应符合国家现行的相应材料标准，包括化学成分、物理和力学特性、制造工艺方法、热处理、检验以及《工业金属管理设计规范》其他方面的规定。

对于非金属材料衬里的管道，设计温度应取流体的最高工作温度。当无外隔热层时，外层金属的设计温度可通过传热计算、试验决定。

管道设计的成果体现为管道布置图、管段图、管道材料表等。

管道设计方面，已开发了各种独立的或基于 AutoCAD 的专用管道设计软件，可以采用计算机辅助计算和辅助制图完成大部分工作。

六、工艺经济性评价

环境工程工艺设计工作中技术经济分析的任务是对整个设施基建投资的经济效果、综合性技术经济指标，进行分析、论证和评价；并把各项技术经济指标和结论与国内外现有同类型的先进指标进行对比，以此说明本设计的先进性和不足，求得对工程投资最有效的利用。

1. 技术经济分析的主要内容

设计工作的技术经济分析的主要内容有如下几项。

（1）基建投资的经济分析

基建投资费用是指投资总额和投资单位费用。后者是投资总额分摊到单位产品（或单位生产能力）的投资费用。

在分析基建投资时，除对方案本身的投资数量进行分析，尚需对投资费用的构成项目，如厂房建筑费、设备购置费、设备安装工程费以及其他费用等进行分析，比较各项投资费用占投资总额的百分数，以便找出并采取降低投资费用的相应措施。

由于环境工程对象废水、废气和废渣的组分、浓度、腐蚀性的不确定性，其基建项目的单项费用一般将高于普通工业基建项目。

（2）运行成本的经济分析

运行成本是由可变的费用与不变的费用来构成的。前者通称为变动成本，后者通称为固定成本。其表达式为：

产品成本＝变动成本 + 固定成本

其中，变动成本指项目费用因素中的原料、辅料、燃料及动力（水、电、汽等）消耗等；而固定成本为工人工资及附加费、车间经费、企业管理费等项。

2. 技术经济效果综合分析

技术经济效果综合分析的目的，在于达到相应技术指标的前提下，选出一个投资少、周期短、见效快的最佳设计方案。

技术经济效果综合分析一般采用对比分析法对设计方案的经济效果进行分析和论证，从中优选设计方案。其程序如下：

（1）依据设计任务书的要求，深入调查研究，掌握资料数据，提出几种能对比的设计方案。

（2）全面论述每一可能方案的优缺点，初步确定若干个拟比方案。

（3）计算两个较好方案的技术经济指标，对比分析其综合经济效果，最后选定最优方案。对于环境工程项目，其基本衡量标准是在达到预期排放指标的前提下的运行费用最低、控制要求最适用。

七、非工艺设计项目的设计条件

除以上工艺设计内容外，大型环境工程项目的设备机械设计、过程控制、土建、总图、采暖通风、给排水、电气、动力、概（预）算的编制等应由相应的专业设计组进行，但需由工艺设计人员提出非工艺设计项目（non-technological design project）的设计条件和要求；而对于中小型环境工程项目，则不一定划分设计专业，由设计组完成全部设计内容。

1. 设备机械设计条件

环境工程中非标准设备多，其设计时应提供如下设计条件。

（1）设备工艺特性。包括工作温度、压力、密闭要求、物料性质等。

（2）设备技术特性。包括设备操作情况、尺寸、材料、容积、传热面积、保温材料及厚度、搅拌要求、安装要求等。

（3）接管。包括接管直径、材料、连接方式、用途等。

（4）设备简图。根据设备技术特性和接管绘制的设备简图。

根据以上设备机械设计条件，设备专业进行设备的强度、刚度计算，然后交工艺设计人员完成设备总图设计。

2．过程控制设计条件

应提供需控制的工艺参数项目、精度要求、显示和控制方式（定时还是在线），调节阀表等设备、部件，并提供带控制点工艺流程图、说明以及设备布置图等。

3．土建设计条件

包括工艺流程图及说明、物料名称及性质、设备布置图及说明、设备表、定员表、防火等级、卫生等级、安装、运输情况、水工构筑物简图等。

土建专业以此进行厂房、辅助用房和水工构筑物等设计。

4．采暖通风设计条件

（1）采暖

环境工程设施中，如膜分离等单元，宜在恒温下工作，在冬季需采暖。采暖设计应标明采暖区域的设备布置图、采暖区域面积高度、采暖方式、温度、热载体、生产特性等。

（2）通风

标明通风区域的设备布置图、通风区域面积和高度、通风方式、温度、每小时通风次数、生产特性等。

5．给排水设计条件

应提供设备布置图（标明用水排水设备、浴室、厕所位置）、最大及平均用水量、水温、水压、水质、用水排水方式、进水口和出水口的标高及位置、总人数及最大班人数、消防要求、生产特性等。

6．电气动力设计条件

（1）动力电

应提供设备布置图（标明动力设备位置）、负荷等级、安装环境、动力设备表、运转方式、开关位置、特殊要求、生产特性等。

（2）照明避雷

设备布置图（标明灯具位置）、防爆等级、避雷等级、照明区域面积和高度、照度、特殊（事故、检修照明、静电、接地等）要求。

（3）弱电

设备布置图（标明弱电设备位置）、火警信号、警卫信号、网络、电话、监视器等。

八、设计说明书的编制

详见附录 3“《环境工程项目基础设计说明书》编制大纲”。

第五节　环境工程设备

一、环境工程设备分类

环境工程项目所用的设备，从特殊材质制造的高温高压反应器到砼结构的生物反应器，种类繁多，完全不亚于化工过程所用设备。与化工设备类似，从总体上环境工程设备也可以分为两类：一类称标准设备或定型设备（modular equipment），是经定型鉴定的标准化、系列化设备，如各种机、泵、换热器等；另一类称非标准设备或非定型设备（nonstandard equipment），是需要根据使用要求专门设计的专用设备，包括绝大多数环境工程中的反应器、塔器、水工构筑物等。

由于处理对象的多样性，其设备（反应器）的种类繁多，不同的环境工程设备在结构和操作方式上具有不同的特点。

1．根据操作方式分类

根据反应器的操作方式不同，可分为间歇式和连续式。

间歇式反应器的基本特征是：物料一次性加入、一次性卸出，反应器内物料的组成仅随时间而变化，属于一种非稳态过程。如混凝、沉淀、萃取、吸附等过程均属于间歇反应过程。

采用连续操作的反应器被称为连续式反应器，这一操作方式的特点是原料连续流入反应器，反应产物则连续从反应器流出。反应器内任何部位的物系组成均不随时间变化，故属于稳态操作。环境工程中蒸馏、生化反应等过程属于典型的连续反应。

2．根据流体流动或混合状况分类

对于连续反应器，有两种理想的流动模型：一种是反应器内的流体在各个方向完全混合均匀，称为全混流（CSTR），其主要特征是反应物加入到反应器的同时反应产物也离开反应器，并保持反应器内物料体积不变，其过程是物系中组成不随时间改变的定态过程，如混凝、沉淀、氧化/还原反应器等。另一种则是通过反应器的所有物料以相同的方向、速度向前推进，在流体流动方向上完全不混合，而在垂直于流动方向的截面上则完全混合，所有微元体在反应器中所停留的时间都是相同的，这种流动模型称为平推流、活塞流或柱塞流（PFR），如离子交换与吸附柱等。

实际反应器内流体的流动方式则往往介于上述两种理想流动模型之间，称为非理想流动（混合）模型。非理想生物反应器需要考虑流动和混合的非理想性，如：流体在连续操作反应器中的停留时间分布、微混合问题、反应器轴向或径向扩（弥）散及反应器操作的震荡问题等。间歇操作的非理想生物反应器则需要考虑混合时间、剪切力分布、各组分浓度及温度分布等复杂问题。

3．根据反应器结构特征及动力输入方式分类

根据反应器的主要结构特征（如外形和内部结构）的不同，可以将其分为罐（釜）式、

塔式、膜式反应器等，它们之间的差别主要反映在其外形（长径比）和内部结构上的不同。

罐式反应器能用于间歇、流加和连续三种操作模式，如化学氧化、还原、沉淀、混凝设备等。而塔式和膜式反应器等则一般适用于连续操作，如吸收、吸附、生化处理设备等。

根据动力输入方式的不同，反应器可以分为机械搅拌反应器、气流搅拌反应器和液体环流反应器。机械搅拌反应器采用机械搅拌实现反应体系的混合。气流搅拌反应器以压缩空气作为动力来源。而液体环流反应器则通过外部的液体循环泵实现动力输入。

4. 根据使用材质分类

环境工程设备使用的材质主要有金属材料、塑料及其他高分子材料、复合材料和砼结构及其他非金属材料等。

二、设备选型和设计基本原则

1. 定型及标准设备选型

定型及标准设备有产品目录或样本手册，由不同生产厂家提供。工艺设计的任务是根据工艺要求和介质，进行物料计算确定设备的类型、规格、材料和数量，对照产品样本选择某种型号完成订货。

环境工程设备选型计算可按以下步骤进行：

1）根据工艺要求，确定设备工作方式（连续或间断）；

2）确定设备类型；

3）根据生产能力要求，计算设备工作能力或容积，确定设备数量；

4）根据计算结果及已知的工艺条件和介质条件，按产品样本选择定型设备；

5）根据计算结果及已知的工艺条件和介质条件，绘制非标准设备简图。

设备选型应注意下列技术、经济指标和因素：

（1）工艺指标

工艺指标（craftwork target）主要指设备的处理能力和效率，是设备选型的首要指标。

（2）耗费指标

耗费指标（use target）指设备的投资总额（包括设备购买与安装费用、建筑费用、管理费用等）、运行费用（如能耗、人工、折旧费、维修费等）、有效运行时间和使用寿命等，前两者应尽量低，而后两者应尽量长。

（3）操作管理指标

操作管理指标（operational administrative target）指设备操作和使用的简便性，但自动化程度高的设备，操作管理指标好，但其耗费指标就可能高些，所以应统筹加以考虑。

（4）其他需考虑的重要因素

包括使用单位的经济承受能力、管理水平及发展趋势等也是环境工程设备选型时要考虑的重要因素。

2. 非定型设备设计程序

与化学工程项目类似，环境工程项目也大量使用非标准设备。非标准设备工艺设计就是根据工艺要求，通过物料计算，确定设备型式、尺寸、材料和其他工艺要求并制作设备简图，再由化工设备专业进行机械设计。在设计非标准设备时，应尽量采用已经标准化的图纸。

非定型设备设计的主要内容和程序如下：

1）确定单元和设备类型。这一步在工艺流程设计时已大体确定，如使用旋风分离器实现气固分离，用离心机过滤进行液固分离等。在经过物料衡算之后，进行设备工艺计算时，仍有可能改换更为先进的单元过程和设备，从而对工艺流程提出修正和更改。

2）确定设备材质。根据工艺操作条件、介质等，确定适应要求的设备材质。

3）汇集设计条件。根据物料衡算和热量衡算，确定设备负荷、转化率和效率要求，确定设备的工艺操作条件如温度、压力、流量、流速、投料方式、投料量、卸料、排渣形式和工作周期等，作为设备设计和工艺计算的主要依据。

4）选定设备的基本结构形式和基本尺寸。

5）搅拌器形式、大小及转速。

6）换热方式及换热面积。

7）提出设备设计条件和设备草图。

8）汇总列出设备一览表。

设备简图的主要内容有设备外形，设备内部结构，接管数量、尺寸、位置、作用和联结方式，附属部件如搅拌器、视镜、液位计等，设备工艺条件文字说明（如工作温度、压力等），介质条件（介质名称、物理化学特性等）。

三、泵

1. 泵种类

环境工程中使用的泵种类繁多，可按下列几种方式分类：

（1）根据泵的工作原理和结构划分

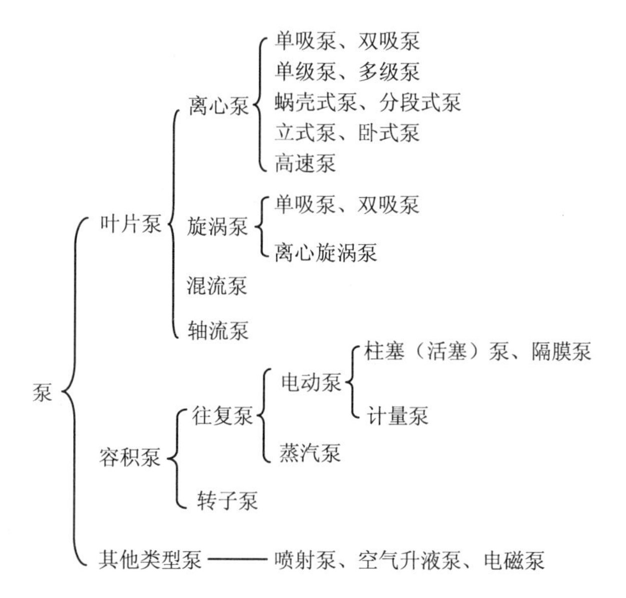

（2）根据介质分类

可分为清水泵、污水泵、油泵、耐腐蚀泵、泥浆泵、热水泵等。

（3）从使用安装方式分类

可分为普通泵、管道泵、液下泵、潜水泵等。各类泵的适用范围和特性比较见表 1-7。

表 1-7　各类泵的适用范围和特性比较

指标		叶片泵			容积泵	
		离心泵	轴流泵	旋涡泵	往复泵	转子泵
流量	均匀性	均匀			不均匀	较均匀
	稳定性	不恒定，随管路情况变化而变化			恒定	
	范围/（m^3/h）	1.6～30 000	150～245 000	0.4～10	0～600	1～600
扬程	特点	对应一定流量，只能对应一定扬程			对应一定流量可以达到不同扬程，由管路系统确定	
	范围	10～2 600 m	2～20 m	8～150 m	0.2～100 MPa	0.2～50 MPa
效率	特点	在设计点最高，偏离愈远，效率愈低			扬程高时效率降低很少	扬程高时效率降低很大
	范围	0.5～0.8	0.7～0.9	0.25～0.5	0.7～0.85	0.6～0.8
结构特点		结构简单、造价低、体积小、重量轻、安装检修方便			结构复杂、振动大、体积大、造价高	同叶片泵
适用范围		黏度较低的各种介质（水）	大流量，低扬程，黏度较低的介质	小流量，较高压力的低黏度清洁介质	适用于高压力，小流量的清洁介质	适用于中低压力，中小流量，黏度高的介质

2. 泵选型步骤

（1）基本数据

根据物料计算，列出选型所需基本数据：

① 介质的特性：介质名称、比重、黏度、温度、腐蚀性、毒性、颗粒直径及含量等；

② 所需流量、压力：吸水池压力，后接设备所需工作压力曲线、提升高度，管道系统中的压力降。

③ 管道系统数据：管道管径、长度；管件、附件种类及数目，吸水池至后接设备的几何标高等。

如为小型处理设施、较简单的管道系统，则管道系统的压力降可以占全系统的 20%～30%进行估算；而大型处理设施、复杂且长度较长的管道系统，其管道系统的压降需经管网压降核算给出。

（2）确定泵型

根据已确定的工艺条件及已知泵的特性，首先决定泵的形式再确定泵的尺寸。从被输送物料的基本性质出发，如物料的温度、黏度、挥发性、毒性、化学腐蚀性、溶解性和物料是否均一等方面来确定泵的基本形式。在选择泵的形式时，应以满足工艺要求为主要目标。

介质为剧毒、贵重、强腐蚀或有放射性等不允许泄漏时，应考虑选用无泄漏泵（如屏蔽泵、磁力泵）或带有泄漏收集和泄漏报警装置的双端面机械密封；如介质为液化烃等易挥发液体应选用低气蚀余量泵。

（3）确定流量、扬程

根据流量大小选用单吸泵、双吸泵或小流量离心泵。

如果生产工艺中已给出最小、正常、最大流量，泵的流量一般不应小于最大流量；如果生产工艺中只给出正常流量，应考虑留有一定的裕量。在环境工程中，由于流量变化较大，流量裕量应不小于15%。

扬程的确定和计算。先计算出所需要的扬程，经泵后获得的用来克服两端容器的位能差，两端容器上静压力差，两端全系统的管道、管件和装置的阻力损失，以及两端（进口和出口）的速度差引起的动能差。根据扬程高低选用单级泵、多级泵或高速离心泵等。

（4）确定泵的安装形式和高度

根据现场安装条件选择卧式泵、立式泵、液下泵、管道泵等。如为了减少泄漏，酸碱、药剂储罐配置的料泵可以采用液下泵。

（5）确定泵的台数和备用率

在环境工程中，需连续工作或要求较高场合，需采用“一用一备”或“两用一备”的方式，如废水提升泵、过滤泵、吸附泵等；间歇式工作场合，可以单台配置，如加药泵等。

（6）校核泵的轴功率

泵的样本上给定的功率和效率都是用水试验出来的，当输送介质不是清水时，应考虑密度、黏度等对泵的流量、扬程性能的影响。对于工业废水，当其中污染物浓度不大于1%时，可以视为清水。

（7）其他

如确定冷却水或驱动蒸汽的消耗量，配用电动机选择等。

四、风机

1. 风机种类

风机（air blower）是环境工程中常用的空气动力设备，是依靠输入的机械能，提高气体压力并排送气体的机械。

风机按使用材质分类可以分为铁壳风机、玻璃钢风机、塑料风机、铝风机、不锈钢风机等。

按作用原理的不同，风机可分为叶片式风机与容机式风机两种类型。叶片式是通过叶轮旋转将能量传递给气体；容积式是通过工作室容积周期性改变将能量传递给气体。两种类型风机又分别具有不同形式，叶片式风机按气流进入叶轮后的流动方向可分为离心式、轴流式、斜流式和混流式风机等；容积式风机主要形式有往复式风机、回转式风机（如罗茨风机）等。

按风机工作压力（全压）大小分类，可分为风扇（标准状态下，风扇额定压力范围为$P<98$Pa）；通风机（设计条件下，风机额定压力范围为98～14 710 Pa）；鼓风机（工作压力范围为14 710～196 120 Pa）和空气压缩机（工作压力大于196 120 Pa）。工业废气收集、

处理、通风除尘中常采用通风机；废水生化处理曝气工艺中常用的罗茨风机则属于鼓风机。

表 1-8 按工作压力进行分类的通风机

风机分类	按风压分类	风机全压/Pa	风机全压/mmH_2O
离心式风机	低压风机	≤980	≤100
	中压风机	980～2 942	100～300
	高压风机	2 942～14 710	300～1 500
轴流式风机	低压风机	≤490	≤50
	高压风机	490～4 900	50～500

按用途，风机可分为压入式局部风机（以下简称压入式风机）和隔爆电动机置于流道外或流道内，隔爆电动机置于防爆密封腔的抽出式局部风机（以下简称抽出式风机）；还可分为通用风机、排尘风机、工业通风换气风机、锅炉引风机、矿用风机等。

按照加压的形式，风机也可以分单级、双级或者多级加压风机。如 4-72 型是单级加压，罗茨风机则是多级加压风机。

2. 风机性能参数

风机的性能参数主要有流量 Q、压力 P、功率 N，效率η和转速 n。

流量也称风量，以单位时间内流经风机的气体体积表示；压力也称风压，是指气体在风机内压力升高值，有静压、动压和全压之分；功率是指风机的输入功率，即轴功率。风机有效功率与轴功率之比称为效率。

3. 风机选型步骤

1）确定风机工作条件下的大气压强，输送气体的温度 t、密度ρ；调查系统工作特点和拟采用的风机工作方式以及工况调节方法。

2）根据实际需要确定每台风机工作的最大流量Q_{max}。按设计规定，考虑一定的设计裕量，一般裕量取值为（0.1～0.2）Q_{max}，比转数大时取较小值。

3）计算所需最大工作压力（全压）P_{max}。根据系统管路布置计算最大工作压力；压力设计裕量取值为 0.1～0.2 P_{max}，比转数大取较大值。

比转数定义为几何相似的通风机在全压为 1Pa，风量为 1 m^3/s 时的转速。

4）参数变换计算。风机性能参数风压是指在标准状态下的全压。标准状态是指压力 101.3 kPa、温度 20℃、相对湿度 50%的大气状态。

工业上使用风机时，多数情况下其进气不是标准状态，而是任一非标准状态，两种状态下的空气物性参数不同。空气密度的变化将使标准状态下的风机全压也随之变化，在非标准状态下应用风机性能曲线时，必须进行换算。

相似定律表明，当一台风机进气状态变化时，其相似条件满足 $\lambda=1$（即叶轮直径 $D_2=D_{2m}$）、$n=n_m$、$\rho\neq\rho_m$，此时相似三定律为

$$\frac{Q}{Q_m}=1 \tag{1-10}$$

$$\frac{P}{P_m}=\frac{\rho}{\rho_m} \tag{1-11}$$

$$\frac{N}{N_m}=\frac{\rho}{\rho_m} \tag{1-12}$$

若标准进气状态的风机全压为 P_{20}（N/m^2），空气密度为 ρ_{20}；非标准状态下的空气密度为 ρ，风机全压为 P，则全压关系有

$$P_{20}=\rho_{20}\frac{P}{\rho} \tag{1-13}$$

一般风机的进气状态就是当地的大气状态，根据理想气体状态方程 $P=\rho RT$ 有

$$\frac{\rho_{20}}{\rho}=\frac{P_{20}}{P_a}\frac{T}{T_{20}} \tag{1-14}$$

式中，P_a、ρ、T 是风机在使用条件（即当地大气状态）下的当地大气压，空气密度和温度。

根据式（1-10），可得

$$Q_{20}=Q \tag{1-15}$$

把式（1-14）代入式（1-11）可得

$$P_{20}=P\times\frac{P_{20}}{P_a}\frac{T}{T_{20}}=P\times\frac{101\,325}{P_a}\times\frac{273+t}{293} \tag{1-16}$$

把式（1-14）代入式（1-12）可得

$$N_{20}=N\times\frac{101\,325}{P_a}\times\frac{273+t}{293}\ \text{（kW）} \tag{1-17}$$

式中，Q、p、N 是风机在使用条件下的流量（m^3/s）、全压（N/m^2）和功率（kW）；标准状态为大气压 101 325 N/m^2 温度 20℃。换算后的 Q_{20}、P_{20} 和 N_{20} 作为风机的选择参数。

5）根据风机产品样本选型。选型的方法可联系性能表、性能曲线、无量纲性能曲线、性能选择曲线，选择其中之一。

风机性能是风机选型的另一个控制条件。一般情况还应根据风机的选择参数计算风机的比转数；应注意选择较高效率的风机，并且应保持风机在高效工作区运行；应尽量选择转速高、叶轮直径小的风机。对于负荷较小、工况简单的系统，其风机可以一次选定；而负荷较大，工况比较复杂的系统，往往需要进行不同型号风机之间的性能比较和综合分析，以确定最合理的风机型号。

在风机的选型中，应尽量避免风机出现非稳定运行状况的可能，以避免风机运行时产生旋转脱流、喘振和抢风等不正常现象。

6）确定风机工况调节方式。根据所选风机的性能曲线和管路性能曲线，考虑系统管路布置方式和风机运行方式，图解装置运行工况和风机运行参数。如果需要运行工况调节的，应根据采用的调节方法图解调节工况，确定相应的调节工况参数。对于可采用多种方法调节时，应进行不同方法的经济性分析，以确定最合理的调节方法。

五、塔设备

1．概述

塔设备有许多种类型，塔设备是化工、石化和环境工程中最常用的设备之一。各类塔设备常用于气液或液液两相之间的相际传质、传热作用。可在塔设备中完成单元操作有精馏、吸收、解吸和萃取等。

按塔的内件构成结构，塔设备一般分为逐级接触式（筛板塔等）和连续接触式（填料塔、膜式塔）等。

气液两相间传质（mass transfer between gas phase and liquid phase）的塔设备主要有两类：填料塔（packed tower）和板式塔（tray tower）。

填料塔内装置一定高度的填料层液体从塔顶喷下，沿填料表面呈薄膜状向下流动。气体由塔底送入，呈连续相由下而上同液膜逆流接触，完成传质过程。在传质过程中，气体和液体的组成沿塔高连续变化。

板式塔内装置一定数量的塔板，液体水平流过塔板，经降液管再流入下一层塔板；气体以鼓泡或喷射方式穿过板上液层时，相互接触而进行传质。在传质过程中，气体与液体的组成沿塔高呈阶梯式的变化。板式塔传质效率比填料塔高，其关键部件是塔板。根据塔板结构的不同，又可分泡罩塔、浮阀塔、筛板塔等。

塔形选择基本原则：① 生产能力大，弹性好；② 满足工艺要求，分离效率高；③ 运转可靠性高，操作、维修方便；④ 结构简单、加工方便、造价较低；⑤ 塔压降小。对于真空塔或要求塔压降低的塔来说，压降小的意义更为明显。

2．填料塔

（1）概述

填料塔（packed tower）是以塔内的填料作为气液两相间接触构件的传质设备。属于连续接触式气液传质设备，两相组成沿塔竖直方向连续变化，在正常操作状态下，气相为连续相，液相为分散相。填料塔的塔身底部装有填料支承板，填料以乱堆或整砌的方式放置在支承板上。填料的上方安装填料压板，以防被上升气流吹动。液体从塔顶经液体分布器喷淋到填料上，并沿填料表面下降，湿润填料。气体从塔底送入，经气体分布装置分布后，与液体逆流连续上升通过填料层的空隙，在填料表面上，气液两相密切接触进行传质。

填料塔结构简单，阻力小，是目前应用较多的一种净化气体的方法。

表 1-9 填料塔主要参数

参数	数值	备注
空塔速度	0.5～1.5 m/s	
每米填料层的阻力	400～600 Pa	

（2）填料

填料（packing）的种类很多，根据装填方式的不同，可分为散装填料和规整填料。

① 散装填料。是一个个具有一定几何形状和尺寸的颗粒体，一般以随机的方式堆积在塔内，又称为乱堆填料或颗粒填料。散装填料根据结构特点不同，又可分为环形填料、鞍形填料、环鞍形填料及球形填料等。主要有拉西环、鲍尔环、阶梯环、弧鞍填料、矩鞍填料、金属环矩鞍填料、球形填料等。

拉西环填料于 1914 年由拉西（F. Rashching）发明，为外径与高度相等的圆环。拉西环填料的气液分布较差，传质效率低，阻力大，通量小，目前工业上已较少应用。

鲍尔环填料是对拉西环的改进，在拉西环的侧壁上开出两排长方形的窗孔，被切开的环壁的一侧仍与壁面相连，另一侧向环内弯曲，形成内伸的舌叶，诸舌叶的侧边在环中心相搭。鲍尔环由于环壁开孔，大大提高了环内空间及环内表面的利用率，气流阻力小，液体分布均匀。与拉西环相比，鲍尔环的气体通量可增加 50%以上，传质效率提高 30%左右。是一种应用广泛的填料。

阶梯环填料是对鲍尔环的改进，与鲍尔环相比，阶梯环高度减少了一半并在一端增加了一个锥形翻边。由于高径比减少，使得气体绕填料外壁的平均路径大为缩短，减少了气体通过填料层的阻力。锥形翻边不仅增加了填料的机械强度，而且使填料之间由线接触为主变成以点接触为主，这样不但增加了填料间的空隙，同时成为液体沿填料表面流动的汇集分散点，可以促进液膜的表面更新，有利于传质效率的提高。阶梯环的综合性能优于鲍尔环，成为目前所使用的环形填料中最为优良的一种。

弧鞍填料属鞍形填料的一种，其形状如同马鞍，一般采用瓷质材料制成。弧鞍填料的特点是表面全部敞开，不分内外，液体在表面两侧均匀流动，表面利用率高，流道呈弧形，流动阻力小。其缺点是易发生套叠，致使一部分填料表面被重合，使传质效率降低。弧鞍填料强度较差、易破碎，工业生产中应用不多。

矩鞍填料将弧鞍填料两端的弧形面改为矩形面，且两面大小不等，即成为矩鞍填料。矩鞍填料堆积时不会套叠，液体分布较均匀。矩鞍填料一般采用瓷质材料制成，其性能优于拉西环。目前，国内绝大多数瓷拉西环已被瓷矩鞍填料所取代。

金属环矩鞍填料环矩鞍填料（国外称为 Intalox）是兼顾环形和鞍形结构特点而设计出的一种新型填料，该填料一般以金属材质制成，故又称为金属环矩鞍填料。环矩鞍填料将环形填料和鞍形填料两者的优点集于一体，其综合性能优于鲍尔环和阶梯环，在散装填料中应用较多。

球形填料一般采用塑料注塑而成，其结构有多种。球形填料的特点是球体为空心，可以允许气体、液体从其内部通过。由于球体结构的对称性，填料装填密度均匀，不易产生空穴和架桥，所以气液分散性能好。

② 规整填料。是按一定的几何构形排列，整齐堆砌的填料。规整填料种类很多，根据其几何结构可分为格栅填料、波纹填料、脉冲填料等。

格栅填料是以条状单元体按一定规则组合而成的，具有多种结构形式。工业上应用最早的格栅填料为木格栅填料。目前应用较为普遍的有格里奇格栅填料、网孔格栅填料、蜂窝格栅填料等，其中以格里奇格栅填料最具代表性。格栅填料的比表面积较低，主要用于要求压降小、负荷大及防堵等场合。

目前工业上应用最广的规整填料是波纹填料，它是由许多波纹薄板组成的圆盘状填料，波纹与塔轴的倾角有 30°和 45°两种，组装时相邻两波纹板反向靠叠。各盘填料垂直装于塔内，相邻的两盘填料间交错 90°排列。波纹填料按结构可分为网波纹填料和板波纹填料两大类，其材质又有金属、塑料和陶瓷等之分。

金属丝网波纹填料是网波纹填料的主要形式，它是由金属丝网制成的。金属丝网波纹填料的压降低，分离效率很高，特别适用于精密精馏及真空精馏装置，为难分离物系、热敏性物系的精馏提供了有效的手段。尽管其造价高，但因其性能优良仍得到了广泛的应用。

金属板波纹填料是板波纹填料的一种主要形式。该填料的波纹板片上冲压有许多 5 mm 左右的小孔，可起到粗分配板片上液体、加强横向混合的作用。波纹板片上轧成细小沟纹，可起到细分配板片上的液体、增强表面润湿性能的作用。金属孔板波纹填料强度高，耐腐蚀性强，特别适用于大直径塔及气液负荷较大的场合。

金属压延孔板波纹填料是另一种有代表性的板波纹填料。它与金属孔板波纹填料的主要区别在于板片表面不是冲压孔，而是刺孔，用辗轧方式在板片上辗出很密的孔径为 0.4～0.5 mm 小刺孔。其分离能力类似于网波纹填料，但抗堵能力比网波纹填料强，并且价格便宜，应用较为广泛。

波纹填料的优点是结构紧凑，阻力小，传质效率高，处理能力大，比表面积大（常用的有 125、150、250、350、500、700 等几种）。波纹填料的缺点是不适于处理黏度大、易聚合或有悬浮物的物料，且装卸、清理困难，造价高。

脉冲填料是由带缩颈的中空棱柱形个体，按一定方式拼装而成的一种规整填料。脉冲填料组装后，会形成带缩颈的多孔棱形通道，其纵面流道交替收缩和扩大，气液两相通过时产生强烈的湍动。在缩颈段，气速最高，湍动剧烈，从而强化传质。在扩大段，气速减到最小，实现两相的分离。流道收缩、扩大的交替重复，实现了“脉冲”传质过程。脉冲填料的特点是处理量大、压降小，是真空精馏的理想填料。因其优良的液体分布性能使放大效应减少，故特别适用于大塔径的场合。

（3）填料的性能评价

填料的几何特性数据主要包括比表面积、空隙率、填料因子等，几何特点是评价填料性能的基本参数。

① 比表面积。单位体积填料的填料表面积称为比表面积，以 a 表示，其单位为 m^2/m^3。填料的比表面积愈大，所提供的气液传质面积愈大。因此，比表面积是评价填料性能优劣的一个重要指标。

② 空隙率。单位体积填料中的空隙体积称为空隙率，以 ε 表示，其单位为 m^3/m^3，或以百分数表示。填料的空隙率越大，气体通过的能力越大且压降低。因此，空隙率是评价填料性能优劣的又一重要指标。

③ 填料因子。填料的比表面积与空隙率三次方的比值，即 a/ε^3，称为填料因子，以 ϕ 表示，其单位为 1/m。填料因子分为干填料因子与湿填料因子，填料未被液体润湿时的 a/ε^3 称为干填料因子，它反映填料的几何特性；填料被液体润湿后，填料表面覆盖了一层液膜，a 和 ε 均发生相应的变化，此时的 a/ε^3 称为湿填料因子，它表示填料的流体力学性能，ϕ 值越小，表明流动阻力越小。

④ 表面湿润性。填料表面润湿性能与填料的材质有关。就常用的陶瓷、金属、塑料三

种材质而言，以陶瓷填料的润湿性能最好，塑料填料的润湿性能最差。金属、塑料材质的填料，可采用表面处理方法，改善其表面的润湿性能。

填料性能的优劣通常根据效率、通量及压降三要素衡量。在相同的操作条件下，填料的比表面积越大，气液分布越均匀，表面的润湿性能越好，则传质效率越高；填料的空隙率越大，结构越开敞，则通量越大，压降亦越低。

（4）填料塔设计程序

① 汇总设计参数和物性数据处理。根据气液平衡数据绘制气液平衡线，根据操作线方程绘制操作线，得到实际液气比。

② 选用填料。填料是填料塔内汽—液接触的核心元件。填料类型和填料层的高度直接影响传质效果。因而，选择填料是填料塔设计的一个重要内容。

③ 确定塔径 D。塔径取决于气体的体积流量和适宜的空塔气速。前者由生产条件决定，后者则在设计时规定

$$D=\sqrt{\frac{4V}{\pi u}}$$

式中：V ——气体的体积流量，m^3/s；

u ——空塔气速，m/s，$u=(0.5\sim0.8)u_F$。

泛点气速可以用 Bain-Hougen（贝恩-霍根）关联式计算：

$$\lg\left[\frac{u_f}{g}\cdot\frac{a}{\varepsilon^3}\cdot\frac{\rho_G}{\rho_L}\cdot\mu_L^{0.2}\right]=A-1.75\left(\frac{L}{G}\right)^{\frac{1}{4}}\left(\frac{\rho_G}{\rho_L}\right)^{\frac{1}{8}} \tag{1-18}$$

式中：u_f ——泛点气速，m/s；

g ——重力加速度，9.81 m/s^2；

a/ε^3 ——干填料因子，m^{-1}；

μ_L ——液相黏度，mPa·s；

L、G ——液相、气相的质量流量，kg/h；

ρ_G、ρ_L ——液体、气体的密度，kg/m^3。

用上法计算出的塔径需根据有关设计规范进行圆整。

④ 验算。塔内的喷淋密度应按实际塔径验算塔内的喷淋密度是否大于最小喷淋密度。如果喷淋密度太小，将不能保证填料充分润湿，应重新调整计算。

填料塔中气液两相间的传质主要是在填料表面流动的液膜上进行的。要形成液膜，填料表面必须被液体充分润湿，而填料表面的润湿状况取决于塔内的液体喷淋密度及填料材质的表面润湿性能。

液体喷淋密度是指单位塔截面积上，单位时间内喷淋的液体体积，以 U 表示，单位为 $m^3/(m^2\cdot h)$。为保证填料层的充分润湿，必须保证液体喷淋密度大于某一极限值，该极限值称为最小喷淋密度，以 U_{min} 表示。最小喷淋密度通常采用下式计算，即

$$U_{min}=L_{W\min}a \tag{1-19}$$

式中：U_{min} ——最小喷淋密度，$m^3/(m^2\cdot h)$；

$L_{W\min}$ ——最小润湿速率，m^3/（m·h）；

a ——填料的比表面积，m^2/m^3。

最小润湿速率是指在塔的截面上，单位长度的填料周边的最小液体体积流量。其值可由经验公式计算，也可采用经验值。对于直径不超过 75 mm 的散装填料，可取最小润湿速率 $L_{W\min}$=0.08 m^3/（m·h）；对于直径大于 75 mm 的散装填料，取 $L_{W\min}$ =0.12 m^3/（m·h）。

实际操作时采用的液体喷淋密度应大于最小喷淋密度。若喷淋密度过小，可采用增大回流比或采用液体再循环的方法加大液体流量，以保证填料表面的充分润湿；也可采用减小塔径予以补偿。

⑤ 计算填料层高度 Z。填料层高度的计算是填料塔设计中重要的一环，通常采用“传质单元法”和“等板高度法”。

⑥ 计算塔的总高度 H：

$$H=H_d+Z+(n-1)H_f+H_b \tag{1-20}$$

式中：H_d ——塔顶空间高度（不包括封头），m；

H_f ——液体再分布器的空间高度，m；

H_b ——塔底空间高度，m；

n ——填料层分层数。

⑦ 塔的其他附件设计和选定：

- 支撑板。填料层底部支撑板常被设计者忽视，而造成阻力过大，特别是孔板式支撑尤为明显。一般要求满足两个条件，即自由截面积不小于填料的空隙率，支撑板强度足以支承填料重量。
- 液体喷淋装置。它直接影响到塔内填料表面的有效利用率。喷淋装置形式很多，常见的有弯管式、缺口管式、多孔直管式、莲蓬头式喷洒器、分布盘等。
- 液体再分布装置。为了防止液相沿塔壁流动，每隔一定高度要有液体再分布装置。常见的有截锥式和升气管式分布器。
- 气体分布器。为保证气体分布的均匀性，对于 500 mm 以下的小塔，进气管可伸至塔中心，末端截成 45 ° 向下，使气流转折而上；对于大塔，可以制成向下的喇叭形扩大口或制成盘管式。
- 除雾器。当空塔气速较大、塔顶喷淋装置可能产生溅液或者工艺过程要求严格气相中不允许夹带雾沫时，则应设计除雾装置。常用除雾装置有折板除雾器、丝网除雾器、旋流板除雾器，也可以在液相喷淋装置与气体出口之间装有一段干填料实施填料除雾等。

⑧ 压降计算。塔的压降与填料、塔内构件、空塔气速、喷淋密度等相关。吸收操作中，需根据压力降以确定动力消耗；精馏操作中，需根据压力降确定釜压。

目前一般采用根据埃克特通用图而重新绘制的填料层压降和填料塔泛点的通用关联图求得。

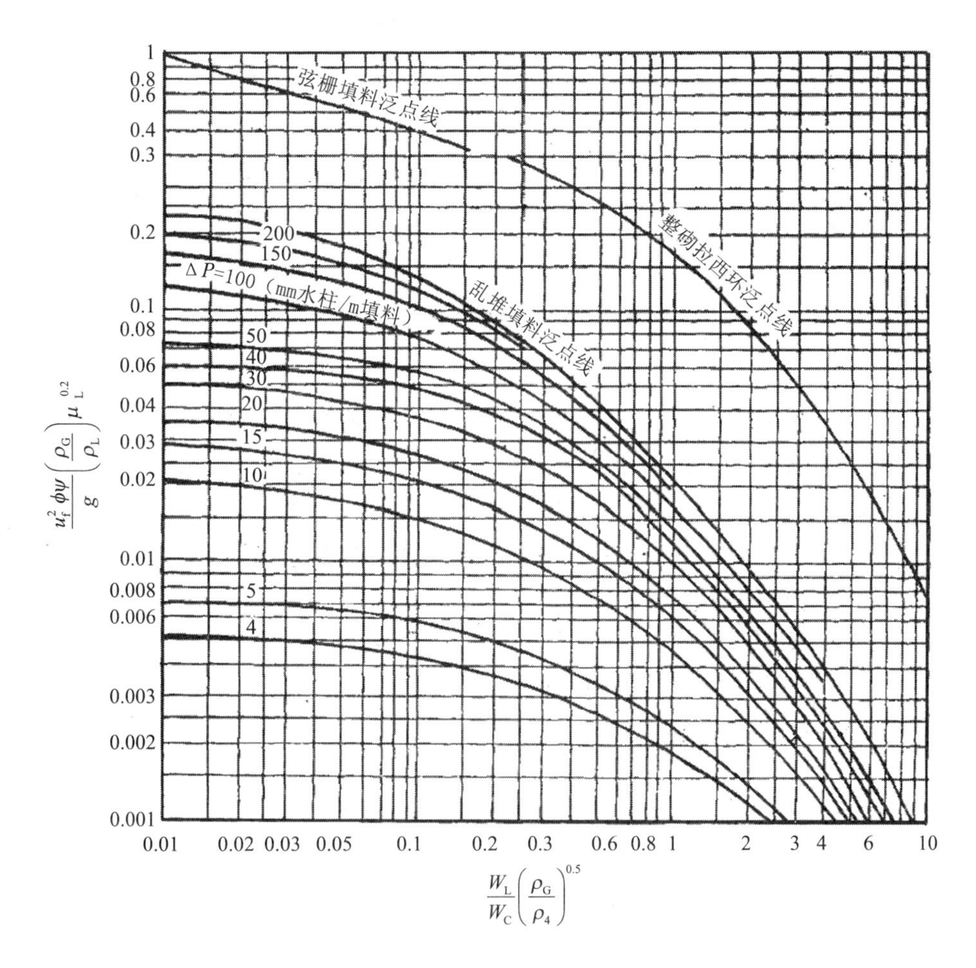

图 1-4　Eckert 通用关联图

⑨ 绘制塔设备结构图。向设备专业提供工艺设计条件绘制塔设备简图，并标注必要的尺寸，注明各管口的位置等。

3. 浮球塔

浮球塔（floating ball tower）的原理是在塔内的筛板上放置一定数量的小球。气流通过筛板时，小球在气流的冲击下浮动旋转，并互相碰撞，同时吸收从上往下喷淋的中和水，使通过球面的气体与之反应，使气中混入的酸雾被吸收。由于球面的液体不断更新，气体不断向上排放，使过程得以连续进行。

浮球塔的特点是风速高，处理能力大，体积小，吸收效率高。缺点是随着小球的运动，有一定程度的返混，并且在塔内段数多时阻力较大。

表 1-10　浮球塔主要参数

参数	数值	备注
空塔速度	2～6 m/s	
每段塔阻力	400～1 600 Pa	
浮球直径	25～38 mm	

4. 泡罩塔

泡罩塔（bubble column）塔内设有若干层塔板，每层塔板的一侧装有一至数根降液管。管顶高出上层塔板一定距离，用以在该层塔板内形成一定的水层深度。管底深入下层液内一定距离，用以形成水封，阻止气流沿降液管流动。废水经上层降液管流入下层塔板后，沿水平方向由一侧流向另一侧，并由该层降液管流向下一层塔板。废水由塔顶供入，如此逐层流下，最后从塔底排出。每层塔板上都设有短管（蒸汽通道），其上覆以钟形泡罩。泡罩的底缘浸没于塔板上的液层中，形成水封。蒸汽由塔底供入，通过各层塔板，由塔顶排出。蒸汽在通过各层塔板时，由蒸汽通道上升，从泡罩底缘的齿缝或小槽分散成细小气流冲入液内，以气泡形式溢出液面。当气流速度适合时，一部分蒸汽分散于液内，形成泡沫，同时将液体质点分散成雾滴夹带出液面。充满板间空间的雾滴和气流构成了主要的传质接触面积。

泡罩塔的特点是操作稳定、弹性大、塔板效率高、液沫夹带少；缺点是气流阻力大、板面液流落差大、布气不均匀、泡罩结构复杂、造价高等。

5. 浮阀塔

浮阀塔（valve tower）是一种高效传质设备，由于生产能力高、结构简单、造价低、塔板效率高、操作弹性大等优点而得到广泛应用。这种塔的构造和泡罩塔基本相同，不同的地方仅是用浮阀代替了泡罩和升气管。操作时气流自下向上吹起浮阀，从浮阀周边水平地吹入塔板上的液层，两相接触。由于阀片的开启度随吹入塔内的蒸汽流量的变化而异，因而能保持良好的泡沫状态所需的阀缝开度，保证在较大的蒸汽流量范围内，都获得较高的传质效率。

表 1-11　浮阀塔板间距的选择

塔径/m	0.3～0.5	0.5～0.8	0.8～1.6	1.6～2.4	2.4～4.0
塔板间距/mm	200～300	250～450	300～450	350～600	400～600

6. 筛板塔

筛板塔（sieve-tray tower）也叫做泡沫塔。这是因为这种喷淋塔的特点是在每层筛板上保持有一定厚度的中和液，中和液由上向下喷淋在每一个筛板上形成一定液位的水池后，再溢出流往下一层筛板。筛板上有一些可以让气体通过的小孔，气体从孔中进入溶液后生成许多小泡，使气液发生中和反应，达到净化气体的效果。

筛板塔的优点是结构简单，制造方便，成本低，造价约为泡罩的60%，为浮阀塔的80%；压降小，处理量比泡罩大20%；吸收率高，比板效率高15%。主要缺点是弹性小，筛孔容易阻塞操作不稳定，只适用于气液负荷波动不大的场合。

表 1-12 筛板塔主要参数

参数	数值	备注
筛板上液体高度	约 30 mm	
空塔速度	1.0～3.5 m/s	
筛板开孔率	10%～18%	
筛板孔径	3～8 mm	推荐选用 4～5 mm

7. 降膜吸收器

降膜吸收器属湿壁式表面吸收装置，工作时吸收剂通过布膜器垂直地沿列管内壁以薄膜状下降，气体自上而下（并流）或自下而上（逆流）通过内管空间，气液两相在流动的液膜上进行传质反应。列管外通冷却水（剂）以除去吸收过程中释放出的热量。

降膜吸收器过去多采用石墨降膜式吸收器，经过近年来的发展改进成了石墨改性聚丙烯降膜式吸收器，许多性能超过了石墨降膜式吸收器。

聚丙烯的密度仅为 0.91～0.93 g/cm^2，制成的设备轻便；聚丙烯熔点为 164～174℃，安全使用最高温度可达 110～125℃，在无外力作用的情况下达 150℃时，最低使用温度为 −10℃；聚丙烯无毒性、不易结垢，不对介质造成污染。

石墨改性聚丙烯降膜式吸收器通常与水喷射真空机租配合使用。当吸收后的物料要求达到较高的浓度时，可采用单循环式吸收（吸收液流量可调节），反复循环。

石墨改性聚丙烯降膜式吸收器适用于化工、石油、医药、食品、油脂、印染、冶金、环保、轻工等行业生产中的伴随放热且具有腐蚀性气体的吸收的步骤。在环境工程领域常用于 H_2S、SO_2、NH_3 等工业废气的吸收，得到的产品浓度比绝热吸收高 5%。采用二级串联循环吸收时，吸收效率可达 98%以上。

表 1-13 石墨改性聚丙烯降膜式吸收器性能参数

	数值	备注
工作温度	−5℃～125℃	
吸收剂用量	1～2 m^3/h · m^2	根据气体浓度而定
工作压力	正压小于等于 0.3MPa，负压小于等于 0.1MPa	
液泛气速	5～10 m/s	逆流操作时
并流操作气速	15～30 m/s	实际多采用并流操作
冷却水温度	＜20℃	水量需根据操作工艺条件进行热量衡算确定

吸收剂与被吸收的气体可逆流操作，也可并流操作。逆流操作时上升的流体将导致液膜厚度增加，液膜流速降低；并流操作时气体由上而下流动，将会使液膜厚度减薄，液膜

流速增加，在气体流速相同的情况下，并流时的流体阻力比逆流时小得多。因此，并流时气速可高达 15～30 m/s，但吸收推动力比逆流时小。生产中大多采用并流操作。

第六节 计算机绘图及环境工程图件

一、计算机辅助绘图

AutoCAD 软件具有强大的通用绘图功能，最基本的计算机辅助制图就是直接利用 AutoCAD 软件进行制图。但与传统制图方式比较，只是将图板、铅笔、尺等工具换成了计算机，提高了效率；进一步的计算机辅助制图则是利用 AutoCAD 二次开发成的绘图模块软件进行工艺流程图、管道图、设备布置图、水工构筑物结构图等的自动或半自动制图；利用 AutoCAD lisp 语言、VB 语言等编程进行参数化绘图等。所谓参数化绘图（parametric drawing）是指用一组参数来定义几何图形的尺寸数值并构造尺寸关系，然后提供给设计人员进行几何造型的一种方法，一般多用于形状比较定型的零件或部件绘图。参数化绘图时，用一组参数约束拟绘几何图形的一组结构尺寸系列，参数与设计对象的控制尺寸对应，当赋予不同的参数序列值时，就可改变原几何图形绘制出新的目标几何图形。

二、计算机绘图国家标准

采用计算机绘图时，除应遵照有关绘图标准、规范外，还应遵照绘图用计算机信息交换标准和我国已经颁布的几项有关计算机绘图的国家标准。

《机械工程 CAD 制图规则》（GB/T 14665—2012）适用于在计算机及其外围设备中显示、绘制、打印机械工程图样及有关技术文件，表 1-14、表 1-15 和表 1-16 给出了该标准中关于计算机绘图图线、图层、线宽、字高等的规定，字体的最小字（词）距、行距以及间隔线或基准线与书写字体之间的最小距离见表 1-17。

表 1-14 计算机绘图图线颜色和图层的规定

图线类型		图线颜色
粗实线	———	白色
细实线	———	绿色
波浪线	～～	
双折线	—∧—∧—	
细虚线	············	黄色
粗虚线	············	白色
细点画线	—·—·—	红色
粗点画线	—·—	棕色
细双点画线	—··—··—	粉红色

表 1-15　计算机绘图线宽

组别	1	2	3	4	5	一般用途
线宽/mm	2.0	1.4	1.0	0.7	0.5	粗实线、粗点画线、粗虚线
	1.0	0.7	0.5	0.35	0.25	细实线、波浪线、双折线、细虚线、细点画线、细双点画线

表 1-16　计算机绘图字高　单位：mm

字符类别	图幅				
	A0	A1	A2	A3	A4
	字体高度 h				
字母与数字	5		3.5		
汉字	7		5		

注：h 为汉字、字母和数字的高度。

汉字一般在输出时采用正体，并采用国家正式公布和推行的简化字；字母和数字一般应以斜体输出；小数点应占一位，并位于中间靠下处。

表 1-17　计算机绘图的最小距离　单位：mm

字体	最小距离	
汉字	字距	1.5
	行距	2
	间隔线或基准线与汉字的间距	1
字母与数字	字符	0.5
	词距	1.5
	行距	1
	间隔线或基准线与字母、数字的间距	1

注：当汉字与字母、数字混合使用时，字体的最小字距、行距等应根据汉字的规定使用。

三、环境工程图

环境工程图一般包括工艺流程图、设备图、水工构筑物池体图、设备布置图和管道布置图等。

1. 工艺流程图

工艺流程图是用来表达工艺生产流程的图样。一般有如下几种：

（1）工艺流程示意图

工艺流程示意图是在生产路线确定后，物料衡算设计开始前表示生产工艺过的一种定性图纸，有框图和流程简图两种表示方法。

（2）物料平衡流程图

工艺流程示意图完成后，开始进行物料衡算，再将物料衡算结果标注在流程中，即成为物料平衡流程图。它说明设施内物料组成和物料量的变化，单位以批、日计（对间歇式操作）或以小时计（对连续式）。从工艺流程示意图到物料平衡流程图，工艺流程由定性转为定量。

物料平衡流程图的特点是只画出关键设备和有物料变化的设备节点，图下方用表格表示出各节点的物料组分、纯度（浓度）、质量流量等。物料平衡流程图根据有关的化学反应式，实验给出的转化率、去除率等进行计算。对于废水中的 COD 值，若有确定的废水组分时，COD 应只计算出浓度，不考虑其质量流量，以免与确定的废水组分重复计算；反之，则可以同时计算 COD 的浓度和质量流量。

（3）带控制点工艺流程图

带控制点工艺流程图是表示全部工艺设备、物料管道、阀门、设备附件以及工艺和自控仪表等的内容详细的工艺流程图，通常在施工图设计阶段给出。

工艺流程图中的线条，厂房各层地平线、标高，用细实线画，标高单位为米；设备示意图按其大致几何形状画出，不要求其相对位置准确和外形比例；主要物料管线，流向箭头，用粗实线画；药剂、动力（水、蒸汽、真空、压缩空气等）管线，流向箭头，用次细实线画；必要的设备附件，阻火器、管道过滤器等和计量、控制仪表、阀门等，用细实线画。

设备流程号是将所采用的设备按车间、分类进行编号。

流程图中必要的文字注释，如物料的来源和去向等。

图例。用文字对照流程中画出的有关管线、阀门、附件、计量、控制仪表等的图形。

图签。表明图名、设计单位、设计、制图、审核人员签名、图纸比例、图号、日期等。位置一般在图纸的右下角。

（4）高程图

高程（elevation）指的是某点沿铅垂线方向到绝对基面的距离，称绝对高程。简称高程（标高）。某点沿铅垂线方向到某假定水准基面的距离，称假定高程。

在环境工程图中，由沿最主要、最长流程上的废水处理构筑物、设备用房的正剖面简图和单线管道图（渠道用双细线）共同表达废水处理流程及流程的高程变化图就称为“高程图”。

现在我国的搞成基准为按青岛验潮站 1950—1979 年的观测资料推算的并命名为“1985 年国家高程基准”。

2. 废水处理工程总平面图

（1）比例及布图方向

废水处理总平面图的比例及布图方向均按工程规模大小，以能清楚显示整个处理工程总体平面布置的原则来选择。

（2）建筑总平面图

建筑总平面图，应包括以下内容：测量坐标系统、施工坐标系统或主要构、建筑群轴线与测量坐标轴的交角；废水处理流程所涉及的处理构筑物（如调节池、曝气池、沉淀池等），设备用房（如泵房、鼓风机房等）以及主要辅助建筑物（如控制室、分析化验室、机修间、办公楼等）的平面轮廓；工程所处地形等高线，地貌（如河流、湖泊等），周围环境（如主要公路、铁路、企业、村庄等）以及该地区风玫瑰图、指北针。

（3）管渠图

主要管道类型有：原水（即未经处理的水，包括给水或污水）水管，污泥（回流污泥、剩余污泥）管，雨水管（渠），构筑物事故排水管及放空管，该处理工程自身所需的饮用水管和排水管（渠）等，以及相应的管道图例。其中渠道应用建筑总平面图图例表示。

（4）图线

管道均画单粗线，构筑物及主要辅助建筑物的平面轮廓线画中粗线，水体、道路及渠道等都画细线。

3. 环境工程设备图

（1）设备图类别

环境工程中非标准设备较多，且非标准设备主要是各种罐、塔、反应器等，与化工设备类似，相应地，环境工程设备图亦与化工设备图类似。通常，根据其主次关系、具体表示部位等可分为设备总图、装配图、部件图、零件图、管口方位图、表格图及预焊接件图等。作为施工设计文件的还有工程图、通用图和标准图。

总图（general chart）。是表示设备以及附属装置的全貌、组成和特性的图样。应表达设备各主要部分的结构特征、装配连接关系、主要特征尺寸和外形尺寸，并写明技术要求、技术特性等技术资料。

装配图（assembly drawing）。是表示设备的结构、尺寸、各零部件间的装配连接关系，并写明技术要求和技术特性等技术资料的图样。

部件图（parts drawing）。是表示可拆或不可拆部件的结构形状、尺寸大小、技术要求和技术特性等技术资料的图样。

零件图（detail drawing）。是表示设备零件的结构形状、尺寸大小及加工、热处理、检验等技术资料的图样。

管口方位图（nozzle bearing diagram）。是标示环境工程设备管口方向位置，管口与支座、地脚螺栓的相对位置的简图。

表格图（tabular drawing）。对于那些结构形状相同，尺寸大小不同的设备、部件、零部件，用综合列表的方式表达各自的尺寸大小的图样。

标准图（standard graph）。经国家有关主管部门批准的标准化或系列化设备、部件或零件的图样。

通用图（universal graph）。经过生产考验，结构成熟，能重复使用的系列化设备、部件和零件的图纸。

（2）设备图基本内容

一份完整的设备图，除绘有设备本身的各种视图外，尚应有标题栏、明细表、设备净重、管口表、技术特性表、技术要求、修改表、签字栏等基本内容，各栏除“技术要求”栏用文字说明外，其余均以表格形式列出。

①标题栏。本栏主要为说明本张图纸的主题，包括：设计单位名称，设备（项目）名称，本张图纸名称，图号，设计阶段，比例，图纸张数（共__张、第__张），以及设计、制图、校核、审核、审定等人的签字及日期。

②明细表。明细表用以说明组成本张图纸的各部件的详细资料，置于标题栏上方并与标题栏等宽，一般格式如下：

表 1-18 明细表一般格式

<table>
<tr><th rowspan="2">件号</th><th rowspan="2">图号或标准号</th><th rowspan="2">名称</th><th rowspan="2">数量</th><th rowspan="2">材料</th><th colspan="2">重量/kg</th><th rowspan="2">备注</th></tr>
<tr><th></th><th></th></tr>
<tr><td></td><td></td><td></td><td></td><td></td><td></td><td></td><td></td></tr>
<tr><td></td><td></td><td></td><td></td><td></td><td></td><td></td><td></td></tr>
</table>

③管口表。是将本设备的各管口用英文小写字母自上而下按顺序填入表中，以表明各管口的位置和规格等。

表 1-19 管口表

件号	公称尺寸	连接尺寸标准	连接面形式	用途或名称

④技术特性表。是环境工程设备图的一个重要组成部分，它将设备的设计、制造、使用的主要参数（设计压力、工作压力、设计温度、工作温度、各部件的材质、焊缝系数、腐蚀裕度、物料名称、容器类别及所接触物料的特性等），技术特性以列表方式供施工、检验、生产中执行。

⑤技术要求。以文字形式对化工设备的技术条件，应该遵守和达到的技术指标等，逐条给出。

⑥其他。

（3）设备图的表达特点

由于环境工程设备结构特点的要求，一张环境工程设备装配图，它除了具有一般机械装配图相同的内容（一组视图、必要的尺寸、技术要求、明细表及标题栏）外，还有技术特性表、接管表、修改表、选用表以及图纸目录等内容，以满足化工设备图的特定的技术要求。

①视图配置灵活。对于主体结构为回转体的设备图，其基本视图常采用两个视图。

②细部结构的表达方法。罐、塔这类设备的各部分结构尺寸相差悬殊，按缩小比例画出的基本视图中，很难兼顾到把细部结构也表达清楚。常使用局部放大图和夸大画法来表达这些细部结构并标注尺寸。

③断开画法、分段画法及整体图。对于过高或过长的环境工程设备，如塔、换热器及贮罐等，为了采用较大的比例清楚地表达设备结构和合理地使用图幅，常使用断开画法，即用双点画线将设备中重复出现的结构或相同结构断开，使图形缩短，简化作图。

④多次旋转的表达方法。一些环境工程设备壳体上分布有众多的管口、开口及其他附件，为了在主视图上表达它们的结构形状及位置高度，可使用多次旋转的表达方法。

⑤管口方位的表达方法。环境工程设备壳体上众多的管口和附件方位的确定在安装、制造等方面都是至关重要的，为将各管口的方位表达清楚，在环境工程设备中用基本视图配合一些辅助视图将其基本结构形状表达清楚，此时，往往用管口方位图来代替俯视图表达出设备的各管口及其他附件如地脚螺栓等的分布的情况。

⑥简化画法。在绘制环境工程设备图时，为了减少一些不必要的绘图工作量，提高绘

图效率，在既不影响视图正确、清晰地表达结构形状，又不致使读图者产生误解的前提下，大量地采用了各种简化画法如各种塔填料、设备附件的画法，管道用单线图或双线图替代三视图等。

4. 水工构筑物计算和池体图

水工构筑物指各种具有一定工艺作用的钢筋混凝土或砖混结构的池体，包括废水池、各种沉淀池、气浮池、生物处理池、中间池等。

环境工程工艺设计人员应该完成的设计任务包括水工构筑物工艺计算和池体简图设计。

工艺计算主要内容有池有效容积、外形尺寸、配管计算等。

池体简图内容包括池体尺寸、形式（地下式、地上式或半地下式等）、形状（圆形、矩形等）、池内附属设备及构件布置；预留管、预留孔位置、尺寸、数量；池内安装附属管道、填料、刮泥排泥等设备、工作梯、泵、栏杆、照明灯杆等的预埋铁尺寸、位置、数量；防腐要求及处理等。

池体简图完成后交土建专业进行池体结构设计，绘制模板图、配筋图、详图等。如简图中所提要求土建专业无法满足，则工艺设计人员应进行适当修改。池体结构设计完成后，工艺设计人员根据结构设计确定的池壁等结构尺寸，最终完成池体工艺总图。

水工构筑物池体图包括如下部分。

（1）池体工艺总图

用以表示构筑物的工艺构造。表达池体整体尺寸、外形轮廓、池壁厚度、池内附属设备及构件之间关系、布置的图样。构筑物的细部可另以大比例的详图表示。

（2）详图

池体工艺总图为了表达其总体结构尺寸，一般选用的比例尺较小，对于构筑物中的管道安装、细部构造、附属设备等只能给出一个概略情况，这样就必须用较大比例尺，将工艺总图中的局部构造单独放大绘制详图。

详图直接作为制作加工、施工安装之用，因此必须具体、明确、清楚。视图须达到以下要求：每一细部都能显示；尺寸要完整，相互节点间的安装尺寸或关系尺寸必须齐全并用文字或材料符号明确给出各种材料的种类、规格；连接件和焊接等；标出零件与管道间的连接关系；附非标准管配件的展开图；包含标准管件或零件的标准图集名称、编号以及详图编号。

（3）模板图

表示构筑物或构件的外形和预埋件位置、数量的图样。

（4）配筋图

将钢筋混凝土结构看成是透明体，主要表示构筑物或构件的钢筋型号、规格、形状、数量和布置方式的图样。

配筋图中，构筑物或构件的外形用细实线画出，钢筋用粗实线画出，并应给出钢筋表等。

5. 设备布置图

设备布置设计的最终成果是设备布置图等一系列图样，它包括：

（1）总平面布置图

表示设施在厂区的方位、面积以及公用工程的各类管线与本设施的接口方位、标高、数量的图样。

（2）设备布置图

表示设施中所有设备在厂房建筑内外安装布置的图样。包括平面布置图、立面布置图等。

设备平面布置图应包括以下内容：① 与设备安装有关的建（构）筑物的结构形状和相对位置；② 厂房或框架的定位轴线尺寸；③ 厂房或框架内外所有设备的平面布置及编号名称；④ 所有设备的定位尺寸以及设备基础的平面尺寸和定位尺寸。

设备立面布置图应包括以下内容：① 厂房或框架内外所有设备在每个楼面或平台的安装布置情况和编号名称，以及设备基础的立面形状、标高；② 厂房或框架的定位轴线尺寸及标高。

（3）首页图

设施内设备布置图需分区绘制时，提供分区概况的图样。

（4）设备安装详图

表示用以固定设备的支架、吊架、挂架及设备的操作平台、附属的栈桥、钢梯等结构的图样。

（5）管口方位图

表示设备上各管口方位、管口与支座、地脚螺栓等相对位置以及安装设备和管线时确定方位的图样。

6. 管道设计图

管道设计图包括工艺管道布置图、蒸汽（或压缩空气、惰性气体等）管布置图、管段图、管架图、管件图、管配件展开图等，表明装置的管道、管件、阀门、管架及仪表检测点的位置，安装情况，管段、管件的详细结构等。

（1）管道和仪表流程图

管道和仪表流程图（Piping and Instrument Diagram，PID）用以表示设备外连接的管道系统、仪表的符号及管道识别代号等。

（2）管道布置图

管道布置图是表示设施内各设备、水工构筑物和过程控制仪表之间管路的空间走向、重要管配件及控制点安装位置的图样。一般来说，管道布置图是在设备布置图上添加管路及其管配件的图形或标记而制成的。管道布置图中，设备及构筑物的图形用细实线画出，管线采用粗实线或中实线。

管道布置图分平面布置图和立面布置图。

管道平面布置图应包括以下内容：① 管线的平面布置、定位尺寸、编号、规格和介质流向箭头以及各管道的坡度、坡向、横管的标高等；② 管配件、阀件及仪表控制点的平面位置及定位尺寸；③ 管架、管墩的平面位置及定位尺寸。

管道立面布置图应包括以下内容：① 管线的立面布置、标高、编号、规格和介质流向箭头等；② 管配件、阀件及仪表控制点的立面布置及标高。

在小比例尺的管道图中，常将管道的壁厚和管腔全部看成是一条线的投影，即单线图表示法；对于各类废气处理、粉体净化工程中的风管等直径较大的管道，常以两根线表示管子和管件形状而不再用线条表示管子壁厚，即双线图表示法。

管道的布置设计应符合安全规范、保证正常生产和便于操作、检修，应尽量节约材料及投资，并尽可能做到整齐和美观。

（3）管段图

管段图是表示自一台设备到另一台设备（或另一管段）间的一段管线及其所附管件、阀门、仪表控制点的配置情况的立体图样。通常用轴侧图的形式表示。

（4）管架图

管架图是表达管架的具体结构、制造及安装尺寸的图样。管架图中，管道、保温材料、建（构筑物）等一般以细实线或双点画线表示，管架本身则用中实线等较粗线条表示。

（5）管件图

管件图是完整表达管件具体构造及详细尺寸，以供制造加工和安装之用的图样。其内容和画法与一般机械零部件的相同。

（6）管配件展开图

各类废气处理、粉体净化工程中的风管等的转弯、分支和变径所需要的管配件常需进行加工制作，管配件展开图就是提供加工制作图纸的图样，是将管配件的表面按其实际形状和大小摊平在一个平面上得到的图形。

第二章　环境工程主要单元过程

第一节　单元操作

单元操作是化学工业和其他过程工业中进行的物料粉碎、输送、加热、冷却、混合和分离等一系列使物料发生预期的物理变化的基本操作的总称。

在化学工业的发展过程中，人们最初以具体产品为对象，分别进行各种产品的生产过程和设备的研究。随着化工生产的发展，人们逐渐认识到，各种不同产品的生产过程是由为数不多的基本操作和各种化学反应过程所组成的。在 19 世纪末英国学者 G.E.戴维斯便提出了这种观点，但当时未引起足够重视。1915 年美国学者 A.D.利特尔首先提出单元操作这一概念，明确指出："任何化工生产过程不论规模如何，皆可分解为一系列名为'单元操作'的过程，例如粉碎、混合、加热、吸收、冷凝、浸取、沉降、结晶、过滤等。"各种单元操作依据不同的物理化学原理，应用相应的设备，达到各自的工艺目的。如蒸馏根据液体混合物中各组分挥发能力的差异，可以实现液体混合物中各组分分离或某组分提纯的目的。1923 年 W.H.华克尔、W.K.刘易斯和 W.H.麦克亚当斯等合著的《化工原理》一书出版，成为第一本全面阐述单元操作的著作。从此单元操作得到了广泛重视，成为化学工程中的奠基学科，常被称为化工原理。

单元操作的应用除遍及化工、冶金、能源、食品、轻工、核能等工业领域外，在环境工程中亦得到广泛应用，几乎所有的环境工程工艺过程，都有化工单元操作的影子。

随着化工生产的发展，单元操作的研究和开发，以物理化学、传递过程和化工热力学为理论基础，着重研究实现各单元操作的过程和设备，新的单元操作不断形成。现在常用的单元操作已达二十余种（见表 2-1）。单元操作按照所依据的基本原理分为：① 流体动力过程。这是一类以动量传递为主要理论基础的单元操作，有流体输送、沉降、过滤、混合等。② 传热过程。这是一类以热量传递为主要理论基础的单元操作，有换热、蒸发等。③ 传质分离过程。这是一类以质量传递为主要理论基础的单元操作，用于各种均相混合物的分离，有蒸馏、吸收、萃取等。④ 热质传递过程。这是一类由热量传递和质量传递两种过程共同决定的单元操作。这种过程与传热过程或传质分离过程不同，它的速率计算更加复杂，过程的极限也不再是热平衡和相平衡。此过程包括增湿、减湿、干燥、结晶等单元操作。⑤ 热力过程。这是一类以热力学为主要理论基础的单元操作，如制冷。⑥ 粉体工程。这是与固体颗粒加工、运动等有关的操作，有粉碎、流态化、颗粒分级等。

表 2-1 常用单元操作

类别	名称	目的
流体动力过程	流体输送	物料以一定的流量输送
	沉降	从气体或液体中分离悬浮的颗粒或液滴
	过滤	从气体或液体中分离悬浮的固体颗粒
	混合	主要是使液体与其他物质均匀混合，构成混合物，或强化物理、化学过程。除流体外也有固体混合
传热过程	换热	使物料升温、降温或改变相态
	蒸发	使溶剂汽化而与不挥发溶质分离
传质分离过程	蒸馏	通过汽化和冷凝分离液体混合物
	吸收	用液体吸收剂分离气体混合物
	萃取	用液体萃取剂分离液体混合物
	浸取	用液体溶剂浸渍固体物料，使可溶组分与残渣分离
	吸附	用固体吸附剂分离气体或液体混合物
	离子交换	用离子交换剂从稀溶液中提取或除去某些离子
	膜分离	用固体或液体膜分离气体或液体混合物
热质传递过程	增湿、减湿	调节与控制空气或其他气体中的水气含量
	干燥	加热固体，使所含液体（如水）汽化而除去
	结晶	使液体或气体混合物中溶质变成晶体析出
热力过程	制冷	将物料冷却到环境温度以下
粉体工程	颗粒分级	将固体颗粒分为不同的部分
	粉碎	在外力作用下使固体物料变成尺寸更小的颗粒
	流态化	用流体使大量固体颗粒悬浮并使其具有流体状态的特性

废水处理流程的研制，应根据工程分析得到的各废水源源强、所含有的污染因子种类和排放要求，设计完成由一个或多个工艺单元构成完整的处理流程，并对该研制流程进行投资估算和运行费用估算，得到最终的处理流程技术、经济可行性评估结论。

要想应用好各种工艺单元，不仅应掌握其对相应污染物的分离或去除效果，更重要的应了解各种工艺单元的局限性，以免造成水质恶化、二次污染、运行费用上升等问题而导致失败。

第二节 混凝、中和及化学沉淀

一、概述

混凝是在混凝剂的离解和水解产物作用下，使水中的胶体污染物和细微悬浮物脱稳，并凝聚为具有可分离的絮凝体的过程。混凝-固液分离过程是工艺废水处理中最常用的预处理单元之一。

化学沉淀法是向废水中投加某些化学药剂（沉淀剂），使其与废水中溶解态的污染物直接发生化学反应，形成难溶的固体生成物，然后进行固废分离，除去水中污染物。

废水中的重金属离子（如汞、镉、铅、锌、镍、铬、铁、铜等）、碱土金属（如钙、镁）、某些非重金属（如砷、氟、硫、硼）以及一些有机物均可采用化学沉淀法去除。

二、基本工艺流程

混凝沉淀的工艺过程包括 pH 调节、加药混合、反应及沉淀分离。其典型流程见图 2-1。

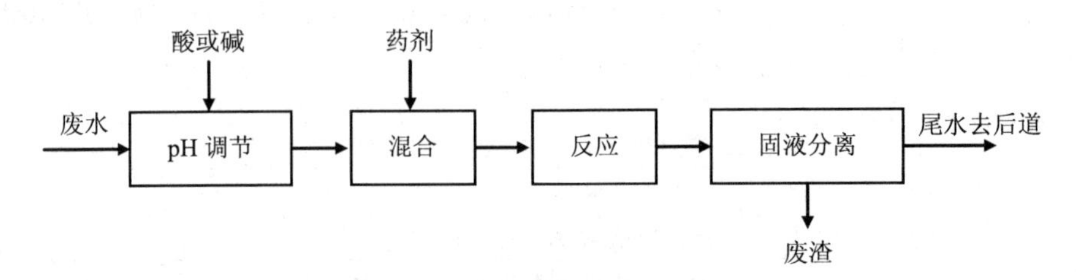

图 2-1 典型混凝、中和或化学沉淀工艺流程

中和、化学沉淀的工艺过程与混凝类似，但其加药混合过程不如混凝加药混合的要求高。

凝聚或化学沉淀的固液分离可以采用沉降、浮上、过滤、离心等方法进行，在此不再赘述。

三、静态混合器在环境工程中的应用

1. 概述

混凝加药混合时，需要先高速混合，使混凝剂迅速与废水充分、均匀接触，再经慢速混合（搅拌）过程，促进混凝体成长。不同的加药混合方式形成多种变形工艺，其中，静态混合器在混凝加药混合中的作用令人瞩目。

静态混合器（static mixer）是 20 世纪 70 年代初开始发展的一种先进混合器，1970 年美国凯尼斯公司首次推出其研制开发的静态混合器，并迅速在化工、制药、轻工等领域得到应用，在环境工程方面，静态混合器亦大有作为。

静态混合器与搅拌器不同的是，它的内部没有运动部件，主要运用流体流动和内部单元实现各种流体的混合以及特殊结构的设计合理性。静态混合器与孔板柱、文氏管、搅拌器、均质器等其他设备相比较具有效率高、能耗低、体积小、投资省、易于连续化生产。静态混合器中，流体的运动遵循着“分割-移位-重叠”的规律，混合过程中起主要作用的是移位。移位的方式可分为两大类：“同一截面流速分布引起的相对移位”和“多通道相对移位”，不同型号混合器的移位方式也有所不同。

静态混合器不仅应用于混合过程，而且可以应用于与混合-传递有关的过程，包括气/气混合、液/液萃取、气/液反应、强化传热及液/液反应等过程。

静态混合器有 SV 型、SK 型、SX 型、SH 型和 SL 型等基本形式。

SV 型静态混合器单元是由一定规格的波纹板组装而成的圆柱体，最高分散程度 1～2 mm，液/液相及气/气相不均匀度系数小于等于 1%～5%。适用于黏度小于 102 厘泊的液/液、液/气、气/气的混合乳化、反应、吸收、萃取、强化传热过程。SK 型静态混合器单元由单孔道左、右扭转的螺旋片组焊而成，最高分散程度小于等于 10 μm，液/液、液/固相不均匀度系数小于等于 5%。最为适用于较小流量并拌有杂质或黏度小于等于 106 厘泊的高黏性介质。SX 型静态混合器单元由交叉的横条按一定规律构成许多“X”形单元，混合不均匀度数 1%。适用于黏度小于等于 104 厘泊的中高黏度液/液反应、混合、吸收过程或生产高聚物流体的混合、反应过程，处理量较大时使用效果更佳。SH 型静态混合器单元是由双孔道组成，孔道内放置螺旋片，相邻单元双孔道的方位错位 90°，单元之间设有流体再分配室。最高分散程度 1～2 mm，液/液相的不均匀度小于等于 1%。适用于流量小、混合要求高的中高黏度（小于等于 106 厘泊）的清洁介质。SL 型静态混合器单元由交叉的横条按一定规律构成单“X”形单元，不均匀度系数小于等于 5%。适用于黏度小于等于 106 厘泊或伴有高聚物介质的液/液、液/固相混合，以及同时进行传热、混合和传热反应的热交换器，加热或冷却黏性产品等单元操作。

2．静态混合器的压降计算

对于系统压力较高的工艺过程，静态混合器产生的压力降相对比较小，对工艺压力不会产生大的影响。但对系统压力较低的工艺过程，设置静态混合器后要进行压力降计算，以适应工艺要求。

（1）SV 型、SX 型、SL 型压力降计算公式

$$\Delta P = f\frac{\rho_c}{2\varepsilon^2}u^2\frac{L}{d_h} \tag{2-1}$$

$$Re = \frac{d_h\rho_c u}{\mu\varepsilon} \tag{2-2}$$

水力直径（d_h）定义为混合单元空隙体积的 4 倍与润湿表面积（混合单元和管壁面积）之比：

$$d_h = 4\left(\frac{\pi}{4}D^2L - \Delta A\delta\right)\Big/\left(2\Delta A + \pi DL\right) \tag{2-3}$$

式中：ΔP ——单位长度静态混合器压力降，Pa；

F ——摩擦系数；

ρ_c ——工作条件下连续相流体密度，kg/m^3；

u ——混合流体流速（以空管内径计），m/s；

ε ——静态混合器空隙率，$\varepsilon=1-2\delta$；

d_h ——水力直径，m；

Re ——雷诺数；

μ ——工作条件下连续相黏度，Pa·s；

L ——静态混合器长度，m；

ΔA ——混合单元总单面面积，m^2；

A ——SV 型的单位体积中混合单元面积，m^2/m^3；

δ ——混合单元材料厚度，m，一般 δ= 0.0002 m；

D ——管内径，m。

表 2-2 SV 型的单位体积中混合单元面积与水力直径关系

d_h /mm	2.3	3.5	5	7	15	20
A / （m^2/m^3）	700	475	350	260	125	90

（2）SH 型、SK 型压力降计算公式

$$\Delta P = f\frac{\rho_c}{2}u^2 \cdot L/D \tag{2-4}$$

$$Re = \frac{d_h \rho_c u}{\mu} \tag{2-5}$$

表 2-3 SV 型、SX 型、SL 型静态混合器 f 与 Re 关系式

混合器类型		SV-2.5/D	SV-3.5/D	SV-5-15/D	SX 型	SL 型
层流区	范　围	Re≤23	Re≤23	Re≤150	Re≤13	Re≤10
	关系式	f=139/$Re\varepsilon$	f=139/$Re\varepsilon$	f=150/$Re\varepsilon$	f=235/$Re\varepsilon$	f=156/$Re\varepsilon$
过渡流区	范　围	23<Re≤150	23<Re≤150	—	13<Re≤70	10<Re≤100
	关系式	$f=23.1Re^{-0.428}$	$f=43.7Re^{-0.631}$	—	$f=74.7Re^{-0.476}$	$f=57.7Re^{-0.568}$
湍流区	范　围	150<Re≤2 400	150<Re≤2 400	Re>150	70<Re≤2 000	100<Re≤3 000
	关系式	$f=14.1Re^{-0.329}$	$f=10.3Re^{-0.351}$	f≈1.0	$f=22.3Re^{-0.194}$	$f=10.8Re^{-0.205}$
完全湍流区	范　围	Re>2 400	Re>2 400	—	Re>2 000	Re>3 000
	关系式	f≈1.09	f≈0.702	—	f≈5.11	f≈2.10

表 2-4 SL 型、SK 型静态混合器 f 与 Re 关系式

混合器类型		SH 型	SK 型
层流区	范　围	Re≤30	Re≤23
	关系式	f=3 500/Re_D	f=430/Re_D
过渡流区	范　围	30<Re≤320	23<Re≤300
	关系式	$f=646Re^{-0.503}$	$f=87.2Re^{-0.491}$
湍流区	范　围	Re>320	300<Re≤11 000
	关系式	$f=80.1Re^{-0.141}$	$f=17.0Re^{-0.205}$
完全湍流区	范　围	—	Re>11 000
	关系式	—	f≈2.53

（3）气-气混合压力降计算公式

气-气混合一般均采用 SV 型静态混合器，其压力降与静态混合器长度和流速成正比，与混合单元水力直径成反比。对不同规格 SV 型静态混合器测试，总结为以下经验计算公式：

$$\Delta P = 0.050\,2\left(u\sqrt{\rho_c}\right)^{1.533\,9}\frac{L}{d_h} \tag{2-6}$$

式中：ΔP ——单位长度静态混合器压力降，Pa；

u ——混合气工作条件下流速，m/s；

ρ_c ——工作条件下混合气密度，kg/m^3；

L ——静态混合器长度，m；

d_h ——水力直径，mm。

3．静态混合流程

采用静态混合器的混凝加药混合流程图见图 2-2，废水和酸碱调节剂分别泵入静态混合器 A，达到预期 pH，然后与混凝剂分别经泵送入静态混合器 B，高速均匀混合后送入沉淀池，生成混凝体沉降，经一定停留时间，出水溢流出，混凝渣由沉淀池底部泵抽出进行后续处置。

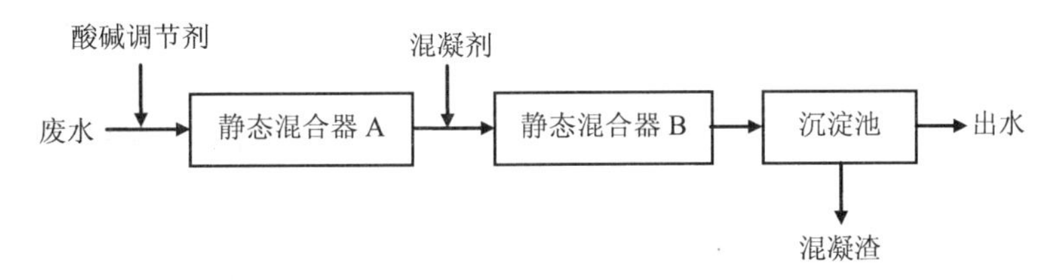

图 2-2　采用静态混合器的混凝加药混合流程图

四、工艺设计要点

混凝、中和及化学沉淀过程需注意如下问题。

（1）pH 调节

不同的混凝或沉淀剂有着各自特殊的最佳 pH 范围，因此，混凝或沉淀前常需对废水进行酸碱度调节，其目的是使混凝剂或沉淀剂发挥最佳混凝或沉淀作用。

（2）不利影响

所加入的酸或碱或混凝剂（沉淀剂）会给后续单元带来不利影响或二次污染。常用的碱性中和药剂有钙系碱化剂如石灰（CaO）、石灰石（$CaCO_3$）和氢氧化钠（NaOH）等，由于碱性中和药剂多为固体粉状，会造成劳动条件恶化，应采取一定的措施控制投加过程的粉尘等。

重金属离子采用钙系沉淀剂时，常会形成氢氧化钙与金属氢氧化物共沉淀物，不但使沉淀量增大，共沉淀物中重金属的分离更为困难，而且所含重金属渣属于危险废物，使处置成本成倍上升。

常用的酸性中和药剂主要是无机酸如盐酸、硫酸等。使用盐酸的优点是反应产物的溶解度大，沉淀量小，但出水的 TDS 和氯离子浓度高；使用硫酸时，如果废水中含有钙盐，则会产生大量的硫酸钙沉淀，当废水中有机物或重金属浓度高时，硫酸钙沉淀夹带有机物或重金属共沉淀物而成为危险固废；当后续处理单元中有厌氧段时，水中的硫酸根还原为硫化氢和单质硫，形成硫化氢气体和水中硫化物的二次污染，故不宜采用硫酸为中和剂。

当采用化工副产的酸、碱作为中和剂时，要注意其是否含有较多的有机物、特别是毒性较大的有机物以及重金属，以防在中和过程中带进新的污染因子，使水质恶化。

药剂中和法的优点是可处理任何浓度的酸、碱性废水，允许废水中有较多的悬浮杂质，对水质、水量波动的适应性强，且中和过程易调节。缺点是劳动条件差，药剂配制及投加设备较多，泥渣多且脱水难，易形成二次污染等。

从废弃物综合利用的角度出发，在一定的条件下，可以采用酸性废水与碱性废水的互相中和。但需清楚了解各自的污染因子组成以及可能发生的化学作用，避免水质复杂化或二次污染。

（3）混凝剂及固液分离方法的选择

当采用不同的混凝剂处理某些废水时，其产生的混凝体的密度可能大于水也可能小于水的密度，需通过实验确定后，选择相应的固液分离方法及设备。

（4）静态混合器选用要点

压降计算时，可将静态混合器作为一段管道来考虑。

一般以单台或串联静态混合器来完成混合目的，若以两台并联操作使用时，配管设计应确保流体分配均匀。

当使用小规格 SV 型时，如果介质中含有杂物，应在混合器前设置两个并联可切换操作的过滤器，滤网规格一般选用 20～40 目滤网。

静态混合器上尽量不安装流量、温度、压力等指示仪表和检测点。

（5）混凝（沉淀）渣需妥善处置

首先应选用适当的混凝剂，尽量减少混凝渣量；如形成的混凝渣为危险废物，其废水处理总运行费用将大大增加。

第三节　化学氧化与还原

一、概述

利用有毒有害污染物在化学反应过程中能被氧化或还原的性质，改变污染物的形态，将它们变成无毒或微毒的新物质或者转化成容易与水分离的形态，从而达到处理的目的，这种方法称为氧化/还原法。

按照污染物的净化原理，氧化/还原处理方法包括药剂法、电化学法（电解）和光催化氧化法三大类。

废水中的有机污染物（如色、嗅、味、COD）以及还原性无机离子（如 CN^-、S^{2-}、Fe^{2+}、Mn^{2+}等）都可通过氧化法消除其危害，而废水中的许多金属离子（如汞、铜、镉、银、金、六价铬、镍等）都可通过还原法去除。

废水处理中最常采用的氧化剂是空气、臭氧、氯气、次氯酸钠和过氧化氢；常用的还原剂有硫酸亚铁、亚硫酸氢钠、硼氢化钠、铁屑等。

尽管与生物氧化法相比，化学氧化/还原法需较高的运行费用，但对于工业有毒废水，化学氧化/还原法作为一种预处理方法，可以破坏具有生物毒性的基团、降解大分子有机物，为后续处理单元的正常运行提供条件，因此各种化学氧化/还原法特别是催化化学氧化/还原法在农药中间体、医药中间体、染料中间体及其他难处理废水的应用越来越广泛。

选择氧化剂时应考虑到如下因素。

①对废水中特定的污染物有良好的氧化作用；

②反应后的生成物应是无害的或易于从废水中分离；

③价格便宜，获取方便；

④在常温下或较温和的反应条件下即可得到较好的处理效果；

⑤可适应较广泛的 pH 范围。

常用的氧化剂有含氯类和含氧类。氯类氧化剂有气态氯、液氯、次氯酸钠、次氯酸钙、二氧化氯等，但从安全和防止废水复杂化角度出发，二氧化氯较为常用。氧类氧化剂有空气、纯氧、臭氧、过氧化氢和高锰酸钾等，由于空气中氧含量较低，仅在湿式氧化、超临界水氧化等过程中使用；臭氧使用时，易形成无组织排放对操作人员身体健康影响较大；高锰酸钾等由于价格过高较少使用；过氧化氢是较常用的化学氧化剂，常与硫酸亚铁构成 Fenton 试剂使用。

二、基本工艺流程

废水经酸碱调节、混凝、过滤等预处理后，送入氧化或还原反应器，加氧化剂/催化剂或还原剂/催化剂等，在一定的温度、反应时间下反应；反应结束后，经混凝、分离等去后续处理。其基本流程见图 2-3。

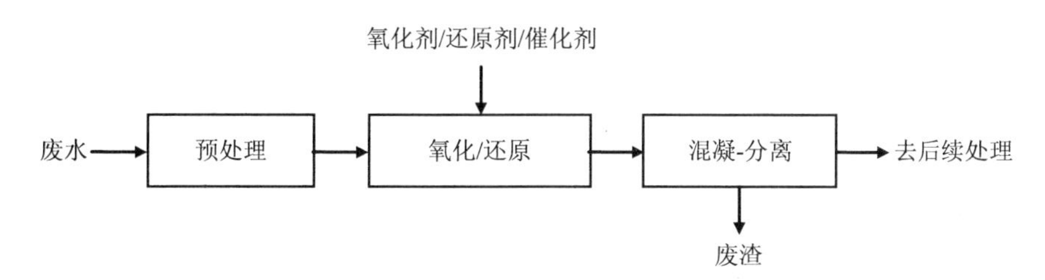

图 2-3 典型化学氧化/还原工艺流程

三、设计要点

采用化学氧化/还原法处理废水时，需要注意如下几个方面。

（1）反应条件与反应器

表 2-5、表 2-6 分别是以二氧化氯为氧化剂和 Fenton 试剂处理一些废水的数据。两表中的数据表明，化学氧化法处理不同的废水时，单位 COD 耗费的氧化剂量不相同，氧化剂与催化剂的最佳比例不相同，最佳的反应时间、温度、酸碱度等亦不相同。由于通常工业废水水质随时间变化很大，这就要求采用化学氧化时，反应器需具备关于氧化剂/污染物或氧化剂/催化剂等的在线控制、调节系统，还需具备反应时间、温度、压力、流量、混合、药剂流量、酸碱度等工艺参数控制、调节系统，才能够满足处理过程的需要。

表 2-5　二氧化氯处理废水汇总

废水	COD/（mg/L）	去除率/%	氧化指数	催化剂	反应温度/℃	反应时间/min	pH
酸性大红 GR 废水	3 500	>80	3.49	负载型金属氧化物、非均相催化剂	常温常压	45～60	2
农药废水	3 000	85	0.198	MnO_2-CuO-CeO_2-V_2O_5	常温常压	30～40	4
PTA 废水	3 200	>90	9.6	采用浸渍法制备负非均相催化剂	室温常压	60	7
对硝基苯甲酸废水	10 960	35	12.79	活性炭 200 g/L 二氧化氯 300 mg/L	常温常压	30	4.1
甲醇废水	4 850	95	0.461	活性炭柱，二氧化氯：废水=0.1	常温常压	流速 250 min/h	6.5
含酚废水	3 500	>90	0.319	采用浸渍法制备负非均相催化剂	20	流速 0.5BV/h	7

表 2-6　Fenton 试剂处理废水效果汇总

污染物	COD/（mg/L）	去除率/%	氧化指数	H_2O_2/Fe^{2+} 摩尔比	反应温度/℃	反应时间/min	初始 pH
钻井废水	700	40	1	20	常温	120	4
含酚废水	4 700	98	33.3	8	常温	40	3
制革废水	2 000～5 000	80	0.67	2	常温	60	3
印染废水	162	86.5	0.53	3.1	50	20	5
线路板废水	26 730	99.8	0.57	15～20	常温	60	3
2-萘酚废水	3 390	86	0.5	12	常温	40	3.5
阿奇霉素废水	30 000	—	0.37	5	常温	60	7
复方铝酸铋制药废水	628	89.50	0.21	1.784	60	90	3
乳化废水	1 817	84	0.4	5	30	120	5

综上所述，采用化学氧化/还原方法处理废水时，应通过实验室实验确定最佳参数，并经适当放大试验进行工程化验证，需经规范设计化学氧化/还原反应器。只有这样，才能获得较好地预期处理效果。

表中，氧化指数是指单位质量的氧化剂去除的 COD 量，以下式表示：

$$氧化指数=\frac{\text{COD去除量（g）}}{\text{氧化剂投加量（g）}} \tag{2-7}$$

（2）防止水质复杂化

臭氧、二氧化氯等具有很强的氧化性，即使如此，采用化学氧化法处理废水中的污染物，也需经复杂的反应历程，经过一系列的中间产物，最终生成二氧化碳和水。例如用臭氧氧化氰化物，首先生成氰酸盐，第二步氰酸盐被氧化为二氧化碳和氮；臭氧催化氧化苯胺降解过程中产物依次为对亚胺醌、对苯醌、马来酸和草酸；臭氧催化氧化邻、间、对氯硝基苯时，中间产物主要为酚类物质和开环的脂肪族化合物，最终转化为小分子的醛、酮和羧酸等化合物；以二氧化氯氧化处理多环芳烃，其反应的主要产物为9,10-蒽醌。当氧化剂量不够或反应条件非最佳时，生成的中间产物将使水质复杂化。

（3）光催化氧化法需注意废水色度和含盐量

光催化氧化法是在可见光或紫外光作用下进行的反应过程，自然环境中的部分近紫外光（290～400 nm）易被有机污染物吸收，在有活性物质存在时发生强烈的光化学反应，从而使有机物降解。光催化氧化法的反应条件温和（常温常压）、氧化能力强。光化学氧化法按其激发态的产生方式可分为直接光降解和间接光降解，目前应用较多的是以 TiO_2 颗粒催化剂为特征的间接光降解。

光催化氧化法是近年高浓度有机废水处理研究中的热门，其氧化降解率主要受催化剂的类型和投加量、光源类型及光照强度、废水 pH、废水中无机盐种类及浓度、废水中污染物初始浓度和色度等的影响，其中，后三者是光催化氧化的限制性因素。

（4）运行成本

所有化学氧化法将有机物降解到二氧化碳和水的氧化剂用量，均可通过化学计量计算出，由于投加的氧化剂、还原剂、催化剂等价格较高，药剂投加量较大，化学氧化/还原法的运行成本较高，采用化学氧化法直接处理高浓度有机废水到排放标准是不经济的，除非湿式氧化中采用空气那样的廉价氧化剂。为此，臭氧氧化、Fenton 试剂氧化等，多半是经过实验，用于进行高浓度有机废水的预处理，将难降解有机物分解成小分子化合物，提高 BOD_5/COD 比值、改善废水的可生化性为主要目的，为后续生化处理等单元提供条件；或者用于低浓度废水的深度处理和消毒。

（5）预处理

氧化/还原的预处理主要包括调节酸碱度，通过混凝方法去除 SS 等。

（6）后处理

采用化学氧化/还原处理后，通常需要经过适当的后处理，如采用混凝方法去除催化剂等，进行酸碱调节等以适应后续单元的需要。

四、湿式空气氧化法

湿式空气氧化法（Wet Air Qxidation，WAO）是在高温（125～320℃）、高压（0.5～20MPa）条件下，以空气或纯氧作为氧化剂，使废水中的有机污染物直接氧化降解。

在室温到 100℃范围内，氧的溶解度随温度的升高而降低，但当温度大于 150℃时，氧的溶解度随温度的升高反而增大，且其溶解度大于室温状态下的溶解度。同时氧在水中的传质系数也随温度升高而增大。氧的这一性质有助于高温下进行的氧化反应。

为降低反应温度、压力或缩短反应时间，可采用催化剂的湿式催化氧化法（CWAO）。近年来此技术受到广泛的重视与研究，按催化剂在体系中存在形式，可将湿式催化氧化法分为均相湿式催化氧化法和多相湿式催化氧化法。

尽管湿式空气氧化法设备投资较高，运行费用也不低，但从工程化角度，湿式空气氧化法是处理高含盐、高浓度有机废水，特别是对医药中间体、农药中间体、染料中间体等精细化工废水处理方面，是可靠稳定排放达标的方法。

五、超临界水氧化

当水处于其临界点（374℃，22.1 MPa）以上的高温高压状态时，被称为超临界水（Supercritical Water，SCW）。利用水在超临界点的性质开发出的废水氧化处理方法称为超临界水氧化反应（Supercritical Water Oxidation，SCWO）。

超临界水具有许多独特的性质。首先，在此状态下介电常数降低，从而使气体、有机物完全溶于废水中，气液相界面消失，形成均相氧化体系，消除了在湿式氧化体系中存在的相际传质阻力，提高了反应速率，在均相体系中氧化自由基的独立活性更高，也提高了氧化程度；另外，无机物尤其是盐类在超临界水中的溶解度很小；而且超临界水具有很好的传质、传热性质。这些特性使得超临界水成为一种优良的反应介质。

SCWO 是在高温高压下进行的均相反应，对大多数的有机物的氧化速率非常快（小于 1 min），有机物迅速被完全氧化成二氧化碳、水、氮气以及盐类等无毒的小分子化合物。实验表明，当有机物含量超过 2%时，其迅速氧化释放出的燃烧热经换热器回收利用后，除初始启动外，SCWO 过程可以不再需外供给热量。

目前，SCWO 用于大多数的有机物废水的研究实验都取得了良好的效果，但在工程化方面仍然遇到较大的困难。

一是相当多的有机废水中含有较高浓度的无机盐，这些无机盐在 SCWO 过程中析出，易堵塞反应器；析出的固相无机盐与液体废水相的导热系数差别大，易引起反应器局部过热，造成设备及安全事故；另外，如何将析出的无机盐分离，也成为 SCWO 反应器结构设计的一个难点。二是在 SCWO 苛刻的反应条件（$T \geqslant 500$℃，$P \geqslant 25$MPa）下，废水对金属具有较强的腐蚀性，对设备材质要求严苛，设备投资大，这也是 SCWO 至今难以全面工业化应用的障碍。

第四节　蒸发析盐

一、概述

所谓蒸发、结晶是指加热蒸发溶剂，使溶液由不饱和变为饱和，随着蒸发继续，过剩的溶质就会呈晶体析出。

蒸发时耗能很大，效率也较低。为了节能和提高效率，常采用多级闪蒸和多效蒸发等工艺。

所谓闪蒸，是指一定温度的溶液在压力突然降低的条件下，部分溶剂急骤蒸发的现象。多级闪蒸是将经过加热的溶液，依次在多个压力逐渐降低的闪蒸室中进行蒸发，将蒸汽冷凝而得到淡水。

环境工程中，常采用多效蒸发处理含盐量较高的废水，以脱除废水中大部分盐分，使其适合后续生化等处理单元的要求。

二、工艺流程

蒸发析盐工艺流程有过饱和冷却析盐和直接蒸干两种典型流程，前者用于溶解度随温度变化较大的无机盐类如硫酸钠等的蒸发结晶，后者用于溶解度随温度变化较小的无机盐类如氯化钠等的蒸发结晶。

典型过饱和冷却析盐工艺流程见图 2-4。高含盐废水先经中和、精密过滤等预处理，去除不溶性杂质，泵入蒸发器；低沸点有机组分随蒸发出的水分进入冷凝器冷凝，这些气体中可能会夹带出无机盐液滴；蒸发至无机盐过饱和状态时，放出料液，冷却，无机盐随温度降低而析出带结晶水的无机盐晶体；高沸点的有机物留在析晶母液中，该母液可以循环套用，但数次套用后，随着其中有机杂质含量升高，需送废水处理设施处理。该过程相当于一次重结晶，因此，得到的无机盐中有机杂质等含量较低，但通常仍达不到工业级质量标准，需经一步净化处理。

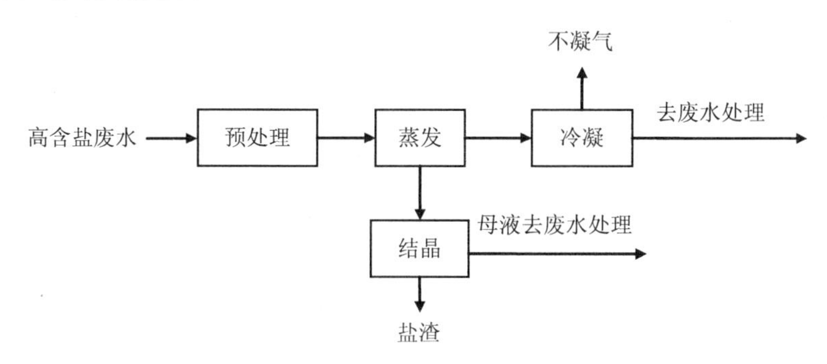

图 2-4 典型蒸发析盐工艺流程 A（过饱和冷却析盐）

典型直接蒸干法工艺流程见图 2-5。与过饱和冷却析盐流程不同之处在于不会产生析晶母液，直接蒸干得到的盐渣中包含了几乎所有难挥发的有机物，通常视为危险废物。

直接蒸干时，需选用带刮板的、可以干渣出料的蒸发器。

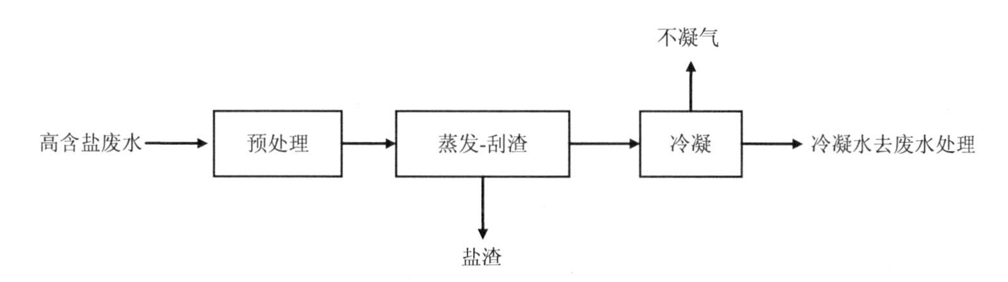

图 2-5 典型蒸发析盐工艺流程 B（直接蒸干）

三、设计要点

1. 预处理

蒸发析盐的预处理为中和、过滤步骤等。中和的目的是调节酸碱度，不但可以获得最多的盐量，还可以减少对设备的腐蚀。

2. 废水中低沸点组分的收集与处理

废水中含有低沸点组分时，应在蒸发器后接冷凝设备，将低沸点组分与末级的二次蒸汽冷凝收集后送污水处理设施处理，避免造成对大气的二次污染。如果废水中低沸点物质较多且排放标准较严格，需采用吸收、吸附等处理方法净化。

3. 盐渣处置

蒸发析出的盐渣中含有大量有机、无机污染物，必须经分离、精制处理后才可作为工业用盐。如难以分离、精制，则盐渣将成为沉重的负担，此时即不宜采用蒸发析盐方法。废水成分复杂、对设备材质要求高、系统投资大、腐蚀严重、运行费用高，也是需考虑的因素。

4. 物料平衡

高含盐废水采用蒸发析盐时，与化工生产生产中无机盐蒸发操作有明显的不同：由于蒸发是物理过程，除一些热敏性物质外，有机物通常不会在蒸发过程中发生化学变化，为清楚含盐废水中各污染因子在蒸发析盐过程的去向，以便妥善处置而不致造成二次污染，必须进行过程的全因子物料平衡，即需包括无机盐、有机污染因子（能够明确测定的所有有机物）、其他物质（其他难以测定的无机物和有机物）和水的平衡。两种蒸发析盐工艺的物料平衡分别见图 2-6 和图 2-7。

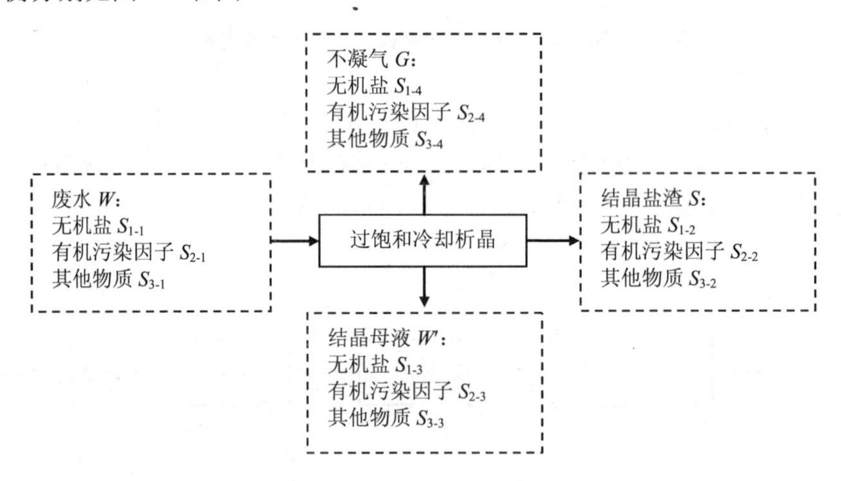

图 2-6 过饱和冷却析出工艺物料平衡图

该物料平衡必须满足下列条件：

$$W=W'+S+G$$

$$W_{无机盐}=S_{1\text{-}1}+S_{1\text{-}2}+S_{1\text{-}3}+S_{1\text{-}4}$$

$$W_{有机污染因子}=S_{2\text{-}1}+S_{2\text{-}2}+S_{2\text{-}3}+S_{2\text{-}4}$$

$$W_{其他物质}=S_{3\text{-}1}+S_{3\text{-}2}+S_{3\text{-}3}+S_{3\text{-}4}$$

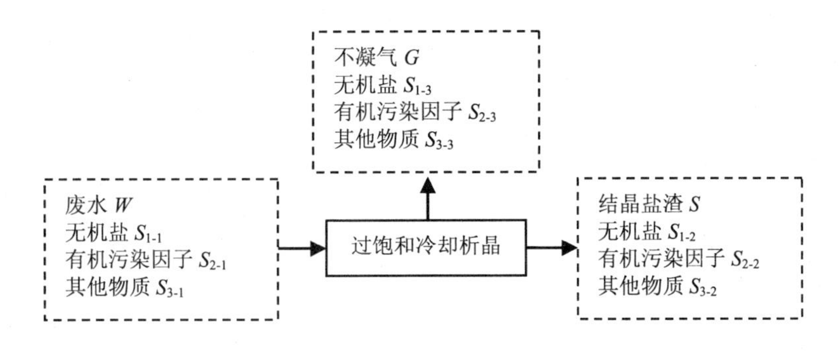

图 2-7 直接蒸干工艺物料平衡图

该物料平衡必须满足下列条件：

$$W=S+G$$

$$W_{无机盐}=S_{1-1}+S_{1-2}+S_{1-3}$$

$$W_{有机污染因子}=S_{2-1}+S_{2-2}+S_{2-3}$$

$$W_{其他物质}=S_{3-1}+S_{3-2}+S_{3-3}$$

四、蒸发计算

在多效蒸发中，通入新鲜蒸汽的蒸发器为第 1 效，第 1 效蒸发器中水溶液蒸发时产生的蒸汽称为二次蒸汽。利用第 1 效蒸发器的二次蒸汽进行加热的蒸发器为第 2 效，依此类推。由于除末级外各效蒸发器的二次蒸汽都作为下一级蒸发器的加热蒸汽，就提高了新鲜蒸汽的利用率，即对于相同的总蒸发水量 W，采用多效蒸发时所需的新鲜蒸汽 D 将远小于单效。由于热损失、温差损失和不同压力下汽化热的差别，工业上最小的 D/W 值见表 2-7。

表 2-7 蒸发 1 kg 水所需的新鲜蒸汽 单位：kg

效数	单效	双效	三效	四效	五效
（D/W）/min	1.1	0.57	0.40	0.30	0.27

五、废盐液的腐蚀特性及蒸发设备材料选择

蒸发析盐的对象是废盐液，其组成和理化特性具有很大的不确定性和不稳定性，因此，设计选型中蒸发设备的耐腐蚀是需要着重考虑到问题。

在蒸发析盐过程中发生的金属材料腐蚀，按照反应的特性，主要有化学腐蚀和电化学腐蚀。化学腐蚀是指金属和非电解质直接发生纯化学作用而引起的金属损耗，如金属的高温氧化和有机物腐蚀。电化学腐蚀是指金属和电解质发生电化学反应而引起的金属损耗，是最普遍和最严重的腐蚀。电化学腐蚀的本质是氧化还原反应，在电化学腐蚀反应中，同时存在着两个相对独立的反应过程——阳极反应和阴极反应。金属材料与电解质溶液接触，金属失去电子而被氧化，其反应过程称为阳极反应过程，反应产物是进入废盐液中的金属离子或覆盖在金属表面上的金属氧化物（或金属难溶盐）；废盐液中的物质从金属表面获得电子而被还原，其反应过程称为阴极反应过程，获得电子而被还原的物质称为去极化剂。

废盐液中复杂的无机物和有机物可以加快金属材料的点腐蚀、缝隙腐蚀、晶间腐蚀、选择性腐蚀和氢损伤等。如氯化物能加速点蚀、应力腐蚀、晶间腐蚀和缝隙腐蚀等局部腐蚀，氯化物含量越高，其腐蚀性越严重。废盐液的含氧量和 pH 是影响其腐蚀特性的重要因素，对于碳钢等常用金属材料来说，废盐液含氧量越高，金属的腐蚀速度也越大。在蒸发析盐的预处理过程中，废盐液通常被中和至中性，由于废盐液的中性特征以及高溶解氧量，决定了蒸发析盐过程中，绝大多数金属材料和合金的腐蚀都是氧去极化过程。

根据不同的蒸发对象及相应设计条件下的材料腐蚀程度，蒸发设备的材质可选用不锈钢、哈氏合金、钛、镍、铜、石墨、钢内衬橡胶、合成材料等。

六、蒸发设备

常用的蒸发设备种类很多，有降膜蒸发器、升膜蒸发器、强制循环蒸发器、板式蒸发器、流化床蒸发器、盘管间歇式蒸发器、刮板薄膜蒸发器、MVR 蒸发器等。一套蒸发设备包括预热器、蒸发器、冷凝器、泵、管道阀门、排气、真空系统、清洗系统和过程控制系统。如果物料需要分离，装置还需配备精馏塔、膜分离单元等。

在选择蒸发析盐蒸发器时，不仅要根据常规的生产能力和操作参数，例如处理量、浓度、温度、年操作小时数、废盐种类的更换、控制、自动化等，还应综合考虑其中所含有机物的热敏性、黏度、易起泡沫程度、结垢与沉淀性质、沸点等。

（1）降膜蒸发器

降膜蒸发器（falling film evaporator）中，需浓缩的液体进入加热管顶部，在重力、真空诱导和自蒸发形式的二次蒸汽的作用下，成螺旋形均匀膜状自上而下流动。在流动同时物料薄膜与列管外壁蒸汽发生热量交换，使物料中的水分受热蒸发，在列管下部分离器中，剩余的液体和蒸汽得以分离。蒸汽进入冷凝器冷凝（单效操作）或进入下一效蒸发器作为加热介质，从而实现多效操作，液相则由分离室排出。

（2）升膜蒸发器

升膜蒸发器（climbing film evaporator）中，料液预热后由蒸发器底部进入加热器管内，加热蒸汽在管外冷凝。原料液受热后沸腾汽化，生成二次蒸汽在管内高速上升，带动料液沿管内壁成膜状向上流动，并不断地蒸发汽化，加速流动，气液混合物进入分离器后分离，通过循环管流回到蒸发器，形成闭路循环。因此，这种蒸发器又称外循环蒸发器。浓缩后的完成液由分离器底部放出。适用于处理蒸发量较大的稀液，热敏性、黏度不大及易起沫的溶液，不适于高黏度、有晶体析出和易结垢的溶液。

（3）板式蒸发器

板式蒸发器（spiral sheet evaporator）内部由物料通道和加热通道交替构成。物料和加热介质在各自的相应通道内呈逆流流动，产生强烈的湍流和热传递，使物料沸腾，同时生成的蒸汽带动残留液形成向上爬升的液膜，进入板片组的蒸汽通道内。残留液和蒸汽在下游的离心分离器中得以分离。用于低到中等蒸发量、含少量不溶性固体的液体和不易结垢的液体、温度敏感性产品、高黏度产品等。

（4）流化床蒸发器

流化床蒸发器（fluidized bed evaporator）中，待浓缩的液体由蒸发器加热管底部进入，既而向上流至顶部。由于管外的加热，管内壁上的液膜开始沸腾并部分蒸发。产生的蒸汽向上运动，液体也被传送至加热器顶部。液体和生成的蒸汽在蒸发器下游的分离器中进行分离，液体通过循环管回到蒸发器，完成一个循环过程。用于大蒸发速率、对高温不敏感、易结壳和在高速流动时表观黏度可降低的非牛顿流体等的蒸发。

（5）盘管间歇式蒸发器

盘管间歇式蒸发器（circular plate tube evaporator）为间歇式真空浓缩设备，由器体、加热盘管、分离器、水力喷射器、多级水泵等组成。适用于热敏感性物质（如牛奶、果蔬汁、药液等）在真空条件下进行低温浓缩。具有体积小、结构简单、便于操作、清洗、维修等特点。

（6）刮板薄膜蒸发器

刮板薄膜蒸发器（scraper film evaporator）通过旋转刮板强制成膜，在流量很小的情况下也能形成薄膜，可在真空条件下进行降膜蒸发。传热系数大，蒸发强度高，过流时间短，操作弹性大，适宜热敏性物料、高黏度物料及易结晶含颗粒物料的蒸发浓缩、脱气脱溶、蒸馏提纯。

（7）MVR 蒸发器

所谓 MVR（Mechanical Vapor Recompression）是指“机械式蒸汽再压缩”蒸发器，是利用机械压缩机将蒸发器产生的二次蒸汽，通过压缩机的绝热压缩，使其压力、温度提高后，再作为加热蒸汽送入蒸发器的加热室冷凝放热，从而多次重新利用蒸发器中产生的二次蒸汽的热量，减少了对外部加热及冷却资源的需求。用这种蒸发器处理溶液时，蒸发溶液所需的热能，由蒸汽冷凝和冷凝水冷却时释放热能所提供。在运作过程中，没有潜热的流失，运作过程中所消耗的，仅是驱动蒸发器内溶液、蒸汽、冷凝水循环和流动的水泵、蒸汽泵和控制系统所消耗的电能。MVR 蒸发器是传统多效蒸发器的换代产品，适用于医药、食品、无机盐、垃圾渗滤液、工业废水处理、盐化工等很多生产领域。

第五节　离子交换与吸附

一、概述

吸附（adsorption）就是使液相中的污染物转移到吸附剂表面的过程。活性炭是早期最常用的吸附剂，而现代常用的工业吸附剂是各类吸附树脂、活性炭纤维等高效吸附材料。在工业废水处理中，吸附主要用于回收废水中有用物质。活性炭吸附装置一般采用固定床、移动床及流动床。

离子交换技术是目前广泛应用的化学分离方法。对于工业废水，离子交换主要用来去除废水中的阳离子（如重金属），但也能去除阴离子，如氯化物、砷酸盐、铬酸盐、有机阴离子等。

离子交换操作是在装有离子交换剂的交换柱中以过滤方式进行的。整个工艺过程包括交换、反冲洗、再生和清洗四个阶段，各个阶段依次进行，形成循环。

无机离子交换剂如沸石等，晶格中有数量不足的阳离子，也可以由合成的有机聚合材料制成，聚合材料有可离子化的官能团，如磺酸基、酚羟基、羧基、氨基等。

有机合成的离子交换树脂有可用于阳离子交换的，如有磺酸基、酚羟、羧基等官能团的树脂，也有可用于阴离子交换的，如含有氨基等官能团的树脂。

移动床的运行操作方式，原水从下而上流过吸附层，吸附剂由上而下间歇或连续移动。由于原水从塔底进入，水中夹带的悬浮物随饱和炭排出，不需要反冲洗设备，对原水预处理的要求较低，操作管理方便。

流动床是一种较为先进的床型，吸附剂在塔中处于膨胀状态，塔中吸附剂与废水逆向连续流动。由于吸附剂保持流化状态，与水的接触面积大，因此设备小而生产能力大，基建费用低。

离子交换与吸附是一种新型分离工艺，在化工、轻工、核物理等方面应用极其广泛，近年来，也越来越多地应用于工业废水处理中。

当工业废水含有某种可回收利用物质的含量达到一定浓度、不存在可能影响或干扰的物质或其含量较低时，可以采用吸附（离子交换）法处理工业废水。

二、主要工艺参数

离子交换与吸附工艺过程的主要技术参数有浓缩比、吸附量等。

1．树脂交换容量

离子交换树脂的离子交换容量（resin exchange capacity），是对树脂交换能力的一种量度，指单位体积或重量树脂中的交换基团所能交换的阴、阳离子克数（或克当量数），又可分为树脂工作交换容量、树脂饱和工作交换容量、树脂全交换容量等。其中，全交换容量定义为离子交换树脂所具有的全部活性基团的数量，以毫克当量/克（干树脂）表示。

工作交换容量，表示树脂在某一定条件下的离子交换能力，它与树脂种类和总交换容量，以及具体工作条件如溶液的组成、流速、温度等因素有关。

再生交换容量，表示在一定的再生剂量条件下所取得的再生树脂的交换容量，表明树脂中原有化学基团再生复原的程度。

通常，再生交换容量为总交换容量的50%～90%（一般控制70%～80%），而工作交换容量为再生交换容量的30%～90%（对再生树脂而言），后一比率亦称为树脂的利用率。

2．浓缩比

一个离子交换或吸附工作周期所处理的水量与该脱附（再生）剂用量之比称为浓缩比（concentration ratio），可以下式表示：

$$浓缩比=流出液量/脱附液量$$

浓缩比表示了离子交换或吸附树脂在该工作状况下对离子交换或吸附对象物质的浓缩程度，由于通常脱附（再生）液均需进行后处理，因此，浓缩比还表示了离子交换或吸附过程的效能。显然，浓缩比越高，脱附（再生）液中对象物质的浓度就越高，需用于处理的脱附（再生）液体积就越小，后处理过程的物耗、能耗就越低。

通常，一个离子交换与吸附工艺过程的浓缩比小于 10 时，即认为无工业应用价值，除非该过程浓缩的物质具有相当大的回收价值、足以抵消脱附液处理费用，对浓缩比的要求才可降低。

3. 静态吸附量

被处理液与吸附剂搅拌混合，而被处理液没有自上而下流过吸附剂的流动，这种吸附操作称为静态吸附。

静态吸附量（static adsorption capacity）是指定量的吸附剂和定量的溶液在恒温下经过长时间的充分接触达到的平衡时的吸附量。

制作静态吸附动力学曲线的目的就是为了得到吸附平衡时间和静态吸附量这两个参数。吸附平衡时间就是吸附与解析达到平衡所用的时间，它反映了该吸附材料的吸附快慢；静态吸附量即为该吸附材料最大的吸附值，反映了该吸附材料对特定物质的吸附能力，对材料的应用有指导意义。二者综合反映了吸附材料的吸附效率，是评价该树脂材料的物理吸附性能的重要因素。

由静态吸附试验的静态吸附率和静态吸附量可以考察吸附材料的饱和吸附量（相当于最大吸附量并且推出达到饱和吸附量所需的时间）还可以用来考察一些因素对分离纯化的影响，

4. 动态吸附量

一定量的吸附剂填充于吸附柱中，浓度一定的溶液在恒温下恒速通过吸附柱，测得到穿透吸附量称为动态吸附量（dynamic adsorption capacity）。

由于工业柱的直径达到数百甚至更大，受吸附热的影响，床层的不均匀性造成液流不可能是完全的“活塞流”，加上动态平衡的原因，动态吸附量远比静态吸附量要低，所以工业设计中必须以动态吸附量作为基本数据。

三、基本工艺流程

一个完整的吸附或离子交换工艺流程图见图 2-8。

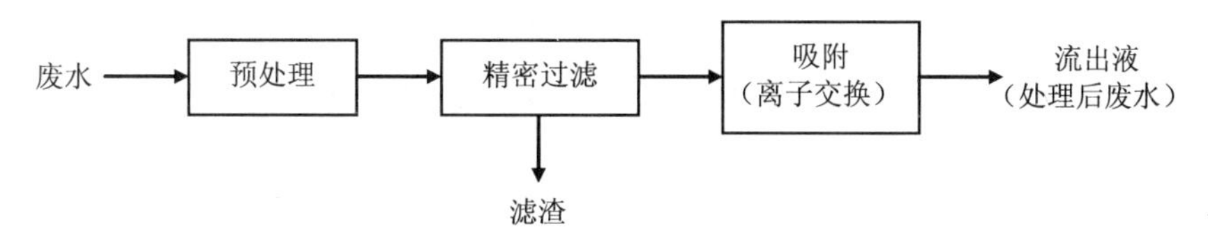

（a）吸附（离子交换）流程

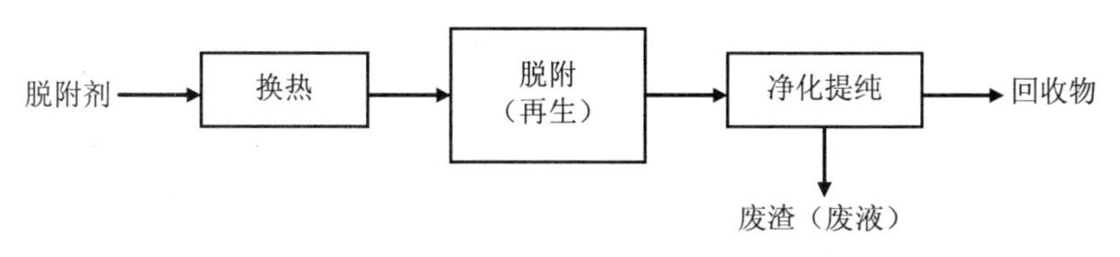

（b）脱附（再生）总体流程

图 2-8 吸附（离子交换）工艺流程图

吸附或离子交换工艺过程如下：

需处理的废水首先经预处理调节废水的酸碱度。吸附作用主要依靠分子间力，应将废水酸碱度调至使其中待吸附物质成为分子态。即若欲吸附酸性物质如酚类等应将废水调至酸性，吸附碱性物质如胺类等应将废水调至碱性。离子交换则应将废水酸碱度调至使其中待交换物质成为离子态，因此，调节废水酸碱度的方向恰好与吸附法相反。

调节为适当酸碱度的废水再经精密过滤，除去废水中原有的及调节酸碱度过程中产生的悬浮物，使废水达到澄清，防止各种悬浮物在吸附（离子交换）材料层中结块甚至堵塞树脂微孔后才能够送入树脂柱。

吸附（离子交换）材料经吸附（离子交换）饱和后，需用脱附（再生）剂经脱附（再生）处理，恢复吸附（离子交换）材料的吸附（离子交换）能力，同时得到被吸附（交换）的浓液（脱附液或再生液）。脱附剂通常采用各种有机溶剂、酸、碱或其他特种物质，再生剂通常为酸、碱、盐溶液等。一般高温有利于脱附（再生），所以脱附（再生）时将通过换热器加热脱附（再生）剂。

四、工艺设计要点

1. 吸附（离子交换）选择性

虽然现代吸附（离子交换）材料具有一定的吸附（离子交换）选择性，特别是吸附有机物采用的大孔吸附树脂，其品种繁多，对于不同的物质，具有较高的吸附选择性。但是，吸附选择性受到等多种因素影响，例如工业废水中常常含有的有机色素，是非常复杂的大分子物质，极易被吸附，因此，脱附液或再生液中除了含有高浓度的被吸附（交换）物质外，还常常呈现高色度，必须经净化、提纯，分离除去这些杂质后，才能得到较纯净的回收物质。脱附液或再生液的净化、提纯一般可采取沉淀、精馏等方法，各种杂质、有机色素等被分离进入废渣或废液，最终进行焚烧或安全填埋处置。

2. 浓缩比

离子交换与吸附的浓缩比越小，产生的脱附液数量越大，浓度越低，后续的提纯、处置等工序的处理量大、设备投资大、成本高；亦说明所用的离子交换与吸附材料对吸附质的选择吸附性弱。通常，浓缩比小于 10 时，即认为无工业应用价值。

3. 二次污染物

通常采用水、酸碱、有机溶剂等作为脱附/再生剂，脱附/再生时，脱附/再生剂的用量需过量 1.5～5 倍；还需用清水洗，清洗水用量 3～10BV，产生大量高浓度脱附/再生液和低浓度清洗废水。

回收物质后的废脱附/再生液和洗水应得到妥善的处置（环境影响和费用），否则会形成新的污染物。

4. 运行成本及安全性

运行成本构成：脱附/再生剂的损耗、提纯费用、废脱附/再生液的处置费用、树脂流失/补充费用、动力消耗。

使用有机溶剂为脱附剂时，单元区域需按一级防爆要求设置。

5. 脱附（再生）液的后处理

虽然现代离子交换与吸附剂具有一定的选择吸附性，但吸附选择性受到等多种因素影响，常常不能达到理想的程度。例如工业废水中在含有具有可回收价值的物质同时，常常含有非常复杂的大分子有机色素物质，极易被吸附，因此，脱附液或再生液中除了含有高浓度的被吸附（交换）物质外，还常常呈现高色度，必须经净化、提纯，分离除去这些杂质后，才能得到较纯净的回收物质。

因此，从某种角度讲，一种废水或废液是否可以应用离子交换与吸附工艺，取决于脱附（再生）液的后处理的技术可行性和经济性。

脱附（再生）液的后处理的方法主要包括：脱附液或再生液的净化。提纯一般可采取沉淀、萃取、精馏等方法使各种杂质、有机色素等被分离进入废渣或废液，最终送至焚烧或进行安全填埋处置。这个事实说明，如果废水中没有足够有回收价值的物质时，采用吸附（离子交换）方法经济上不可行。

五、固定床工艺设计

固定床是应用最广泛的离子交换与吸附设备之一。

1. 设计步骤

1）根据排放标准或出水的去向和用途，确定处理后的水质要求、脱附（再生）液的后处理。

2）根据废水水量、水质及处理的要求，选择交换器的类型，设计系统布置方案，确定合理的处理流程。

3）选择树脂及确定工艺参数。通过实验室实验和放大试验，选用离子交换树脂（ion exchange resin）或吸附树脂（polymeric adsorbent）、脱附（再生）（regeneration）剂种类。

通过实验室实验及必要的放大试验，确定树脂的工作交换容量、工作温度、流速以及脱附（再生）剂用量、脱附（再生）工作温度、流速等。

通常，当废水含污染物浓度大时，滤速应小些，反之则大些；脱附（再生）流速为交换与吸附流速的 50%或更低；人工操作时，工作周期需考虑长些，一般为 8～24 小时或更长，自动化操作时，可以采用较高的流速和较短的工作周期，这样可缩小交换器尺寸，节省投资。在选择中必须综合考虑技术与经济因素。

4）设备选型计算。主要内容包括过滤器、过滤泵、离子交换树脂与吸附器、吸附泵、换热器、料罐等的选型计算。

2. 吸附柱工艺计算

（1）吸附床层计算

① 筛选吸附剂，得到 q_0。以初选的若干种吸附剂在进水浓度 C_0 下作静态吸附实验，得到各吸附剂的 q_0，确定拟采用的吸附剂。

② 在最佳条件穿透曲线上确定 C_B 和 C_E。通过微型吸附柱动态吸附实验，得到最佳条

件下的穿透曲线，如图 2-9 所示。

在穿透曲线上，确定穿透点（拐点），找出对应的浓度 C_B 和时间 t_B；再确定上限浓度 C_E 和对应的时间 t_E，通常可以选 $C_E=0.9C_0$。

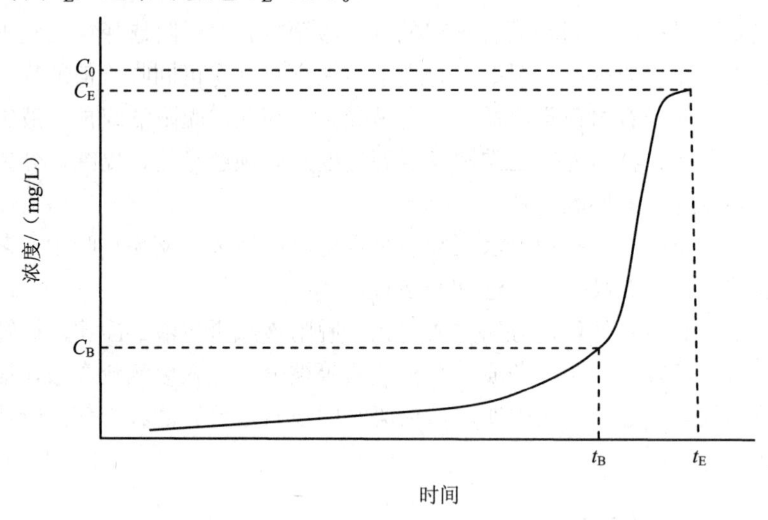

图 2-9 穿透曲线

③ 计算吸附带高度 z。吸附柱的流态，属于单向活塞流，如忽视吸附剂孔隙率的影响，可得单位体积吸附剂在单位时间的吸附量平衡关系为：

$$v\rho_b q_0 = uC_0 \tag{2-8}$$

式中：v ——吸附带下移速度，m/h；

u ——空塔流速（空塔流速只影响高径比，与吸附剂充填量无关，设定时可取 10～45 m/h），m/h；

C_0 ——原水浓度，g/m^3；

ρ_b ——吸附剂充填密度（树脂湿视密度），g/m^3；

q_0 ——与 C_0 呈平衡的吸附量，g/g。

吸附带高度 z 可以用吸附带的移动速度和（t_E-t_B）的乘积表示为：

$$z = v(t_E - t_B) = \frac{uC_0}{\rho_b q_0}(t_E - t_B) \tag{2-9}$$

式中：z —— 吸附带高度，m。

④ 计算吸附剂充填高度 H。根据吸附带的浓度分布关系，可以导出穿透时间 t_B 与吸附剂充填高度 H 的关系：

$$t_B = \frac{\rho_b q_0}{uC_0}\left(H - \frac{u}{K_f a_v}\int_{C_B}^{C_0-C_B}\frac{dC}{C-C^*}\right) = \frac{\rho_b q_0}{uC_0}(H - 0.5z) \tag{2-10}$$

经积分后整理得到：

$$H = 0.5z + \frac{uC_0}{\rho_b q_0}t_B \tag{2-11}$$

式中：H ——吸附剂充填高度，m；

t_B ——最佳条件下的穿透时间，h；

K_f ——物质总传质系数；

a_v ——吸附带内吸附剂颗粒外表面积，m^2/m^3；

C^* ——平衡浓度，g/m^3。

⑤ 动态吸附量 q_c。为了保证吸附流出液浓度低于穿透浓度，在吸附柱中吸附带下移柱底部时，必须停止吸附，进行切换。在切换时，柱内的吸附剂有一部分没达到吸附饱和状态，此时吸附剂的吸附量远小于与 C_0 相对的静态吸附量 q_0，称为动态吸附量 q_c。

根据吸附带的浓度分布关系，平衡关系可导出并经积分后整理得到动态吸附量 q_c 与吸附剂充填高度 H 的关系式为：

$$q_c = q_0\left(1-\frac{z}{2H}\right) \tag{2-12}$$

式中：q_c ——动态吸附量，g/g；

H ——吸附剂充填高度，m。

⑥ 柱中吸附剂充填量 M。吸附柱吸附剂充填量应该等于需吸附的物质量与动态吸附量 q_c 之比值。

$$M = \frac{VC_0}{q_c} = \frac{QTC_0}{q_c} \tag{2-13}$$

式中：M ——吸附柱中吸附剂充填量，m^3；

V ——需吸附处理的溶液量，m^3；

Q ——设计处理流量，m^3/h；

T ——设计处理周期，h。

⑦ 吸附柱直径 D。

$$D = \sqrt{\frac{M}{0.785H}} \tag{2-14}$$

式中：D ——吸附柱直径，m。

（2）传质层高度 H_F 和传质单元数 N_F 计算

① 传质层高度 H_F 和传质单元数 N_F。如果通过微型吸附柱实验得到 z 值，再依据图解积分求得 N_F，再利用式（2-10）就可以计算出总物质传质系数 K_f 和 a_v，就可以进一步地利用上式反过来计算通水条件变化时的吸附带高度。

如若引入总物质传质系数 K_f 的概念，并对吸附带内地吸附速度积分，求解浓度从 C_B 到达 C_E 所需时间为 t_E-t_B，则：

$$t_E - t_B = \frac{\rho_b}{K_f a_v}\cdot\frac{q_0}{C_0}\int_{C_B}^{C_E}\frac{dC}{C-C^*} \tag{2-15}$$

而

$$z = v(t_E - t_B) = \frac{u}{K_f a_v}\int_{C_B}^{C_E}\frac{dC}{C-C^*} = H_F N_F \tag{2-16}$$

式中：H_F ——传质层高度，$H_F=u/K_f a_v$；

N_F ——传质单元数，N_F 可以通过图解积分得到。

② 根据 C_B、t_B，再确定上限浓度 C_E 和对应的时间 t_E，计算出 z 值。

③ 依据图解积分求得 N_F，操作线的斜率是：C_0/q_0。

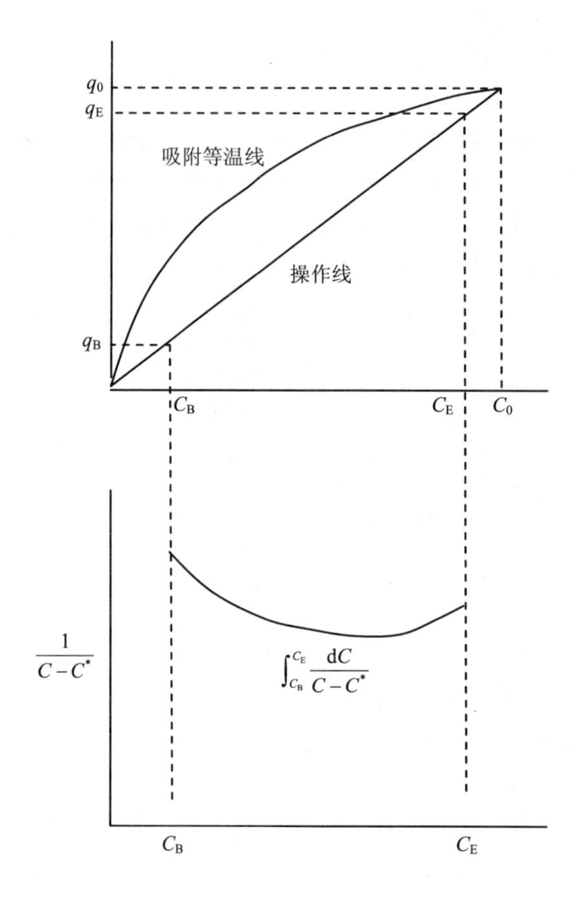

图 2-10　吸附工作带内操作曲线和积分曲线

④ 再利用式（2-10）就可以计算出物质总传质系数 K_f 和 a_v。

⑤ 当改变 u 时，可以通过式（2-16）求出新条件下的 z。

第六节　纳滤

一、概述

纳滤（Nanofiltration，NF）是介于超滤与反渗透之间的一种膜分离技术。纳滤在高于渗透压力作用下，水分子和少部分溶解盐通过选择性半透膜，而其他的溶解盐及胶体、有机物、细菌、微生物等杂质随浓水排出。

纳滤系统的核心是纳滤膜（nanofiltration membrane）。纳滤膜的截流分子量介于反渗透膜和超滤膜之间，约为 80～2 000；同时纳滤膜表面带有电荷，对无机盐有一定的截流率，对二价及多价离子有很高的去除率（90%以上），对单价离子的截留率小于 80%。因为它的表面分离层由聚电介质所构成，和离子间有静电作用。从结构上看纳滤膜大多是复合型膜，即膜的表面分离层和它的支撑层的化学组成不同。根据第一个特征，推测纳滤膜的表面分离层可能拥有 1～5 nm 的微孔结构，故称之为“纳滤”。

纳滤膜可分为物料型（material type）和水膜（water membrane）。物料型纳滤膜最大的特点是宽流道（46～80 mil，1mm=39.37mil）、无死角的结构。宽流道物料膜与水膜（主要用于水处理一般流道为 28～31 mil）最大的区别在于，物料膜的流道比水膜要宽很多。较宽的流道有较好的抗污染性，流道越宽，液体在流道内的流速将会减小，膜元件两端压差降低，达到一个最佳的过滤过程。从我们工程经验来看，窄流道膜元件清洗频率和清洗的难度明显高于宽流道。平凡的反复清洗会大大缩短膜元件的寿命。在同样条件下，宽流道膜元件在污染后，清洗的可恢复性明显优于窄流道。

表 2-8 纳滤膜特点

截留分子量/u	用途	操作压力/bar
80	氨基酸浓缩及小分子物质的浓缩	20
150～200	小分子物料的脱盐浓缩	15～20
400～500	小分子物料的脱色、脱盐及大分子物料浓缩	10～15
700～800	脱色、浓缩	10

注：1 bar=0.1 MPa。

纳滤主要用途见表 2-9。

表 2-9 纳滤的主要用途

纳滤用途	纳滤用途
抗生素低温脱盐、浓缩	果汁的高浓度浓缩
染料脱盐、浓缩	精细化工产品的脱盐、浓缩
有机酸、氨基酸的分离纯化	香精的脱色、浓缩
单糖与多糖分离精制	植物、天然产物提取液脱色、浓缩
生物农药的净化	水溶性目标产物的脱色、脱盐
水中残留农药、化肥、清洗剂、THM 等的脱除	含盐废水处理

纳滤可以在相当领域里取代传统离心分离、真空浓缩、多效薄膜蒸发、冷冻浓缩等工艺，已经广泛地应用于食品工业、饮料行业、生物发酵、生物医药、化工、水处理行业、环保行业等领域，可以经济高效地实现物料分离、纯化脱盐及浓缩过程。

纳滤系统的分离规律如下：

① 对于阴离子，截留率按下列顺序递增 $NO_3^-<Cl^-<OH^-<SO_4^{2-}<CO_3^{2-}$；

② 对于阳离子，截留率递增的顺序为 $H^+<Na^+<K^+<Ca^{2+}<Mg^{2+}<Cu^{2+}$；

③ 一价离子渗透，多价离子有滞留；

④ 截留分子量在 100～1 000 之间。

纳滤膜系统的优点如下：

① 膜元件可根据需求选用不同构型的膜，以确保不同体系内膜元件截留性能、膜通量和整套膜系统运行的稳定性和可靠性；

② 可在较低的操作压力下，同步实现物料的脱盐与浓缩，且生产周期短，脱盐较为彻底，所得产品纯度高，品质稳定性好；

③ 膜元件通过专业清洗后可恢复到膜元件的最佳性能，具有良好的经济性；

④ 处理过程始终处于常温状态，且过程无相变，对物料中各有效组成成分无任何不良影响，特别适用于热敏性物质的处理；

⑤ 系统能耗低运行成本低。

二、纳滤系统基本流程

纳滤工艺流程如图 2-11。

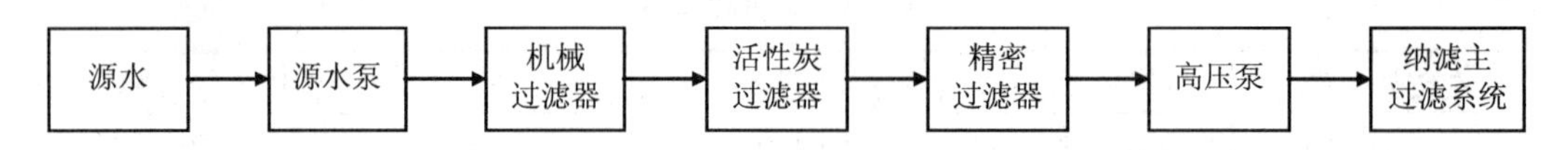

图 2-11　纳滤工艺流程

纳滤工艺与超滤类似。纳滤系统的主要运行参数有：

（1）工作压力

纳滤膜操作压力一般小于 1.5MPa。操作压力越高，料液透过膜的通量越大，但是高压下导致膜的致密化会使得通量降低。

通常膜系统有两种操作方式，即恒定压力操作法和恒定通量操作法。前者保持操作压力一定，膜通量随着膜污染而减少，导致实际处理量的降低；后者为了保持膜通量一定，伴随膜面污染不断升高操作压力，而不断升高的操作压力则可能导致膜的致密化。当操作压力达到所定值时，需要对膜进行清洗。

（2）工作温度

工作温度对膜通量影响较大，温度升高时，溶质和溶剂的扩散系数增大，黏度降低，从而增大膜通量。但温度过高则可能导致膜的致密化，破坏膜的化学结构，改变膜性能。

（3）流速

较高的料液流速可以减小浓差极化或沉积层的形成、提高渗透通量。但某些生物产品对剪切力敏感，必须选择合适的料液流速。

三、设计要点

1. 美国陶氏 FILMTEC 纳滤膜参数

美国陶氏公司的几种典型 FILMTEC 纳滤膜参数如表 2-10、表 2-11。值得注意到是，在其并不严苛的实验条件下，纳滤膜元件的净水率（回收率）仅 15%左右，在应用时需加以注意。

表 2-10　工艺物料脱盐型纳滤元件主要参数

产品	有效膜面积/m^2	产水量/（m^3/d）	稳定脱除率/%	回收率/%
NF90-4040	7.6	5.3（NaCl）	85～95	15
		7.0（$MgSO_4$）	97	15

注：① 产水量和脱盐率基于如下实验条件：$MgSO_4$ 浓度 2 000×10^{-6}，进水压力 8.9 bar，25℃，pH=8，回收率 15%。

② 回收率定义：产品水流量/进水流量。

表 2-11　NF200-254、NF200-404 纳滤元件主要参数

产品	有效膜面积/m^2	产水量/（m^3/d）	$MgSO_4$ 最小脱除率/%	回收率/%
NF200-2540	2.6	1.7	98	15
NF200-4040	7.6	5.1	98	15

注：① 产水量和脱盐率基于如下实验条件：$CaCl_2$ 浓度 500×10^{-6}，进水压力 0.48 MPa，25℃，回收率 15%；$MgSO_4$ 浓度 2 000×10^{-6}，进水压力 0.48 MPa，25℃，回收率 15%。

② 回收率定义：产品水流量/进水流量。

2．设计要点

（1）膜污染

进水有机物浓度高极易引起微生物在膜上的繁殖，造成膜污染，降低通量。必须按照产品说明书或针对废水中特定污染物选用清洗剂进行定期清洗。但清洗流程及清洗剂用量及后处理问题亦必须加以考虑。

（2）物料平衡

根据进水中无机盐和有机物的含量，纳滤过程的浓水量可占进水总量的 20%～60%，如无妥善的处置，将影响其应用。对于纳滤系统，浓水中可能既有高浓度无机盐，也有高浓度有机物。这些浓水如果不能经技术手段精制后资源化，则会成为二次污染物。

以某科研小组采用纳滤技术处理某农药中间体废水的实验为例。该科研小组经过实验，得到纳滤系统的物料平衡图 2-12，那么，该浓水可以返回生产单元吗？

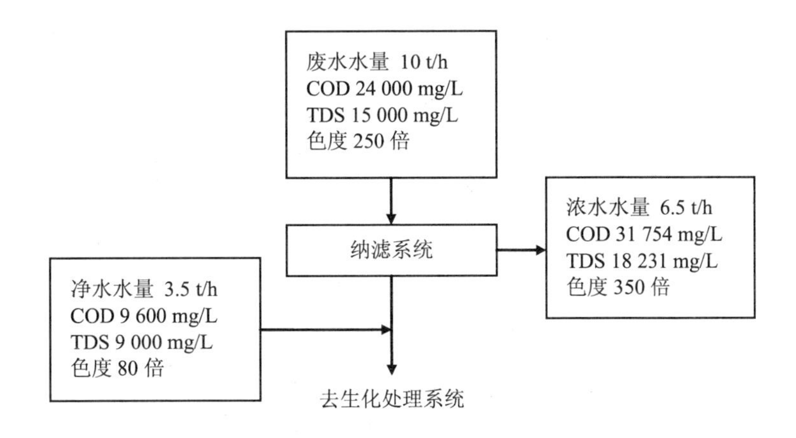

图 2-12　纳滤法处理农药中间体废水的物料平衡

农药生产属于精细化工过程，其废水中 COD 的来源主要是未反应的原料、副反应生成的副反应物（包括大分子有机色素）和分离时流失的产物等，而 TDS 主要的贡献者是合成后中和反应时生成的无机盐类。

对于合成反应过程，未反应的原料和分离时流失的产物都是有用物质，但副反应物（包括大分子有机色素）和无机盐类，是需经分离排出反应体系的废物，因此，只有将浓水中的副反应物（包括大分子有机色素）和无机盐类分离，才可使浓水回用于合成过程或者从浓水中提取出有用物质返回到合成过程。而这种分离的技术和经济代价都非常高昂，一般难以实现。

显然，本例中纳滤系统浓水不能直接返回工艺系统回用，需再行研究处置方法。

（3）多级流程减少浓水量

为了减少浓水量，可以采用如图 2-13 所示的二级纳滤流程，其浓水流量 Q_2 为：

$$Q_2 = Q_0(1-\eta_1)(1-\eta_2) \tag{2-17}$$

式中：Q_2 ——浓水流量，m^3/h；

Q_0 ——废水流量，m^3/h；

η_1 ——一级纳滤净水率，%；

η_2 ——二级纳滤净水率，%。

通常，η_2 远小于 η_1，水中有机物和无机盐的含量越高，η_2 越小。

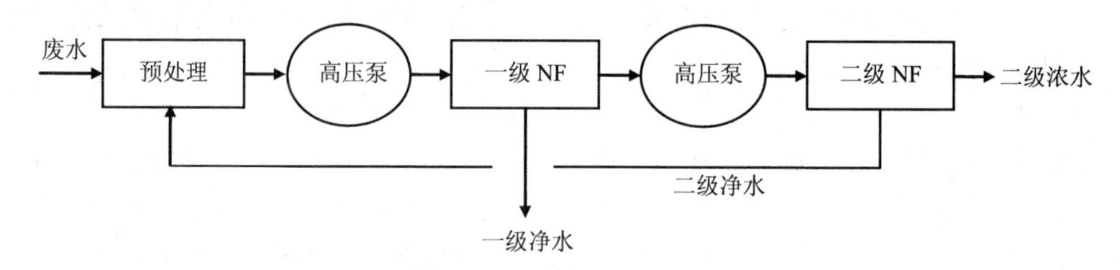

图 2-13　多级纳滤系统

（4）浓水的处置

浓水的处理，一般可以采取如图 2-14 所示的工艺流程。经实验和成本核算，明确其可行性。

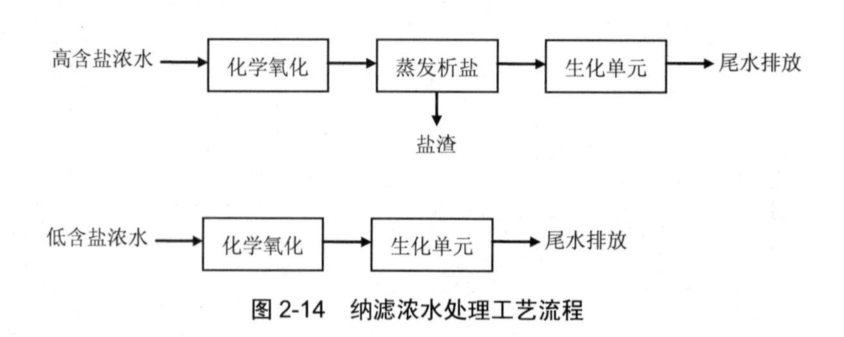

图 2-14　纳滤浓水处理工艺流程

第七节 萃 取

一、概述

萃取（Extraction）指利用化合物在两种互不相溶（或微溶）的溶剂中溶解度或分配系数的不同，使化合物从一种溶剂内转移到另外一种溶剂中。经过反复多次萃取，可将绝大部分的化合物提取出来的方法。萃取又称溶剂萃取或液液萃取（以区别于固液萃取，即浸取），亦称抽提（通用于石油炼制工业），是一种用液态的萃取剂处理与之不互溶的双组分或多组分溶液，实现组分分离的传质分离过程，是一种广泛应用的单元操作。

萃取多在常温操作，节省能源，不涉及固体、气体，操作方便。常用于下列几种情况：① 料液各组分的沸点相近，甚至形成共沸物，不能精馏分离时；② 含低浓度高沸组分难挥发性物质（如醋酸、苯甲酸和多元酚）的废水用蒸发法处理需消耗大量热能或需用高真空蒸馏；③ 多种离子的分离；④ 不稳定物质（如热敏性物质）的废水在蒸发和蒸馏的高温条件下，易发生化学变化或易燃易爆；⑤ 一些放射性物质及重金属废水，例如含铀、钒、铬、稀土元素、铜等的废水等。

从萃取机理分析，液-液萃取过程可分为简单分子萃取体系、中性络合萃取体系，酸性络合（或螯合）萃取体系、离子缔合萃取体系和协同萃取体系。

（1）简单分子萃取体系

它是中性物质在水相和有机相之间进行的物理分配过程，其特点是被萃取物在水相和有机相中都是以中性分子的形式存在。萃取剂与被萃物之间没有化学键合作用，也不需外加萃取剂，但在该萃取体系中也可能伴随某些化学反应。简单分子萃取体系又可按照被萃取物质性质的不同分为：① 单质萃取；② 难电离无机化合物的萃取；③有机化合物的萃取。

（2）中性络合物萃取体系

该萃取体系的特点是：①萃取剂本身是中性分子；②被萃取物也是中性分子；③萃取剂与被萃取物结合生成中性络合物。

（3）酸性络合（螯合）萃取体系

该类萃取剂的特点是：①萃取剂是弱酸或 H2L，它既可溶于有机相，也可溶于水相，在两相间也有一定的分配系数，但该分配系数依赖于水相的组成，特别是水相的 pH 值；②水相中的金属离子以阳离子或 Mn^+络合离子的形式存在；③水相中的 Mn^+与 HL 或 H2L 结合生成中性的螯合物 MLn，该螯合物不含亲水集团。

（4）离子缔合萃取体系

该类萃取体系的特点是，金属以络阴离子与萃取剂的阳离子在有机相中形成离子缔合体。

（5）协同萃取体系

在由两种或两种以上萃取剂组成的多元素萃取体系中，金属离子的萃取分配比 D 显著大于每一种萃取剂在相同条件下单独使用时的分配比之和 D 加和（D1+D2+D3…），即认为这一萃取体系有协同作用，如果二值相等，则无协同效应。协同萃取的反应机理复杂，一般认为协同萃取效应是由于两种或两种以上的萃取剂与被萃取金属离子生成一种更为稳定的含有两种以上配体的可萃取络合物，或生成的络合物疏水性更强，因而更易溶于有机相。

当萃取过程发生化学反应时，将有利于物质的分离。例如，利用碱性萃取剂从有机相中萃取出有机酸，用稀酸从混合物中萃取出有机碱性物质或用于除去碱性杂质，用浓硫酸从饱和烃中除去不饱和烃，从卤代烷中除去醇及醚等。

萃取过程的基本参数：

（1）分配系数

分配定律是萃取方法理论的主要依据，物质对不同的溶剂有着不同的溶解度。同时，在两种互不相溶的溶剂中，加入某种可溶性的物质时，它能分别溶解于两种溶剂中。实验证明，若溶质在两相中的分子状态相同，在一定温度下，该化合物与此两种溶剂不发生分解、电解、缔合和溶剂化等作用时，此化合物在两液层中之比是一个定值。不论所加物质的量是多少，都是如此，属于物理变化。萃取达到相平衡时，被萃组分 B 的相平衡比，称为分配系数 K，即：

$$K = \frac{y_B}{x_B} \quad (2\text{-}18)$$

式中：y_B ——B 组分在萃取液中的浓度；

x_B ——B 组分在萃余液中的浓度。

浓度的表示方法需考虑组分的各种存在形式，按同一化学式计算。

实际上由于分子缔合、络合、离解等原因，溶质在两相中的形态也不可能完全相同，因此被萃取组分在两相中的平衡分配浓度比值不可能为一常数，而是随溶质浓度的变化而变化，因此用分配系数 K 来表征被萃取组分在两相中的实际平衡分配关系。K 越大被萃取组分在有机相中的浓度越大，也就是越容易被萃取。

若料液中另一组分 D 也被萃取，则组分 B 的分配系数对组分 D 的分配系数的比值，即 B 对 D 的分离因子，称为选择性系数α，即：

$$\alpha = K_B \cdot K_D = \frac{y_B \cdot x_D}{x_B \cdot y_D} \quad (2\text{-}19)$$

α >1 时，组分 B 被优先萃取；α =1 表明两组分在两相中的分配相同，不能用此萃取剂实现此两组分的分离。

（2）萃取速度

指萃取时两相之间物质的转移速率。

$$G = KF\Delta C \quad (2\text{-}20)$$

式中：G ——萃取速度，kg/h；

F ——两相接触面积，m^2；

K ——传质系数，m/h，与两相性质、浓度、温度、pH 等因素有关；

ΔC ——传质推动力，污染物实际浓度与平衡浓度之差，kg/m^3。

（3）相比

相比是萃取过程中一个液相与另一个液相的体积之比，通常为有机相与无机相体积之比，表示为“O/A”。又分为萃取、洗涤和反萃过程相比。

相比对萃取率、选择性系数等均有影响。一般来说，随着相比的增大，萃取率提高，但过高的相比将造成萃取剂用量大、流失严重；在多组分萃取时，相比对选择性系数的影响常需通过实验确定。

（4）饱和萃取容量

在一定萃取体系中，一定量的萃取剂对溶质的最大萃取量。通常以采用饱和法测定：用一份萃取剂重复同数份新鲜料液在设定的温度、相比等条件下进行萃取，直到新料液中的溶质不能被萃取为止，测定得到的萃取相中溶质的量即为饱和萃取容量。

（5）萃取率

被萃组分在萃取液中的量与原料液中的初始量的比值。

（6）萃取等温线

一定温度下，萃取过程中溶质在两相中的分配达到平衡时，表示溶质在两相中的浓度关系的曲线。根据萃取等温线，可以计算不同浓度时的分配系数、饱和萃取容量，确定萃取级数，推测萃合物的组成等。同一体系的萃取等温线与温度、pH 值等有关。

（7）萃取影响因素

影响萃取效果的工艺条件有萃取剂、分配系数、选择性系数、相比、萃取级数、温度、萃取时间、酸碱度等；影响反萃效果的有反萃剂、分配系数、相比、温度、反萃时间、pH 值等。

二、基本工艺流程

单级萃取对给定组分所能达到的萃取率较低，往往不能满足工艺要求，为了提高萃取率，可以采用多种方法：① 多级错流萃取（图 2-15）。料液和各级萃余液都与新鲜的萃取剂接触，可达较高萃取率。但萃取剂用量大，萃取液平均浓度低。② 多级逆流萃取（图 2-16）。料液与萃取剂分别从级联（或板式塔）的两端加入，在级间作逆向流动，最后成为萃余液和萃取液，各自从另一端离去。料液和萃取剂各自经过多次萃取，因而萃取率较高，萃取液中被萃组分的浓度也较高，这是工业萃取常用的流程。③ 连续逆流萃取。在微分接触式萃取塔中，料液与萃取剂在逆向流动的过程中进行接触传质，也是常用的工业萃取方法。料液与萃取剂之中，密度大的称为重相，密度小的称为轻相。轻相自塔底进入，从塔顶溢出；重相自塔顶加入，从塔底导出。萃取塔操作时，一种充满全塔的液相，称连续相；另一种液相通常以液滴形式分散于其中，称分散相。分散相液体进塔时即进行分散，在离塔前凝聚分层后导出。料液和萃取剂两者之中以何者为分散相，须兼顾塔的操作和工艺要求来选定。此外，还有能达到更高分离程度的回流萃取和分部萃取。

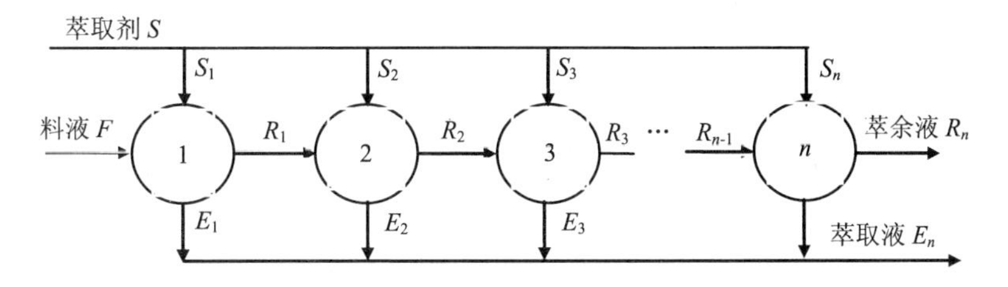

图 2-15　多级错流萃取流程

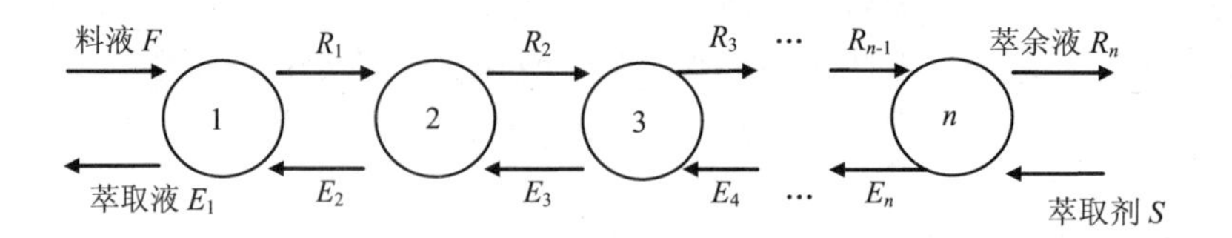

图 2-16 多级逆流萃取流程

典型萃取工艺流程见图 2-17。整个过程包括以下三个主要工序：混合。使萃取剂与废水进行充分接触，使溶质从废水中转移到萃取剂中去；分离。使萃取相与萃余相分层分离；回收，从两相中回收萃取剂和溶质。

根据萃取剂（或称有机相）与废水（或称水相）接触方式的不同，萃取作业可分为间歇式和连续式两种。根据二者接触次数（或接触情况）的不同，萃取流程可分为单级萃取和多级萃取两种，后者又分为“错流”与“逆流”两种方式。

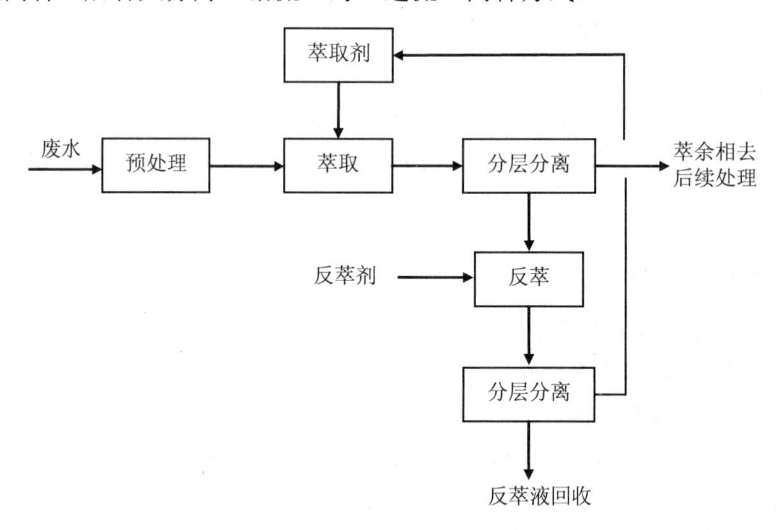

图 2-17 典型萃取工艺流程

三、工艺设计要点

1. 萃取剂的选择

萃取剂可是单组分溶剂，也可是多组分混合溶剂，这主要取决于被萃取物质的性质。

萃取剂按性能大致可分为：① 中性萃取剂，如酮、醚、醇、酯、醛及烃类；② 酸性萃取剂，如羧酸、酸性磷酸酯等；③ 螯合萃取剂，也是酸性的萃取剂；④ 胺类萃取剂，主要有叔胺和季铵盐等。

萃取剂的性质直接影响萃取效果，也影响萃取费用。在选择萃取剂时，一般应考虑如下几个方面的因素。

（1）萃取剂应有良好的溶解性能

一是对萃取物溶解度要高，二是萃取剂本身在水中的溶解度要低。由分配定律可知，萃取物在萃取剂中的溶解度越大，分配系数（见表 2-12）越大，分离效果也就越好。相应地萃取设备也越小，萃取剂用量也越少。

表 2-12　某些萃取剂（萃取酚）的分配系数

萃取剂	苯	重苯	中油	杂醇油	异丙醚	三甲酚磷酸酯	醋酸丁酯
分配系数	2.2	2.5	2.5	8	20	38	50

萃取剂的选择性是指萃取剂 *S* 对原料液中两个组分溶解能力的差异。若 *S* 对溶质 *A* 的溶解能力比对原溶剂 *B* 的溶解能力大得多，即萃取相中 *A* 比 *B* 大得多，那么这种萃取剂的选择性就好。

萃取剂的选择性越高，则完成一定的分离任务，所需的萃取剂用量也就越少，相应的用于回收溶剂操作的能耗也就越低。

（2）与水的密度差大

二者的密度差越大，萃取相与萃余相就越容易分层分离。特别是对没有外加能量的设备，较大的密度差可加速分层，提高设备的生产能力。合适的萃取剂应该是两液相在充分搅拌混合后，分层分离的时间不大于 5 分钟。

（3）容易再生

萃取剂与萃取物的沸点相差要大，二者不形成共沸物。

（4）两液相间的界面张力适中

两液相间的界面张力对萃取操作具有重要影响。萃取物系的界面张力较大时，分散相液滴易聚结，有利于分层，但界面张力过大，则液体不易分散，难以使两相充分混合，反而使萃取效果降低。界面张力过小，虽然液体容易分散，但易产生乳化现象，使两相较难分离，因此，界面张力要适中。常用物系的界面张力数值可从有关文献查取。

（5）黏度小

萃取剂的黏度对分离效果也有重要影响。黏度低，有利于两相的混合与分层，也有利于流动与传质，故当萃取剂的黏度较大时，往往加入其他溶剂以降低其黏度。

（6）其他

萃取剂具有较好的化学稳定性和热稳定性，毒性和腐蚀性小，不易燃易爆，价格低廉，来源充分等。

2．萃取剂的再生

萃取后的萃取相需经再生（regeneration），将萃取物分离后，才能继续使用。

（1）物理法（蒸馏或蒸发）

利用萃取剂与萃取物的沸点差来分离。例如，用醋酸丁酯萃取废水中的酚时，因单元酚的沸点为 181～202.5℃，醋酸丁酯则为 116℃，二者的沸点差较大，所以可控制适当的温度，采用蒸馏法即可将二者分离。蒸馏设备采用浮阀塔效果较好。

（2）化学法

投加某种化学药剂使它与萃取物形成不溶于萃取剂的盐类，从而达到二者分离的目的。例如，用重苯或中油萃取废水中的酚时，向萃取相投加浓度为 2%～20%的苛性钠，使酚形成酚钠盐结晶析出。化学再生法使用的设备有板式塔和离心萃取机等。

3. 萃取剂的残留

萃取剂的残留由两种原因造成。一是任何一种萃取剂在水中都有一定的溶解度，因此即使分层分离得非常好，处理尾水中也将含有等于大于其自身溶解度的萃取剂。且萃取剂的化学稳定性较好，常具有一定的生物毒性，尾水中残留的萃取剂易成为新的污染物，使水质复杂化。二是分层后分离不彻底造成萃取剂的流失，形成原因主要是萃取工艺参数不合理或设备落后所致。残留的萃取剂易成为新的污染物，在后续处理单元中应加以考虑。

四、萃取工艺过程

萃取工艺过程如图 2-18 所示。整个过程包括以下三个主要工序：混合——使萃取剂与废水进行充分接触，使溶质从废水中转移到萃取剂中去；分离——使萃取相与萃余相分层分离；回收——从两相中回收萃取剂和溶质。

根据萃取剂（或称有机相）与废水（或称水相）接触方式的不同，萃取作业可分为间歇式和连续式两种。根据二者接触次数（或接触情况）的不同，萃取流程可分为单级萃取和多级萃取两种，后者又分为“错流”与“逆流”两种方式。

单级萃取

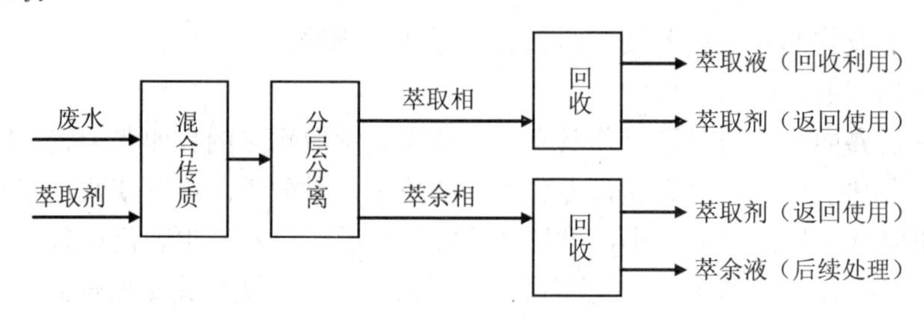

图 2-18　萃取过程示意

萃取剂与废水经一次充分混合接触，达到平衡后即进行分相，称为单级萃取。这种萃取流程的操作是间歇的，在一个设备或装置中即可完成。这种方式主要用于实验室和生产规模不大的萃取过程。

图 2-19 中的 V 为体积，C 为溶质浓度，则单级萃取系统的物料平衡式如下：

$$V_sC_s + V_cC_c = V_sC_s' + V_cC_c' \tag{2-21}$$

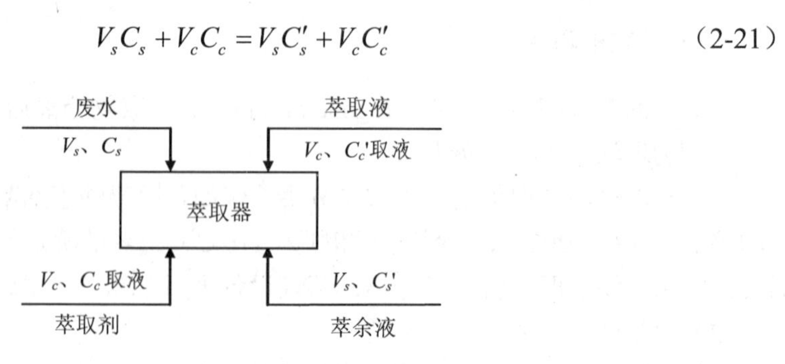

图 2-19　单级萃取流程

整理后便可得出萃取剂用量的计算式：

$$V_c = V_s \frac{C_s - C_s'}{C_c' - C_c} \tag{2-22}$$

式中：V_c ——萃取剂体积，m^3；

V_s ——废水体积，m^3；

C_c ——再生后（或开始）萃取剂中含剩余溶质浓度，g/m^3；

C_c'——从废水中转移到萃取剂中的溶质浓度，g/m^3；

C_s ——废水中溶质浓度，g/m^3；

C_s'——萃余液中溶质浓度，g/m^3。

五、萃取设备

萃取设备可分为罐式（箱式）、塔式和离心机式三大类。不论哪种萃取设备，都必须完成两相的混合与分离两个任务。

1. 混合澄清器

混合澄清器（mixer-settlers）。这类设备又称为复级萃取器。它是由一系列萃取梯段所组成，每一梯段由机械搅拌混合器和沉降分离器组成。在运转中，两相首先接触混合，然后进行沉降分离，其主要优点是可以精确掌握萃取级数，它的级效率几乎为 100%；其次是相比可变化，产量的伸缩性大。它的缺点是占地面积大，相的周转率小，特别是澄清器造成有机相大量存积。但由于这种设备简单可靠，适应性强，故广为使用。目前最流行的箱式水平萃取槽即属于此。

混合澄清器是使用最早，而且目前仍广泛应用的一种萃取设备，它由混合器与澄清器组成。在混合器中，原料液与萃取剂借助搅拌装置的作用使其中一相破碎成液滴而分散于另一相中，以加大相际接触面积并提高传质速率。两相分散体系在混合器内停留一定时间后，流入澄清器。在澄清器中，轻、重两相依靠密度差进行重力沉降（或升浮），并在界面张力的作用下凝聚分层，形成萃取相和萃余相。混合澄清器可以单级使用，也可以多级串联使用。

混合澄清器具有如下优点：

① 处理量大，传质效率高，一般单级效率可达 80%以上；

② 两液相流量比范围大，流量比达到 1/10 时仍能正常操作；

③ 设备结构简单，易于放大，操作方便，运转稳定可靠，适应性强；

④ 易实现多级连续操作，便于调节级数。

混合澄清器的缺点是水平排列的设备占地面积大，溶剂储量大，每级内都设有搅拌装置，液体在级间流动需输送泵，设备费和操作费都较高。

2. 脉冲筛板萃取塔

脉冲筛板萃取塔（pulsed sieve plate extraction column）一般分三段，中间为萃取段，段内上下排列着许多筛板，这是进行传质的主要部位。塔的上下两个扩大段是两相分层分离区。在电动机和偏心轮带动下，中心轴上的筛板作上下的脉冲运动，使液体从筛孔通过时不能过小也不能过大，其适宜的数值应根据实验确定，以既能使两相良好混合，但又不造成乳化和液泛为原则。所谓液泛指废水相为萃取相带出或萃取相为废水相（萃余相）带出。脉冲筛板萃取塔具有较高的萃取效率，结构较简单，能量消耗也不大，在废水脱酚时常采用这种设备，处理其他废水也可获得良好的效果。

脉动筛板塔系指由于外力作用使液体在塔内产生脉冲运动的塔，这种塔也称为液体脉动筛板塔。其结构与无溢流筛板塔相似，轻、重液相皆可穿过塔内筛板呈逆流接触，分散相在筛板之间不凝聚分层。周期性的脉动在塔底由往复泵造成。筛板塔内加入脉动，可以增加相际接触面积及其湍动程度，故传质效率大为提高。脉动筛板的效率与脉动的振幅和频率有密切关系，若脉动过分激烈，会导致严重的轴向混合，传质效率反而降低。在液体脉动筛板塔中，脉动振幅的范围为 6～50 mm，脉动频率的范围为 30～200L/min。脉动筛板塔的传质效率很高，能提供较多的理论板数，但其允许通过能力较小，在化工生产上的应用受到一定限制。

3．筛板萃取塔

筛板萃取塔对液体处理能力和萃取效率均较好，塔内有若干层开有小孔的筛板。若轻液相为分散相，操作时轻相通过板上筛孔分成细滴向上流，然后又聚结于上一层筛板的下面。连续相由溢流管流至下层，横向流过筛板并与分散相接触。若以重液相为分散相，则重液相的液滴聚结于筛板上面，然后穿过板上小孔分散成液滴。此时，则应将溢流管的位置改装下一层筛板的上方。由于塔内安装了多层筛板，使分散相多次地分散，并多次地聚结，从而有利于液—液相间的传质。由于有塔板的限制，也减轻了塔内轴向混合的效应。在筛板塔内一般也应选取不易润湿塔板的一相作为分散相。筛板的孔径一般为 3～9 mm。孔间距可取孔径的 3～4 倍，筛孔的总截面积可在相当宽的幅度内变化，无降液管的脉动筛板塔开孔总截面积可更大些。工业中常用的筛板塔间距为 150～600 mm，塔效率 20%～30%。

4．填料萃取塔

填料萃取塔与用于蒸馏及吸收的填料塔类似，只是为了使萃取过程中一个液相可更好地分散于加一个液相之中，在液相入口装置上有所不同。轻液相的入口管装在填料的支承栅板之上，可使轻相液滴更顺利地直接进入填料层中。在萃取塔的操作中，使一相作为连续相首先充满进行传质的空间，另一相经过分散装置呈液滴状分散进入连续相中。填料的作用除可以使液滴不断产生破裂与再聚结，除促进液滴的表面更新外，还可减少轴向混合效应。填料萃取塔中常用填料有：拉西环、莱兴环、鲍尔环以及鞍形填料等。填料材质的选择，除考虑溶液的腐蚀性外，还应考虑填料的材质是否易为连续相所润湿，而不易为分散相所润湿。

5．转盘萃取塔

转盘萃取塔（turnplate extraction column）塔的中部为萃取段，塔壁上有一组等间距的固定环板，塔中心轴上有另一组水平圆形转盘，每一转盘的高度恰好位于两固定环板的中间。重液（废水）由萃取段的上部流入，轻液（萃取剂）由萃取段下部供入，两液逆向流动于环板间隙中，随之又碰撞聚集，从而强化了传质过程。塔上下两端为分离段。为了消除液流的旋转运动，在萃取段两端各设一整流格子板。

转盘萃取塔内装有多层固定在塔体上的环形挡板，挡板称为固定环，它使塔内形成许多分隔开的空间。在每一个分隔空间的中部位置处均装有一个固定在中央转轴上的圆盘，圆盘称为转盘。转盘的直径一般比固定环的内孔直径稍小些，以便安装。操作时转盘随中心轴而旋转，所产生的剪应力作用于液体上，使分散相破裂而形成许多小的液滴，因而增加了分散相的持留量，并加大了相际接触面积。若盘面不光滑，则会在局部产生高的剪应力，而使液滴大小分布不均匀。此类塔在两相进入塔内时不需要任何液体分布装置，也可将进料口装在塔体的切线方向上的。

转盘和固定环的尺寸、固定环的间距、转盘的转数以及两液相的流速比等均对萃取塔的生产能力和萃取效率有一定的影响。

转盘萃取塔的优点是操作灵活，弹性大，可借助调节转速来调整效率与处理量，中等数目的级数而处理量大的情况最为适宜使用此法。但此法对材料要求高，加工困难，因而限制了它的应用范围。

6. 振动筛板塔

振动筛板塔的基本结构特点是塔内无溢流筛板不与塔体相连，而固定于一根中心轴上。中心轴由塔外的曲柄连杆机构驱动，以一定的频率和振幅往复运动。当筛板运动时，筛板上侧的液体经筛孔向下喷射；当筛板向下运动时筛板下侧的液体经筛孔向上喷射。振动筛板塔可大幅度增加相际接触面积和湍动程度，但其作用原理与脉动筛板塔不同。脉动筛板塔是利用轻、重液体的惯性差异，而振动筛板基本上起机械搅拌作用。为防止液体沿筛板与塔壁间的缝隙短路流过，可每隔几块筛板放置一块环形挡板。振动筛板塔操作方便，结构可靠，传质效率高，是一种性能较好的萃取设备，在化工生产上的应用日益广泛。由于机械方面的原因，这种塔的直径受到一定的限制，目前还不能适应大型化生产的需要。

7. 离心萃取机

离心萃取机（centrifuge extraction machine）其主体是一个转鼓，由许多壁上开孔的同心圆筒构成。废水由转轴中心的导入通道进到最内一层圆筒与转轴间的内分离空间。萃取剂则由导入通道进入最外一层圆筒与转子壳体间的外分离空间。在高速旋转（1 500～3 000 r/min）中，由于强大的离心力（当转鼓半径为 0.4 m 时，约为重力的 1 000～4 000 倍）的作用，密度较大的水相通过圆筒孔口由外向内流动。这样，两液相在对流和湍流中完成萃取。萃取相从内分离空间的内侧排出通道排出机外，萃余相则从外分离空间外侧排出通道排到机外。离心萃取机具有效率高，体积小的优点，特别适用于密度差较小的液/液萃取物系。但缺点是构造复杂，制造困难，电能消耗大，因而使用范围受到限制。

8. 设备选型一般要求

（1）需要的理论级数

当需要的理论级数不超过 2～3 级时，各种萃取设备均可满足要求；当需要的理论级数较多（如超过 4～5 级）时，可选用筛板塔；当需要的理论级数再多（如 10～20 级）时，可选用有外加能量的设备，如混合澄清器、脉冲塔、往复筛板塔、转盘塔等。

（2）生产能力

处理量较小时，可选用填料塔、脉冲塔；处理量较大时，可选用混合澄清器、筛板塔及转盘塔。此外离心萃取器的处理能力也相当大。

（3）物系的物性

对密度差较大、界面张力较小的物系，可选用无外加能量的设备；对密度差较小、界面张力较大的物系，宜选用有外加能量的设备；对密度差甚小、界面张力小、易乳化的物系，应选用离心萃取器。

对有较强腐蚀性的物系，宜选用结构简单的填料塔或脉冲填料塔。对于放射性元素的提取，脉冲塔和混合澄清器用得较多。

物系中有固体悬浮物或在操作过程中产生沉淀物时，需定期清洗，此时一般选用混合澄清器或转盘塔。另外，往复筛板塔和脉冲筛板塔本身具有一定的自清洗能力，在某些场合也可考虑使用。

六、多级逆流萃取基本计算

多级逆流萃取（multilevel refluence extraction）过程是将多次萃取操作串联起来，实现废水与萃取剂的逆流操作。在萃取过程中给水和萃取剂分别由第一级和最后一级加入，萃取相和萃余相逆向流动，逐级接触传质，最终萃取相由进水端排出，萃余相从萃取剂加入端排出。这一过程可在混合沉降器中进行，也可在各种塔式设备中进行。

多级逆流萃取只在最后一级使用新鲜的萃取剂，其余各级都是与后一级萃取过的萃取剂接触，以充分利用萃取剂的能力。这种流程体现了逆流萃取传质推动力大、分离程度高、萃取剂用量少的特点，因此这种方法也称为多级多效萃取或简称多效萃取。

萃取级数的确定是多级逆流萃取过程与萃取设备计算中的一个主要问题。在废水处理中，一般废水浓度都比较低，常采用 y–x 图解法（也称为平衡分配法）来确定萃取理论级数，再根据操作效率来确定实际萃取级数。

计算步骤如下：

（1）实验测定及作图

通过实验测定酚萃取时的 y–x 平衡数据作平衡线（balance line）图。

（2）确定设计参数

已知废水中溶质浓度，根据实验得到出水（萃余液）中溶质浓度、萃取剂与废水体积比和萃取液中溶质浓度等。

（3）绘制操作线

对萃取物做物料平衡，整理后可得到操作线（operating line）方程式如下：

将给定数据代入上式，即可求出 C_c'值：

$$C_c' = \frac{V_s}{V_c}(C_s - C_s') + C_c \tag{2-23}$$

把 a（C_s，C_c'）和 b（C_s'，C_c）两点连接起来即为萃取操作线 ab（图 2-20）。

（4）理论级数 n

在操作线和平衡线之间，由点开始平行于轴和轴作阶梯形线，直到指定的萃余相浓度为止，阶梯的数目即为理论级数。本例萃取理论级数为 4。

（5）实际萃取级数

得出理论级数之后，便可以根据设备效率确定实际萃取级数。例如采用筛板萃取塔时，其效率约为 20%，则实际萃取级数便为 4/0.2=20 级。

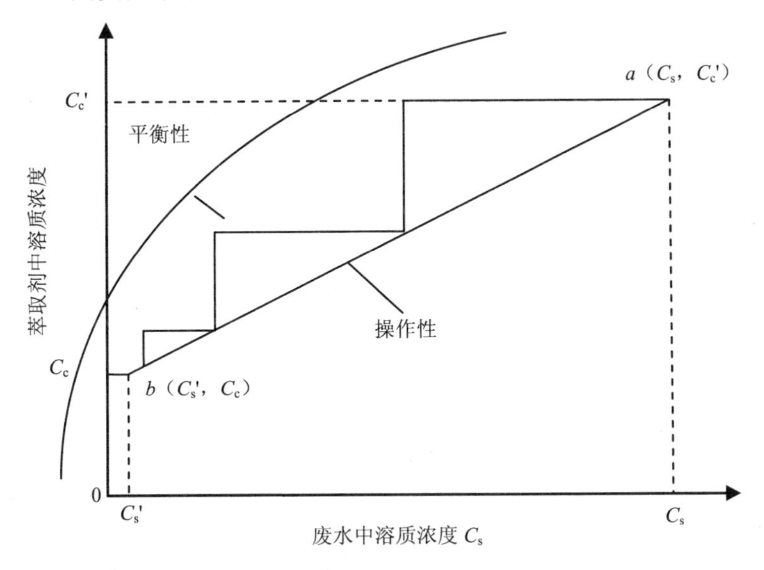

图 2-20　多级萃取的平衡线和操作线

（6）塔身直径 D

根据操作速度——单位时间内通过单位传质面积的体积流量来确定。

在脉冲筛板塔中，连续相（废水）和分散相（萃取剂）都是竖流的，故可按下式计算塔身直径 D：

$$D=\sqrt{\frac{4(F+f)}{\pi}}=\sqrt{\frac{4(Q/V+q/v)}{\pi}} \tag{2-24}$$

式中：F ——连续相过水断面，m^2；

V、Q ——连续相设计流速（m/h）及流量（m^3/h）；

f ——分散相过水断面，m^2；

v、q ——分散相设计流速（m/h）及流量（m^3/h）；

u ——液泛流速，废水相与分散相流速之和。

$|u|=|V_1|+|v_2|$ 绝对值表示流速永远是正，不管是逆流与顺流。

在计算中，必须先确定 V 和 v 值。在萃取塔中，液流流速不能超过液泛流速。就脉冲筛板塔来说，因为连续相和分散相都是竖流的，故连续相的流速 V 不得大于分散液滴在静止连续相中的相对速度。

萃取塔的液泛流速与两相的物理性质、筛板的构造、脉动振幅和频率有关。因此，通常需经实验确定液泛流速和筛板构造的参数。

由于 $|u|=|V|+|v|$，故当 $Q\approx q$ 时，令 $V=au$，则上式变为：

$$D=\sqrt{\frac{4Q}{\pi}(\frac{V+v}{Vv})}=\sqrt{\frac{4Q}{\pi a(1-a)u}} \tag{2-25}$$

式中：a——连续相设计流速占液泛流速的比例，无量纲。

由该式可看出，当 a=1/2 时，D 值最小，此即为最小的塔身直径：

$$D=\sqrt{\frac{16Q}{\pi u}} \tag{2-26}$$

（7）萃取段高度 H_1

萃取段高度依塔形不同而异，与塔板数有关。按下式计算：

$$H_1=(n-1)h+500 \tag{2-27}$$

式中：h ——筛板间距；

n ——筛板块数；

500 ——安装布水器的空间高度，mm。

第八节 吸 收

一、概述

吸收法（absorption process）是应用最广泛的废气处理方法之一。是利用气体混合物中不同组分在吸收剂中溶解度不同或者与吸收剂发生选择性化学反应，从而将有害组分从气流中分离出来的过程。吸收可以分物理吸收和化学吸收。

物理吸收（physical absorption）指用水或有机溶剂吸收废气中污染物，使之溶解于吸收剂，再以物理或化学方法解吸从而回收该种物质，称为物理吸收。典型的例子如用有机溶剂吸收各种有机气体污染物、用水吸收氯化氢气体得到盐酸、用水吸收氨气得到氨水等。

化学吸收（chemical absorption）指吸收剂中某一种或几种组分与被吸收的污染物间发生化学反应，污染物转化成另一种物质，这类吸收称为化学吸收。典型的例子如酸性气体或碱性气体可以用对应的碱性或酸性吸收剂进行化学吸收使之中和成为盐；废气含有某种特定污染物或有毒物质，可以选用易与之反应的吸收剂，通过化学反应其成为无毒物质或可回收的物质。

吸收法常用于酸性、碱性气体、氯气、氨、含氟、溴废气、光气以及各种油类蒸汽、有机溶剂、碳氢化合物废气等净化处理方面。

吸收法可用于各种浓度的废气处理，也可以用于含有颗粒物的废气净化。

吸收剂类型（absorbent type）通常可以分为液体和固体两大类，水、酸、碱、盐溶液和各种有机溶剂等液体吸收剂最为常见。一些固体材料可通过化学吸收处理气态污染物。

为避免二次污染，选择吸收剂除了要考虑吸收气体污染物外，最好还能生成可回收的副产品或将其转化为难溶的固体（渣）分离出来，实现吸收剂的回收，并循环使用。

吸收剂中污染物的溶解度要大，废气中其他组分的溶解度要小或者不溶，即吸收剂的选择性要好。溶解度大则吸收剂用量少，吸收速率大，设备的尺寸小。

吸收剂的挥发性要小，即它的饱和蒸汽压要低。经过吸收后的尾气通常为吸收剂蒸汽所饱和，吸收剂的蒸汽压低，损失就小。

吸收剂的腐蚀性要小、无毒、不燃烧、价廉易得。

表 2-13 吸收法处理废气应用

污染物	吸收剂	吸收产物	主要工艺参数	吸收效率/%
氟化氢	氧化铝、石灰乳			
	水	氢氟酸		
四氟化硅	水			
二氧化硫	石灰石	亚硫酸钙、硫酸钙	进口浓度 0.25%，空塔气速 0.75 m/s，停留时间 5 s	86～90
	氢氧化钙粉	亚硫酸钙、硫酸钙		>90
	氨水	亚硫酸氨	进口浓度 4 500 mg/m^3，喷淋密度 15～18 m^3/（m^2·h）	98
	氢氧化钠溶液	亚硫酸钠		99
	150 g/L 氧化锌浆	亚硫酸锌	喷淋密度 60～68 m^3/（m^2·h）	>90
光气	氢氧化钠溶液	碳酸钠、氯化钠		
	氯苯、二氯苯、甲苯			
苯及苯系物	柴油或柴油+水			
氨	无机酸	铵盐溶液		
	水	氨水		
氯气	氢氧化钠溶液	次氯酸钠		
氮氧化物	5%氢氧化钠溶液	亚硝酸钠		>90
	稀硝酸		进口浓度 2 500 mg/m^3，液温 30℃，气液比 50%	80
氯化氢	氢氧化钠溶液	氯化钠溶液		
	水	盐酸		
硫化氢	氢氧化钠溶液	硫化钠		

二、设计要点

1. 吸收剂问题

采用吸收法处理废气时，吸收剂的选择要能够使废气中污染物资源化或有利于后续处理单元处理浓吸收液。如果废气组分复杂，浓吸收液除了含有待回收物质外，常常会夹带其他污染物，应采取必要的分离、净化措施才可实现有用物质的回收。如吸收的污染物若无回收利用价值，则应将浓吸收液送废水处理或焚烧处理。

2. 强化吸收过程的措施

吸收过程的速率等于吸收推动力与吸收阻力之比，提高吸收速率即可强化吸收过程。强化吸收过程从提高吸收过程的推动力和降低吸收过程的阻力两个方面加以改进。

（1）逆流操作

从下面的例题计算可见逆流操作比并流操作的推动力大。在逆流与并流的气、液两相进口组成相等及操作条件相同的情况下，逆流操作可获得较高的吸收液浓度及较大的吸收推动力。

（2）提高吸收剂的流量

通常混合气体入口条件由前一工序决定，即气体流量、气体入塔浓度一定，提高吸收剂流量，吸收程度加大，吸收推动力提高，气体出口浓度下降，提高了吸收速率。

（3）降低吸收剂入口温度

当吸收过程其他条件不变，吸收剂温度降低时，相平衡常数将增加，吸收的操作线远离平衡线，吸收推动力增加，从而导致吸收速率加快。

（4）降低吸收剂入口溶质的浓度

当吸收剂入口浓度降低时，液相入口处吸收的推动力增加，从而使全塔的吸收推动力增加。

（5）提高流体流动的湍动程度

吸收过程的总阻力包括气相与界面的对流传质阻力、溶质组分在界面处的溶解阻力和液相与界面的对流传质阻力。通常界面处溶解阻力很小，故总吸收阻力由两相传质阻力的大小决定。若一相阻力远远大于另一相阻力，则阻力大的一相传质过程为整个吸收过程的控制步骤，只有降低控制步骤的传质阻力，才能有效地降低总阻力。

若气相传质阻力大，加大气体的流速，提高气相的湍动程度，可有效地降低吸收阻力；若液相传质阻力大，提高液相的湍动程度，如加大液体的流速，可有效地降低吸收阻力。

（6）改善填料的性能

通过采用新型填料，改善填料性能，提高填料的相际传质面积 a，也可降低吸收的总阻力。

3．流向的选择

吸收操作可以逆流也可以并流。逆流操作时，气体由塔底通入，从塔顶排出，而液体则靠自重自上而下流过；并流时气液同向。

逆流操作可获得较大的吸收推动力，从而提高吸收过程的传质速率；运行时吸收液从塔底流出之前与入塔气接触，则可得到浓度较高的吸收液；逆流吸收操作吸收后的气体在从塔顶排出之前与刚入塔的吸收剂接触，可使出塔气体中溶质的含量降低，提高溶质的吸收率。工业上多采用逆流吸收操作。

但逆流操作过程中，液体在向下流动时受到上升气体的向上的力，气速过大时会妨碍液体顺利流下，甚至形成液泛，因而限制了吸收塔的液体流量和气体流量。

4．尾气排放浓度及吸收剂进口浓度的选择

（1）尾气排放浓度及回收率

当吸收的目的是除去有害物质时，一般要规定离开吸收塔的尾气中溶质的剩余浓度 Y_2，使其满足排放要求；当以回收有用物质为目的时，一般要规定溶质的回收率 η。

若气体流量增加，而液体流量及气、液进口组成不变，溶质的回收率或有害物质的吸收率将下降。

吸收塔设计的优劣与吸收流程、吸收剂进口浓度、吸收剂流量等参数密切相关。

（2）吸收剂进口浓度的选择及其最高允许浓度

当气、液两相流量及溶质吸收率一定时，若吸收剂进口浓度过高，吸收过程的推动力

减小，则吸收塔的塔高将增加，使设备投资增加，并将影响尾气中溶质浓度；若吸收剂进口浓度太低，吸收剂再生费用增加；因此，吸收剂进口浓度的选择应综合考虑各因素后确定。

5. 液沫夹带与水气损失

吸收法处理废气时，吸收液含高浓度吸收质，需经回收或进一步后续处理。但液沫夹带现象的存在，将严重影响吸收液的回收，并将造成大气二次污染。

液沫夹带是指当气体自下而上穿过塔板上的液层时，由塔顶分布器喷出液体在气流的作用下生成了液滴。在气流上升过程中，较小的液雾沫被出口气体带走的现象。液沫夹带的后果是可回收的物料损失，或造成排口尾气超标。

减轻液沫夹带的方法是加装除沫器，如丝网除沫器可将液沫夹带损失减少 90%～95%。

另一方面，如待处理废气为干气体时，会充分吸收吸收剂中水分成为被水饱和的尾气排出。这时吸收剂会损失大量水分，应及时补充。

空气中水蒸气分压愈大，水分含量就愈高，根据气体分压定律，则有

$$\frac{P_v}{P_g}=\frac{P_v}{P-P_v}=\frac{n_v}{n_g} \tag{2-28}$$

湿度（humidity，H）又称为湿含量或绝对湿度（absolute humidity）。它以湿空气中所含水蒸气的质量与绝对干空气的质量之比表示，其单位为 kg 水气/kg 干空气。

$$H=\frac{\text{湿空气中水气的质量}}{\text{湿空气中绝干空气的质量}}=\frac{n_v M_v}{n_g M_g} \tag{2-29}$$

常温下，湿空气可视为理想气体，则有

$$H=\frac{18P_v}{29(P-P_v)}=0.622\frac{P_v}{P-P_v} \tag{2-30}$$

在饱和状态时，湿空气中水蒸气分压 P_v 等于该空气温度下纯水的饱和蒸汽压 P_s，则有

$$H_s=0.622\frac{P_s}{P-P_s} \tag{2-31}$$

相对湿度φ，在一定温度及总压下，湿空气的水汽分压 P_v 与同温度下水的饱和蒸汽压 P_s之比的百分数，称为相对湿度（relative humidity），即

$$\varphi=\frac{P_v}{P_s}\times 100\% \tag{2-32}$$

当 $P_v=0$ 时，$\varphi=0$，表示湿空气不含水分，即为绝干空气；当 $P_v=P_s$时，$\varphi=1$，表示湿空气为饱和空气。

相对湿度说明湿空气偏向饱和空气的程度，φ 值越小，吸湿能力越大。

在一定总压和温度下，两者之间的关系为

$$H=0.622\frac{\varphi P_s}{P-\varphi P_s} \tag{2-33}$$

对于吸收塔出口，有

$$\Delta W = G(H_1 - H_2) = L(X_1 - X_2) \tag{2-34}$$

式中：ΔW ——尾气吸收的水分，kg/h；

G ——处理废气中绝干空气流量，kg 绝干气/h；

H_1、H_2 ——废气出口、进口湿含量，kg 水气/kg 绝干气；

L ——吸收剂流量，kg/h；

X_1、X_2 ——吸收剂进口、出口含水量，kg 水气/kg 绝干气。

将式（2-30）和式（2-32）代入式（2-33），且处理废气出口中水气饱和，$\varphi=1$，有

$$\begin{aligned}\Delta W &= \left(0.622\frac{P_s}{P-P_s} - 0.622\frac{\varphi P_s}{P-\varphi P_s}\right) \\ &= 0.622GP_s\left(\frac{1}{P-Ps} - \frac{\varphi}{P-\varphi P}\right)\end{aligned} \tag{2-35}$$

即，由进口废气中绝干空气流量 G、相对湿度φ、废气出口温度下水的饱和蒸汽压 P_s、当地大气压 P，可计算出吸收液中水的损失量（补充量）。

6. 风机置放位置

吸收流程中，风机作为空气动力设备，可以置于吸收塔之后，也可置于吸收塔之前，风机置放位置将对整个系统的综合性能产生一定影响。风机前置时应考虑废气中污染物成分对风机材料的腐蚀作用；必须考虑废气温度对风机运行参数、效率的影响；此时，风机后的管道等处于正压工作状态，必须注意由于管道连接处等的废气泄漏造成废气中污染物的无组织排放。后置风机的布置形式较为常见，但应考虑动力消耗的增加和液沫夹带出的吸收液对其的影响。

（1）有害物质的无组织排放

风景后置时，整个吸收系统处于负压状态，风机前置时则相反，整个吸收系统处于正压状态。常规的吸收塔作为一种微压设备，其设计和制造的压力等级很低，没有静密封性能要求。系统处于正压状态时，系统内的有害气体会有一定量的泄漏，使整个系统成为无组织排放源。

（2）动力消耗

吸收系统处于负压状态时，外界空气将从系统的静密封点进入系统，即

$$G_{出} = G_{进} + G_{漏}$$

风机的动力消耗增加。

吸收系统处于正压状态时，系统内气体将从静密封点漏出大气，排放气量将小于进气量。

三、工艺流程

典型单级吸收工艺流程见图 2-21。

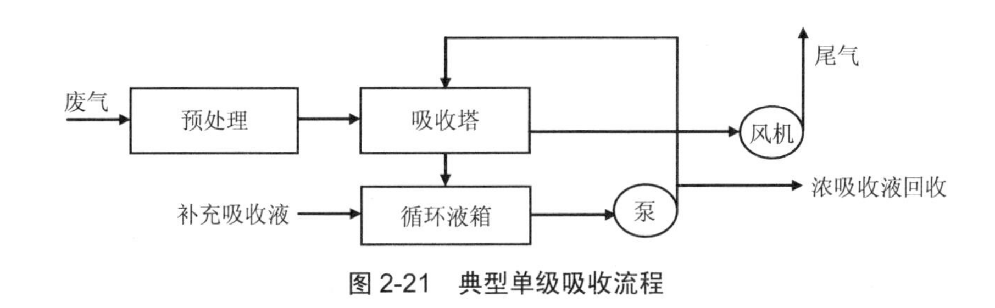

图 2-21　典型单级吸收流程

预处理主要包括过滤、冷却、气体流量和压力稳定等。过滤是为了除去废气中微小颗粒物，防止其堵塞吸收塔或影响吸收液的质量；很多工业废气为高温气体，需先行冷却后再进入吸收塔，可以提高吸收效率并适当回收热量；气体流量和压力稳定是由于工业废气有时会有流量或压力不均匀的情况，为了保证主体单元的稳定工作，采取如缓冲柜等设备对废气的气体流量和压力进行稳定。预处理措施应根据废气的具体工艺特性选择采用。

采用吸收法处理废气时，应考虑浓吸收液的回收或处置方法和去向。如果废气组分复杂，浓吸收液除了含有待回收物质外，常常会夹带其他污染物，应采取必要的分离、净化措施才可实现有用物质的回收。如吸收下的污染物无回收利用价值，则应将浓吸收液送废水处理或焚烧处理。

四、填料塔计算

吸收塔的设计型计算包括：吸收剂用量、吸收液浓度、塔高和塔径等的设计计算。

1. 操作线方程

气体吸收的平衡关系指气体在液体中的溶解在一定温度和压力下，从气相进入液相的速率等于它从液相返回气相的速率。这时两相称为达于平衡，也是溶液已经饱和，即达到了它在一定条件下的溶解度。

对吸收而言，混合气体 G、进口浓度（塔底）Y_1、出口浓度（塔顶，排放标准）Y_2、吸收剂进口浓度（塔顶）X_2 为设计条件，需要计算填料层参数和吸收剂出口浓度（塔底）X_1。

对吸收塔的任意截面与塔底物料平衡，如图 2-22 所示。

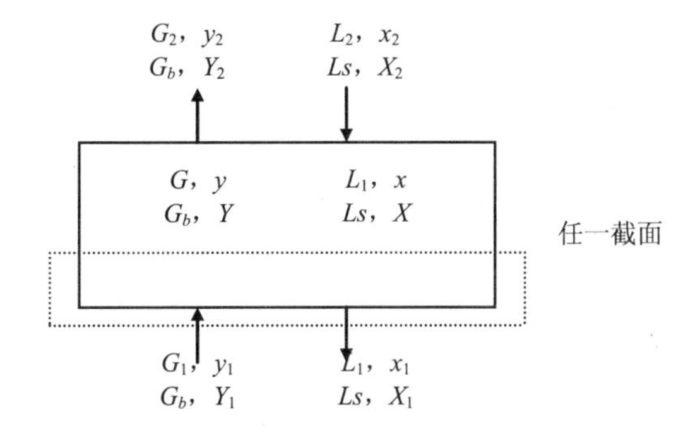

图 2-22　任一截面与塔底的物料平衡

混合气体从塔底进，吸收液从塔顶进入，污染物不断被吸附，气体总量 G 自下而上减少，但惰性气体量 G_b 不变；溶液总量 L 自下而上增加，但吸收液量 L_s 不变，即

$$\frac{G_b}{G}=1-y \tag{2-36}$$

$$\frac{L_s}{L}=1-x \tag{2-37}$$

$$Y=\frac{y}{1-y} \tag{2-38}$$

$$X=\frac{x}{1-x} \tag{2-39}$$

式中：G ——单位时间通过塔任一截面单位面积的混合气体量，kmol/（$m^2 \cdot s$）；

G_b ——单位时间通过塔任一截面单位面积的惰性气体量，kmol/（$m^2 \cdot s$）；

L ——单位时间通过塔任一截面单位面积的溶液量，kmol/（$m^2 \cdot s$）；

L_s ——单位时间通过塔任一截面单位面积的吸收剂量，kmol/（$m^2 \cdot s$）；

X ——任一截面的溶液中污染物与吸收剂的摩尔比，kmol 污染物/kmol 吸收剂；

x ——任一截面的溶液中污染物的摩尔分率，kmol 污染物/kmol 溶液；

Y ——任一截面的混合气体中污染物与惰性气体的摩尔比，kmol 污染物/kmol 惰性气体；

y ——任一截面的混合气体中污染物的摩尔分率，kmol 污染物/kmol 混合气体。

之所以采用摩尔比 X、Y 进行计算，是因为随着吸收过程的进行，气相的总摩尔量下降，液相总摩尔量增加；气相惰性组分和吸收剂的量可以认为不变，因此在吸收计算中一般采用摩尔比更为方便。

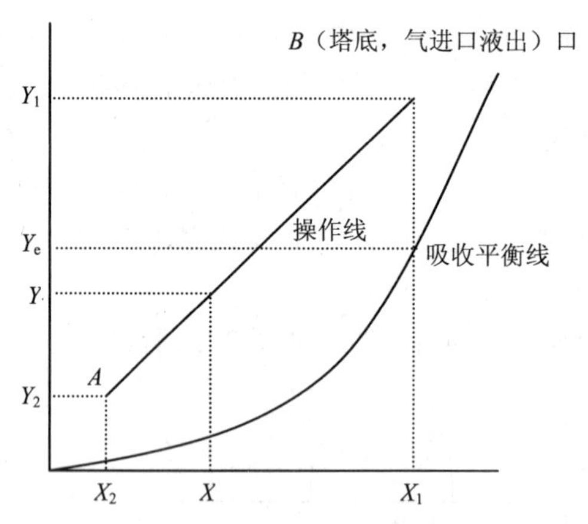

图 2-23　吸收平衡线与操作线

最小液气比（minimum liquid gas ratio）与吸收剂用量有关。提高液气比（图 2-24 中 AC 线），操作线斜率增大，溶液出口浓度下降，吸收液用量增加，操作费用亦上升，但设备接触面积下降，故设备费下降；AB 线液气比下降（AE 线），操作线斜率变小，操作线接近平衡线，推动力下降，溶液出口浓度升高，吸收液用量减少，操作费用下降，但设备接触面积增加，设备费亦上升。

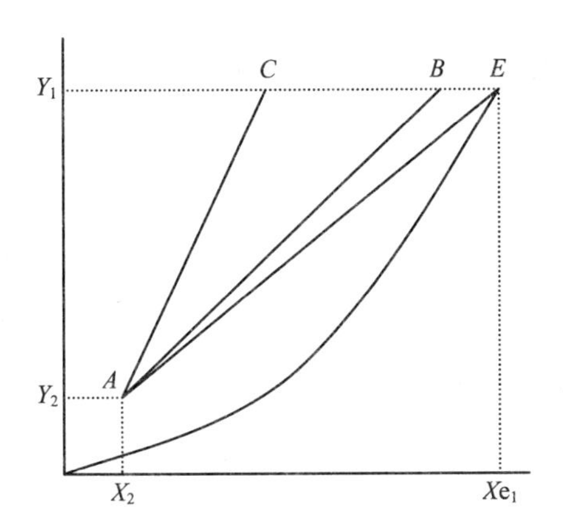

图 2-24　最小液气比时的操作线

由上式可做出塔底与任一截面与塔底间（图 2-22 中虚线框内）的污染物物料平衡式：

$$G_b \cdot Y_1 + L_s \cdot X = G_b \cdot Y + L_s \cdot X_1 \tag{2-40}$$

$$G_b(Y_1 - Y) = L_s(X - X_1) \tag{2-41}$$

由上式，可得操作线方程：

$$Y = \frac{L_s}{G_b}X + (Y_1 - \frac{L_s}{G_b}X_1) \tag{2-42}$$

稳定操作时，G_b、L_s、X_1、Y_1 都不变，上式为一直线，斜率为 L_s/G_b。

由于任一截面上气相中污染物浓度总大于液相的平衡浓度，所以操作线总在平衡线上方。

当操作线为 AE 线时，塔底推动力趋向“0”，表示为取得一定的吸收效果需要无限大的接触面积：

$$\left(\frac{L_s}{G_b}\right)_{min} = \frac{Y_1 - Y_2}{X_{e1} - X_2} \tag{2-43}$$

吸收操作线仅与液气比、塔底及塔顶溶质组成有关，与系统的平衡关系、塔形及操作条件 T、P 无关。

如果平衡线出现如图 2-25 所示的形状，则过点 A 作平衡线的切线，水平线 $Y=Y_1$ 与切线相交于点 $D(X_{1,max}, Y_1)$。

则可按下式计算最小液气比

$$\left(\frac{L_S}{G_b}\right)_{min} = \frac{Y_1 - Y_2}{X_{1,max} - X_2}$$

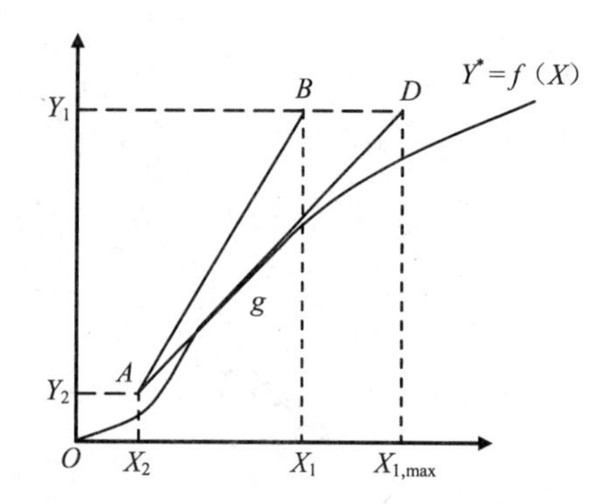

图 2-25　气液平衡线向上凸起时的操作线作法

2．实际液气比和实际操作线作法

实际液气比通常取最小液气比的 1.1～1.6 倍。

实际操作线作法：

①按摩尔分数给出的平衡关系变换成以摩尔比 X、Y 表示，作出平衡线 OE；

②按所给条件算出以摩尔比表示的进、出口气体组成与进口液体组成，作出操作线；

③从曲线上读出对应于 Y_1 的 Y_{e1}，绘出最小液气比的操作线；

④计算出 $(L_s/G_b)_{min}$；

⑤计算出实际液气比；

⑥计算吸收液出口浓度 X_1；

$$X_1=\frac{Y_1-Y_2}{\frac{L_s}{G_b}}+X_2 \tag{2-44}$$

⑦ 连接 A（X_2、Y_2）和 B（X_1、Y_1）得到实际操作线。

3．吸收液循环时的进口浓度

当吸收液循环时，其物料关系见图 2-26，设吸收液的循环系数为 θ（θ =吸收液的循环量 L_r/吸收液量 L，$0<\theta<1$），则混合点 M 的入塔吸收剂组成 X_2'为：

$$X_2'=\frac{\theta X_1+X_2}{1+\theta} \tag{2-45}$$

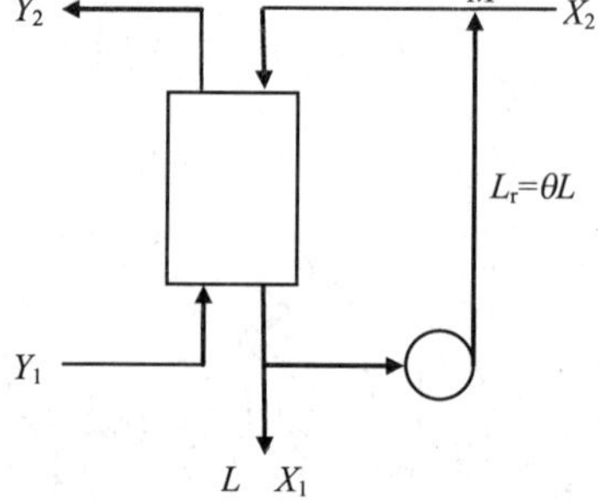

图 2-26　吸收液循环时的物料关系

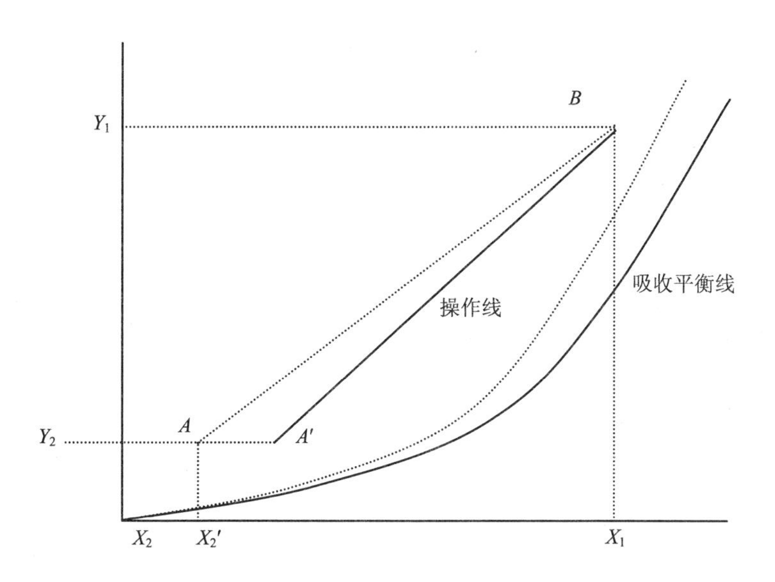

图 2-27　有再循环时的吸收的平衡线和操作线

图 2-27 中，粗实线是有再循环时的吸收的平衡线和操作线，细虚线是无循环的平衡线和操作线。

吸收液再循环时，其浓度 X_2' 大于 X_2，如气体出口 Y_2 要求不变，则操作线在塔顶出口位置将 A 点变为 A'，吸收推动力下降；在有显着热效应的吸收操作时，再循环的吸收液经冷却再入塔，可降低出塔吸收液温度，全塔推动力有所提高；采用再循环，可获得较高的浓度的 X_1。

4．填料层高度

根据前述微分填料层内物料平衡，该微分段内，单位时间从气相传入液相的溶质量等于气体浓度改变量乘以气体量 G_S（低浓度气体吸收时，G_S 可视为不变）：$G_S\mathrm{d}y$。

设单位体积填料层所提供的有效气液接触面积为 a，Z 为填料层高度（height of drop in structured packing），则微分段内的有效气液接触面积为 $aS\mathrm{d}z$，传质速率为 K_y（$Y-Y_e$），故单位时间从气相传入液相的溶质量又为 $aS\mathrm{d}zK_y$（$Y-Y_e$），故有

$$G_S\mathrm{d}y = K_y aS(Y-Y_e)\,\mathrm{d}z \tag{2-46}$$

$$Z=\int_0^h \mathrm{d}z=\frac{G}{K_y\cdot a}\int_{Y_2}^{Y_1}\frac{\mathrm{d}y}{Y-Y_e}=H_{OG}\cdot N_{OG} \tag{2-47}$$

式中：H_{OG} ——称为传质单元高度；

N_{OG} ——称为传质单元数；

Z ——填料层高度，m；

S ——塔截面积，m^2；

G ——混合气体通过塔截面时的摩尔流速，kmol/（$m^2\cdot s$）；

a ——单位体积填料层所提供的传质面积，m^2/m^3；

K_y ——气相传质系数，kmol/（$m^3 \cdot s$）；通常（$K_y a$）联在一起测，称为气相总体积传质系数，kmol/（$m^3 \cdot s$）；

X、Y ——混合气体摩尔比。

5．传质单元高度

若有一段填料层，气体通过时浓度改变ΔY，此段内的平均推动力为$(Y-Y_e)_m$，而$\Delta Y = (Y-Y_e)_m$，便将此段填料层称为一个传质单元。而$G/(K_y a)$相当于一个高度，称为传质单元高度（height of a transfer unit，H_{OG}）。即

填料层高度＝传质单元高度×传质单元数

对应于各种传质系数，传质单元高度分为气相传质单元高度 H_G、液相传质单元高度 H_L、气相总传质单元高度 H_{OG} 和液相总传质单元高度 H_{OL}。

传质单元高度与体积传质系数的倒数成正比，即传质系数的倒数反映了传质阻力。

传质单元高度取决于填料的性能和气、液流动情况。填料性能好则一个传质单元的高度小；当填料的类型和规格相同时，即取决于气、液流动情况。传质单元高度越小，在相同条件下达到同样吸收要求所需的填料层高度就小。

常用填料的 H_G、H_L 等大体在 0.5～1.5 m。

6．传质系数

各种传质系数（mass transfer coefficient）都经实验测定有关参数后用传质系数经验式和准数关系式计算出，一般误差为 20%～40%。由于实验用塔的塔径均较小，填料层高度也小，气液分布可较均匀，而工业塔中一般不易做到，故工业塔的实际传质系数一般低于实验值，故设计时应取较大裕量。

气相传质系数 $K_y \cdot a$ 与 $G^{0.7}$ 成正比。

传质系数单位复杂、实验误差大、数值变化亦较大；而传质单元高度数值变化较小，单位与填料层高度单位相同，因此，文献或手册中多以填料层高度数据给出，用于计算填料层高度。

表 2-14　一些大气污染物吸收时的传质系数

污染物	条件	传质系数	单位	数值
空气和氨的混合气用水吸收	0.1 MPa，20℃	$K_y a$	kmol/（$m^3 \cdot s$）	0.088
空气和 SO_2 的混合气用水吸收	100 kN/m^2，20℃	$K_y a$	kmol/（$m^3 \cdot s$）	0.029
空气和苯的混合气用煤油吸收	100 kN/m^2，50℃	$K_y a$	kmol/（$m^3 \cdot s$）	0.015
空气和丙酮的混合气用水吸收	0.1 MPa，25℃	$K_y a$	kmol/（$m^3 \cdot s$）	0.052

7．传质单元数

传质单元数（number of transfer units，N_{OG}）用于评价吸收设备的吸收效率，N_{OG} 取决于待吸收的污染物特性、传质系数、吸收液浓度、温度、设备类型等。增加气液接触面积、

提高液相压力、降低气体流速、降低吸收液温度可以提高传质单元数。

有了传质单元高度或传质系数数据，计算填料层高度的关键便在于计算传质单元数。

传质单元数的计算方法根据平衡线是否是直线而有所不同。当气液平衡线为非直线时，需通过图解积分法得出结果；当气液平衡线为直线时，可以数值计算法得出结果。

表 2-15　典型吸收器的 N_{OG}

吸收器类型	气体速度/（m/s）	每 m^3 废气的用水量/L	每个设备单元或每米塔高的 N_{OG}
喷淋塔	0.25	1.7	0.55/m 塔
	0.50	1.7	0.25/m 塔
	1.0	1.7	0.13/m 塔
填料塔	0.45	1.6	0.9/m 填料
	0.95	1.6	0.5/m 填料
	1.90	1.6	0.35/m 填料
喷淋错流	1.9	5～6	0.12/m
填充错流	1.6～1.8	5～6	1.6～2.2/m 填料
文丘里	40（喉管）	1.5	1.6/单元
	50	1.7	2.0/单元
	60	0.5	2.4/单元
旋风喷淋	0.7（表面速度）	5	0.45～0.67

当平衡线为曲线时，传质单元数一般用图解积分法求取：

$$N_{OG}=\int_{Y_2}^{Y_1}\frac{dY}{Y-Y_e} \tag{2-48}$$

图解积分法的步骤如下：

① 由平衡线和操作线求出若干个点（Y，$Y-Y_e$）；

② 在 Y_2 到 Y_1 范围内作 Y～1/（$Y-Y_e$）曲线；

③ 在 Y_2 与 Y_1 之间，Y～1/（$Y-Y_e$）曲线和横坐标所包围的面积为传质单元数，如图 2-28 所示的阴影部分面积。

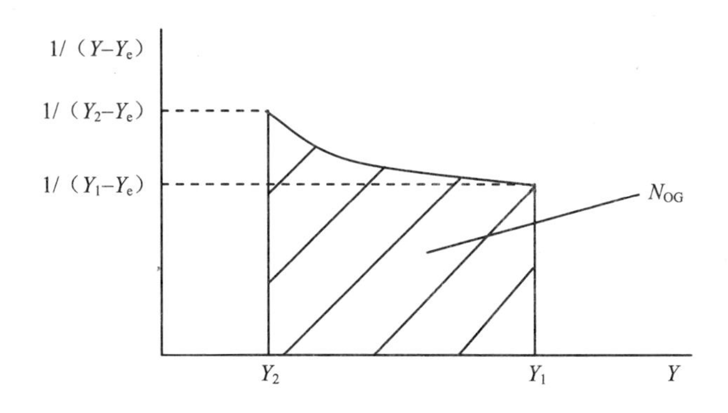

图 2-28　图解积分法

8．吸收塔塔径的计算

吸收塔塔径的计算可以仿照圆形管路直径的计算公式

$$D=\sqrt{\frac{4G}{\pi u}} \tag{2-49}$$

式中：D ——吸收塔的塔径，m；

G ——混合气体通过塔的实际流量，m^3/s；

u ——空塔气速，m/s。

在吸收过程中溶质不断进入液相，混合气量因溶质的吸收沿塔高减少。计算时气量通常取全塔中气量最大值，即以进塔气量为设计塔径的依据。

适宜的空塔气速与液泛气速相关。液泛气速的大小由吸收塔内气液比、气液两相物性及填料特性等方面决定，请参照第一章相关段节。

按式（2-49）计算出的塔径，还应根据国家压力容器公称直径的标准进行圆整。

9．气体出口浓度 Y_2 和吸收液进口浓度 X_2

溶质回收率或去除率定义为

$$\eta=\frac{\text{吸收溶质}A\text{的量}}{\text{原混合气体中溶质}A\text{的量}}$$

所以

$$Y_2=Y_1(1-\eta) \tag{2-50}$$

由物料平衡 $G_bY_1+L_sX_2=G_bY_2+L_sX_1$ 可得

$$Y_2=Y_1+\frac{L_s}{G_b}(X_2-X_1) \tag{2-51}$$

可见，塔顶气体出口浓度 Y_2 与液气比和液相浓度差有关，液气比越大，Y_2 越小；在工业吸收塔中，吸收剂通常是循环使用，因而吸收剂中溶质（污染物）浓度不为零，显然，溶质浓度越高，出口浓度越高。

另一方面，作为废气处理的吸收塔的塔顶气体浓度很低，属于低浓度气体，其气液平衡关系符合亨利定律，因此，液相中溶质浓度越高，气相中溶质浓度亦增高。从满足排放标准的角度考虑，末级吸收塔吸收剂应严格控制循环次数。

五、低浓度气体吸收计算

环境工程中所遇到的各类尾气吸收处理中，尾气的污染物浓度通常小于 1%，属于低浓度气体吸收。

低浓度气体吸收时，在其操作浓度范围内气液平衡关系符合亨利定律（Henry'Law），其气液平衡线为直线。

$$y_e=mx \tag{2-52}$$

式中：y、x —— 污染气体中溶质（污染物）在气相、液相中的摩尔分数；

m —— 以相平衡常数表达的亨利常数，无量纲。

表 2-16　一些气体水溶液的亨利常数　　单位：$\times 10^{-6}$ mmHg

气体	温度/℃							
	0	10	20	30	40	50	60	70
空气	32.8	41.7	50.4	58.6	66.1	71.9	76.5	79.8
CO	26.7	33.6	40.7	47.1	52.9	57.8	62.5	64.2
CH_4	17	22.6	28.5	34.1	39.5	43.9	47.6	50.6
NO	12.8	16.5	20.1	23.5	26.8	29.6	31.8	33.2
C_2H_6	9.55	14.4	20	26	32.2	37.9	42.9	47.4
C_2H_4	4.19	5.84	7.74	9.62	—	—	—	—
CO_2	0.553	0.792	1.08	1.41	1.77	2.16	2.59	—
C_2H_2	0.55	0.73	0.92	1.11	—	—	—	—
Cl_2	0.204	0.297	0.402	0.502	0.6	0.677	0.731	0.745
H_2S	0.203	0.278	0.367	0.463	0.566	0.672	0.782	0.905
SO_2	0.012 5	0.018 4	0.026 6	0.036 4	0.049 5	0.065 3	0.083 9	0.104
HCl	0.001 85	0.001 97	0.002 09	0.002 2	0.002 27	0.002 29	0.002 24	—
NH_3	0.001 56	0.001 8	0.002 08	0.002 41	—	—	—	—

表 2-17　一些物料的平衡常数

	平衡关系	备注
NH_3-H_2O	Y_e=0.75 X	温度 20℃
丙酮-水	H（亨利常数）＝177 kN/m^2	
CO_2-H_2O	H＝164 MN/m^2	温度 25℃
SO_2- H_2O	K_Ga=5×10^{-4} kmol/（m^3·s） K_La=5×10^{-2} kmol/（m^3·s）	温度 30℃，100 kN/m^2
甲醇-水	H＝0.5 kNm/kmol K_Ga=0.041 kmol/（m^3·s）	温度 300K

Perry R.H.，Chemical Engineers'Hand book。

表 2-18　30℃时 SO_2 水溶液气液平衡关系

x	0.000 056	0.000 138	0.000 28	0.000 42	0.000 56	0.000 84	0.001 38	0.002 8
y_e	0.000 8	0.002 2	0.006 2	0.010 6	0.015 6	0.026	0.047 4	0.104

表 2-19　20℃时氨水溶液气液平衡关系（已考虑氨吸收时温度的变化）

x	0.01	0.02	0.03	0.04	0.05	0.06	0.07	0.08	0.09
y_e	0.01	0.025	0.045	0.08	0.12	0.17	0.23	0.32	0.42

注：x 溶液中溶质的摩尔分率。

y_e 混合气体中溶质的平衡摩尔分率。

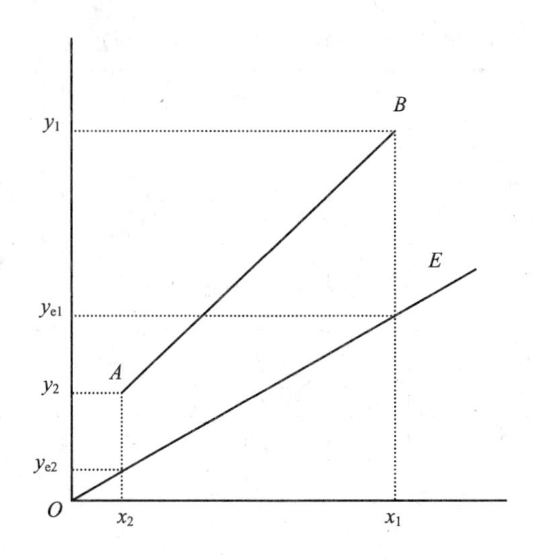

图 2-29 低浓度气体时的操作线

若气、液相浓度都很低，平衡关系符合亨利定律，可直接用下式计算最小液气比：

$$\left(\frac{L}{G}\right)_{\min}=\frac{y_1-y_2}{y_1/m-x_2} \tag{2-53}$$

式中：m ——以相平衡常数表达的亨利常数。

低浓度气体吸收时，传质单元数的计算方法有平均推动力法和吸收因数法。

（1）平均推动力法（average impetus process）

根据填料层高度 Z 的定义，有

$$Z=H_{\mathrm{OG}}\times N_{\mathrm{OG}}=\frac{G}{K_y a}\left(\frac{y_1-y_2}{\Delta y_m}\right) \tag{2-54}$$

式中：G ——混合气体通过塔截面的摩尔流速，kmol/（m^2 • s）；

K_ya ——气相总体积传质系数，kmol/（m^3 • s）；

y_1、y_2 ——进出口混合气体中污染物的摩尔分率；

Δy_m ——全塔平均推动力。

$$\Delta y_m=\frac{\Delta y_1-\Delta y_2}{\ln\dfrac{\Delta y_1}{\Delta y_2}} \tag{2-55}$$

式中：$\Delta y_1=y_1-y_{e1}$，$\Delta y_2=y_2-y_{e2}$。

（2）吸收因数法（absorption factor process）

在塔的任一截面与稀端间作物料平衡，整理并令：

$$\frac{1}{A}=\frac{mG}{L} \tag{2-56}$$

式中：L ——吸收液通过塔截面的摩尔流速，kmol/（m^2·s）；

x_2 ——进口吸收液摩尔分率；

m ——以相平衡常数表达的亨利常数。

可得：

$$N_{OG}=\frac{1}{1-\frac{1}{A}}\ln\left[\left(1-\frac{1}{A}\right)\left(\frac{y_1-mx_2}{y_2-mx_2}\right)+\frac{1}{A}\right] \tag{2-57}$$

（3）（y_1-mx_2）/（y_2-mx_2）的意义

吸收液为纯溶剂时 x_2 为零，通常情况亦极小，故一般：

$$(y_1-mx_2)/(y_2-mx_2)=y_1/y_2 \tag{2-58}$$

等于进出口浓度比值，因此，（y_1-mx_2）/（y_2-mx_2）值越大，吸收越完全。

（4）（mG/L）及（$1/A$）的意义

（mG/L）代表平衡线斜率与操作线斜率之比。

（mG/L）越大，N_{OG} 越大，即所需的填料层越高，说明（mG/L）越大，越不利于吸收而有利于解吸；因此，（mG/L）以（$1/A$）表示称为解吸因数，A 则称为吸收因数。

六、化学吸收

化学吸收时，溶质进入吸收剂后因化学反应而消耗掉，单位体积吸收剂能够容纳的溶质量增多，溶质的平衡分压降低，因此，吸收推动力增大，设备体积可缩小；如果该化学反应进行的很快，以至在气液界面便把溶入的气体消耗干净，则溶质在液膜内扩散需要克服的阻力便大为降低，使总传质系数增大，吸收速率提高；吸收操作时，填料表面会形成一滞流层，该层中液体停滞不动或流动很慢，在物理吸收时这些液体往往被溶质所饱和而不能进行再吸收，但进行化学吸收时则要吸收更多的溶质才能达到饱和，即同样的填料湿表面化学吸收比物理吸收效率高。即填料塔在相同的气液流动条件下操作时化学吸收的有效接触面积要大于物理吸收。

在化学吸收过程中，溶质先从气相扩散到气液界面，扩散的机理与物理吸收相同，因此，气相传质系数相同，溶质到达界面后才能与吸收剂中的反应组分进行化学反应，反应组分必须从液相主体扩散到界面或界面附近才能够与溶质相遇。两者在哪一位置上进行反应，取决于反应速率与扩散速率的相对大小，反应进行越快，溶质消耗就越快，则溶质抵达气液界面后不必扩散很远，便会消耗干净，反之，反应进行很慢，则溶质也可能扩散到液相主体时仍有大部分未能参加反应。

综上所述，影响化学吸收速率的因素，不仅包括与物理吸收相同的物性与流动状况等因素，而且还包括化学反应速率常数、参与反应的物质浓度等与化学反应速率有关的因素。因此，可以用纯物理吸收液相传质系数 k_L 的倍数来表示化学反应相传质系数，该倍数称为增强因子（enhanced factor）或反应因数，就是与相同条件下的物理吸收比较，由化学吸收而使传质系数增加的倍数。增强因子 ϕ 定义为：

$$\phi=\frac{k_L}{k_L'} \tag{2-59}$$

$$N_A=k_L'(c_{Ai}-c_{AL})=\phi k_L(c_{Ai}-c_{AL})$$

式中：ϕ ——增强因子；

k_L ——化学吸收的液相传质系数，m/s；

k_L'——物理吸收的传质速率系数，m/s；

N_A ——组分 A 的吸收速率，kmol/（m^2·s)；

c_{Ai} ——气液界面上溶质气体的浓度，kmol/m^3；

c_{AL} ——液相中溶质气体的浓度，kmol/m^3。

用气相总传质系数表示的化学吸收速率方程：

$$N_{Aa}=\frac{1}{\dfrac{1}{k_{Ga}}+\dfrac{m_A}{\phi k_L' a}}P(y_A-y_A^*) \tag{2-60}$$

所以

$$K_G a=\frac{1}{\dfrac{1}{k_G a}+\dfrac{m_A}{\phi k_L' a}} \tag{2-61}$$

物理吸收的气相传质总系数为

$$K_G' a=\frac{1}{\dfrac{1}{k_G a}+\dfrac{m_A}{k_L' a}} \tag{2-62}$$

比较上两式，可得

$$K_G a=\frac{1+B}{1+\dfrac{B}{\phi}}K_G' a \tag{2-63}$$

式中：$B=\dfrac{k_G m_A}{k_L'}$；

k_G ——气相分传质系数，kmol/（m^2·s·kPa)；

k_G'——物理吸收时的液相分传质系数，m/s；

m_A ——组分 A 的亨利常数，kPa·m^3/kmol；

a ——单位体积填料的传质表面积，m^2/m^3；

K_G ——化学吸收的气相总传质系数，kmol/（m^3·s·kPa)；

K_G'—— 物理吸收的气相总传质系数，kmol/（m^3·s·kPa)。

根据填料层高度 Z 的表达式，以化学吸收速率替代气相总体积传质系数（$K_y a$)，即有

$$N_A aS\mathrm{d}Z=\frac{1+B}{1+\dfrac{B}{\phi}}K_G' aP\left(y_A-y_A^*\right)S\mathrm{d}Z \tag{2-64}$$

积分得

$$Z=\frac{G}{K_G' aP}\int_{y_2}^{y_1}\frac{\mathrm{d}y_A}{(1-y_A)^2(y_A-y_A^*)(1+B)/(1+B/\phi)} \tag{2-65}$$

式中：Z——填料层高度，m；

P——填料总压降，kPa；

y_1、y_2——分别为吸收塔气体进、出口的气相摩尔分数。

根据物理吸收时填料层高度的表达式，有

$$Z = H_{OG} \cdot N_{OG}$$

$$H_{OG} = \frac{G}{K'_G ap}$$

$$N_{OG} = \int_{y_2}^{y_1} \frac{dy_A}{(1-y_A)^2(y_A - y_A^*)(1+B)\ /\ (1+B/\phi)}$$

即，化学吸收时，传质单元高度 H_{OG} 与物理吸收时相同，而传质单元数 N_{OG} 为 k_G、k_L' 和 ϕ 的函数。

一般情况下，化学吸收的热效应较物理吸收大，还需通过热量衡算来确定合适的热交换方式，以保证过程在适宜的条件下进行。

表 2-20　某些化学吸收的 $K_ya(1-y)_m$ 值

气相溶质	液相中反应物	$K_ya(1-y)_m$（kmol/m^3·s）	条件
HCl	H_2O	9.81×10^{-2}	气相阻力控制
NH_3	H_2O	9.36×10^{-2}	气相阻力控制
Cl_2	NaOH	7.56×10^{-2}	8%溶液
SO_2	Na_2CO_3	6.22×10^{-2}	11%溶液
HF	H_2O	4.22×10^{-2}	—
Br_2	NaOH	3.64×10^{-2}	5%溶液
HCN	H_2O	3.17×10^{-2}	—
H_2S	NaOH	2.67×10^{-2}	4%溶液
SO_2	H_2O	1.64×10^{-2}	—
CO_2	NaOH	1.06×10^{-2}	4%溶液
Cl_2	H_2O	2.22×10^{-3}	液相阻力控制

七、吸收塔理论级数的计算

吸收过程可以在填料塔中进行，也可在板式塔中进行，这两类塔的有效高度均可用多级逆流理论级模型来计算，如图所示，其理论级数需用物料衡算和气液平衡方程来计算，常用的方法有以下两种：

（1）图解法

所谓理论级，是指若气液两相在一级上经气液传质后，离开该级两相达到平衡，则该级为理论级。

有 N 个理论级的吸收塔的各级组成表示见图 2-30，在塔顶与塔内任意截面间对溶质作物料衡算，得操作线方程：

该操作线在 Y-X 图上为一直线：

$$Y = \frac{L_S}{V_B}X + (Y_1 - \frac{L_S}{V_B}X_0) \quad (2\text{-}66)$$

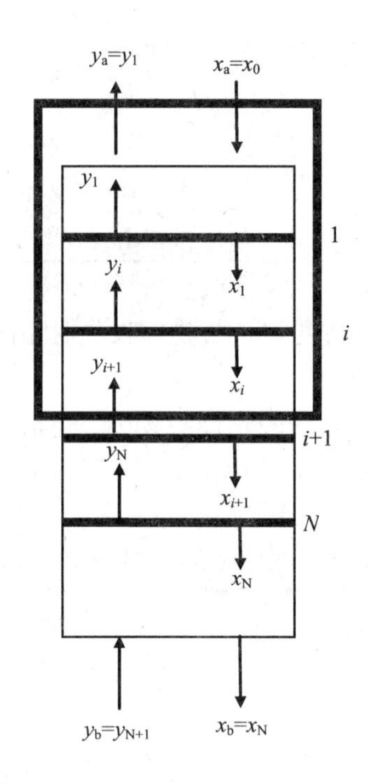

图 2-30　有 N 个理论级的吸收塔的各级组成

图解法求理论级数步骤如下：

① 在 X-Y 坐标中绘出平衡线与操作线。

② 从操作线端点 A（X_0，Y_1）出发，作水平线与平衡线相交，过交点作垂线交于操作线点（X_1，Y_2），得一梯级，再过该点作水平线交于操作线点（X_2，Y_3），又得一梯级，如此在平衡线与操作线间画梯级，直到达到或超过 Y_{N+1} 为止。

③ 梯级总数为完成指定分离任务所需的理论板数。

图解法求理论级数不受任何条件限制，平衡线可为直线或曲线，可以是低浓度吸收或高浓度吸收，也可用于解吸过程理论板级的计算。

（2）解析法

当平衡线为直线，平衡关系符合亨利定律 $Y_e = mX$，根据平衡关系和操作关系进行逐级迭代运算，经整理得到克列姆塞尔（Kremser）方程：

$$N=\frac{1}{\ln A}\ln\left[\left(1-\frac{1}{A}\right)\frac{Y_1-mX_2}{Y_2-mX_2}+\frac{1}{A}\right]\qquad (A\neq 1)$$

$$N=\frac{Y_1-Y_2}{Y_2-mX_2}\qquad (A=1)\qquad\qquad (2\text{-}67)$$

式中：A——吸收因数，$A=\dfrac{L}{mG}$

（3）理论级数 N 与传质单元数 N_{OG} 的关系

比较式（2-57）和式（2-67），可以得出：

$$\frac{N}{N_{OG}}=\frac{1-\dfrac{1}{A}}{\ln A}=\frac{\dfrac{1}{A}-1}{\ln\dfrac{1}{A}} \tag{2-68}$$

八、吸收液的处理

采用吸收法处理废气时，其吸收液的处理处置是必须考虑的问题。根据吸收液的成分，常用方法见表 2-21。

表 2-21　常用吸收液的处理方法

序号	方法	原理	特点
1	解吸	采用加热、吹脱等方法将溶解在液体中的吸收质释放出来，后经再吸收、冷凝等方法回收吸收质	不改变吸收液性质，吸收液可循环利用；再吸收、冷凝时吸收质被浓缩
2	浓缩结晶	采用加热增浓吸收液使吸收质饱和后析出	吸收质在吸收剂中的溶解度较小时，吸收液经浓缩结晶吸收质饱和析晶，与其他成分分离而回收，析出母液需经再处理
3	吸收液直接利用	经物理吸收或化学吸收后吸收剂成某种溶液	废气中可吸收组分较为单纯时采用较适宜
4	焚烧	吸收液无利用价值时，焚烧使其无害化	如具有一定的热值可回收热能

第九节　冷　凝

一、原理

气态物质在不同温度及压力下具有不同的饱和蒸汽压（saturated vapor pressure），在降低温度或加大压力时，某些气态物质凝结。冷凝法处理有机物废气是指利用气态物质的这一特性，用水或其他介质作冷却剂直接冷却、冷凝、凝固、凝华废气中有机物蒸汽、升华物等，达到回收或净化的目的。

冷凝法可用于高浓度有机废气处理，特别是组分单一的废气；或作为燃烧与吸附净化的预处理，减轻后续净化装置的负荷；还可用于处理含有大量水蒸气的高温废气。

对应于混合气体中某物质的饱和蒸汽压下的温度，就是该混合气体的露点 t_d（dew point），即在一定压力下，某气体物质开始出现第一个液滴时的温度。混合气体中某物质必须在露点温度以下，才能冷凝下来。

在温度一定的情况下，开始从液相中分离出第一批气泡的压力；或在恒压下加热液体，出现第一个气泡时的温度，称为泡点 t_b（bubbling point）。泡点随液相组成而变化，对于纯物质，泡点就是某一压力下的沸点。

冷凝温度通常在露点和泡点之间，冷却温度越接近某物质的泡点，某物质被冷凝量越大，蒸汽压越低，净化程度越高。

表 2-22　一些有机液体的蒸发潜热　　单位：kcal/kg

名称	在大气压下的沸点/℃	温度/℃				
		0	20	60	100	140
氨	−33	302	284	—	—	—
苯胺	184	—	—	—	—	104（在 184℃）
丙酮	56.5	135	132	124	113	—
苯	80	107	104	97.5	90.5	82.6
丁醇	117	168	164	156	146	134
二氧化碳	−78	56.1	37.1	—	—	—
甲醇	65	286	280	265	242	213
硝基苯	211	—	—	—	—	79.2（在 211℃）
丙醇	98	194	189	178	163	142
二硫化碳	46	89.4	87.6	82.2	75.5	67.4
甲苯	110	99	97.3	92.8	88	82.1
醋酸	118	—	—	—	97（在 118℃）	94.4
氯	−34	63.6	60.4	53	42.2	17
氯甲苯	132	89.7	88.2	84.6	80.7	76.5
氯仿	61	64.8	62.8	59.1	55.2	—
四氯化碳	77	52.1	51	48.2	44.3	40.1
乙酸甲酯	—	—	104.4	—	—	—
乙酸乙酯	77	102	98.2	92.1	84.9	75.7
乙酸丁酯	—	—	73.9	—	—	—
乙醇	78	220	218	210	194	170
乙醚	34.5	92.5	87.5	77.9	67.4	54.5
甲酸	100.7	—	120	—	—	—
邻二甲苯	—	—	65	—	—	—
二乙胺	—	—	91.02	—	—	—

一些物质的蒸发潜热不易查到，其正常沸点下的蒸发潜热可以用 Riedel 公式推算得到：

$$\Delta H = 1.093RT_c \frac{\frac{T_b}{T_c}(\ln P_c - 1)}{0.930 - \frac{T_b}{T_c}} \tag{2-69}$$

式中：ΔH ——该物质正常沸点下的蒸发潜热，cal/mol；

T_b ——该物质的正常沸点，K；

P_c ——该物质的临界压力，atm；

T_c ——该物质的临界温度，K；

R ——气体常数，1.987，cal/（mol·K）。

冷凝法处理有机废气的适用范围：

① 处理高浓度废气，特别是含有害物组分单纯的废气；

② 作为燃烧与吸附净化的预处理，特别是有害物含量较高时，可通过冷凝回收的方法减轻后续净化装置的操作负担；

③ 处理含有大量水蒸气的高温废气。

冷凝法特点：

① 冷凝净化法所需设备和操作条件比较简单，回收物质纯度高；

② 冷凝净化法对废气的净化程度受冷凝温度的限制，要求净化程度高或处理低浓度废气时，需要将废气冷却到很低的温度，经济上不合算。

二、工艺流程

冷凝法处理有机物废气流程见图 2-31。

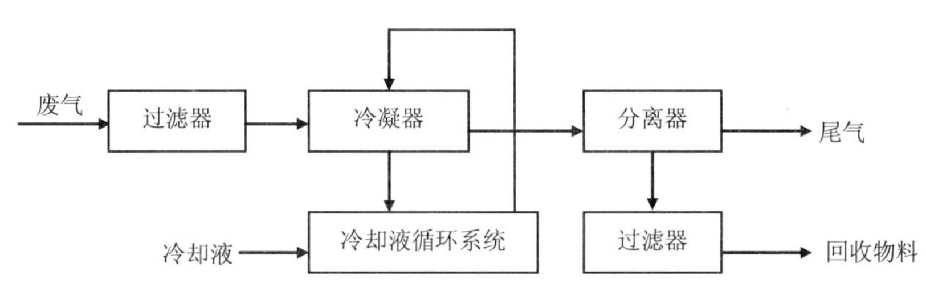

图 2-31　冷凝法流程

三、设计要点

冷凝处理工艺设计需注意：

① 冷凝净化法所需设备和操作条件比较简单，回收物质纯度高。但冷凝法对废气的净化程度受冷凝温度的限制，要求净化程度高或处理低浓度废气时，需要将废气冷却到很低的温度，经济上不合算。

② 不同沸点的物质采用冷凝法回收时回收率不同，在 50%～90%范围内；冷凝回收率与冷凝温度、冷凝时间、压力有关，通常冷凝时间需数分钟以上，否则即使冷凝温度较低也得不到高的冷凝回收率。实际上，最佳冷凝工艺参数应通过实验确定。

③ 由于冷凝回收率不高，因此，需注意处理后尾气中未凝结的物质是否超过排放标准。

④ 采用冷凝法时，进口管道中气体浓度较高，需注意有无达到爆炸极限范围，防止出现安全意外。

四、双组分气体冷凝工艺计算

1．kern 平衡计算法

双组分冷凝的计算，可以采用 kern 平衡计算法。

（1）确定露点、泡点和平衡常数 K_i

① 绘制 t-x-y 图

通常情况下，可将冷凝液视为理想溶液，即服从拉乌尔定律，有

$$x=\frac{P-P_{\mathrm{B}}^{*}}{P_{\mathrm{A}}^{*}-P_{\mathrm{B}}^{*}} \tag{2-70}$$

式中：P ——溶液上方蒸汽总压，kPa；

P_{A}^{*}、P_{B}^{*} ——组分 A、B 的饱和蒸汽压，kPa。

由此，可计算得温度与液相组成的关系，即标绘泡点线的数据。

环境工程中的冷凝通常在低压下进行，气相可视为理想气体，服从道尔顿分压定律，有

$$y=\frac{P_{\mathrm{A}}^{*}x}{P} \tag{2-71}$$

由于总压为一定值，按上式可算出标绘露点线的数据。

由以上两式，在组分 A、B 的沸点间，计算或查询不同温度下组分 A、B 的饱和蒸汽压，算得 x、y 值，绘制 t-x-y 图。

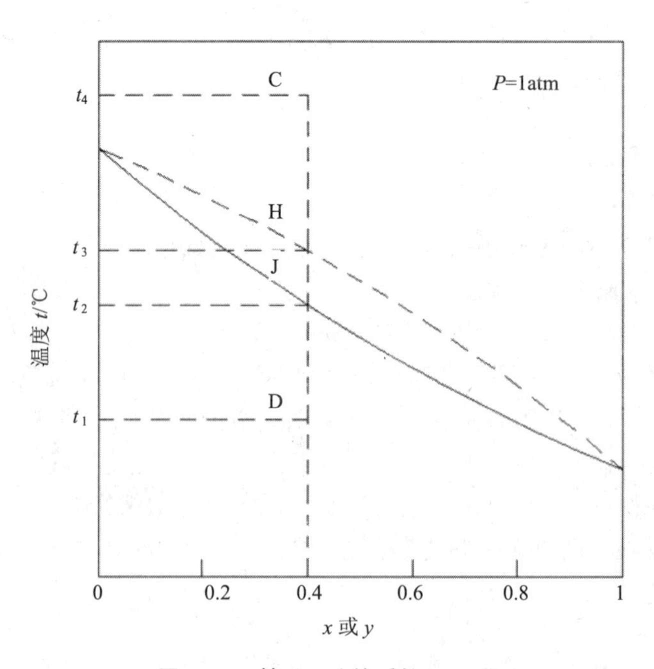

图 2-32 某双组分体系的 t-x-y 图

该图中，若将温度为 t_1、组成为 x（D 点）的溶液加热，当温度到达 t_2（J 点）时，溶液开始沸腾，产生第一个气泡；或温度为 t_4、组成为 y（C 点）的过热蒸汽冷却，当温度到达 t_3（H 点）时，混合气体开始冷凝，产生第一个液滴。

根据气相 A、B 组成，在 t-x-y 图找到对应的露点（H 点）和泡点（J 点）。

② 计算 K_i

对于压力小于 1MPa 的系统，可以视为理想溶液体系，令 $K_B = y_B / x_B$，根据道尔顿分压定律，有

$$K_{\mathrm{B}} = \frac{y_{\mathrm{B}}}{x_{\mathrm{B}}} = \frac{P_{\mathrm{B}}^*}{P_{\mathrm{B}}^* x_{\mathrm{B}} + P_{\mathrm{A}}^*(1 - x_{\mathrm{B}})} \tag{2-72}$$

式中：P_{B}^* ——组分 A、B 的饱和蒸气压，kPa；

x_{B}——表示相平衡时液相中组分 B 的摩尔分率；

y_{B}——表示相平衡时气相中组分 B 的摩尔分率。

根据确定的露点和泡点，依上式计算各组分在露点和泡点的 K_i。

（2）核算

① 核算露点时的 $\sum \frac{G_i}{K_i}$ 与 $\sum G_i$ 是否符合，误差应<1%。

$$\sum G_i = \sum \frac{G_i}{K_i} = G \tag{2-73}$$

式中：K_i ——组分 i 的平衡常数；

G_i ——气相中组分 i 的流量，kmol/h；

G ——冷凝前气相总流量，kmol/h。

② 核算泡点时的 $\sum K_i L_i (L_i = G_i)$ 与 $\sum L_i$ 是否符合，误差应<1%。

以 $L_i = G_i$ 进行核算。

$$\sum L_i = \sum K_i L_i (L_i = G_i) \tag{2-74}$$

根据核算结果，列出如表 2-23。

表 2-23　核算列表（1）

组分	y	G_i kmol/h	K_i ($T=t_{\mathrm{d}}$)	$\frac{G_i}{K_i}$	K_i ($T=t_{\mathrm{b}}$)	$K_i L_i$
A						
B						
Σ						

（3）假定冷凝后的气/液比

可根据经验或实验数据，估计一个冷凝后的气液比（G/L）$_j$。

（4）计算冷凝液量$\sum L_i$

按给定冷凝温度下的K_i值，计算冷凝液量L：

$$L=\sum_{i=1}^{5}L_i=\sum_{i=1}^{5}\frac{y_i}{1+K_i(G/L)_j} \tag{2-75}$$

式中：L ——冷凝液量，kmol/h；

y_i ——组分i的摩尔分率，%；

$(G/L)_j$ ——假定的冷凝后气液比。

（5）计算剩余气相量G'，核实气/液比

剩余气相量G'为

$$G'=G-\sum L_i=\sum Y_i' \tag{2-76}$$

计算实际液气比G'/L。结果列表如表2-24。

计算值和假定的$(G/L)_j$很接近，计算可结束。

表2-24 核算列表（2）

组分	Y_i	K_1（冷凝温度下的）	$K_1\left(\frac{G}{L}\right)_j$	$1+K_1\left(\frac{G}{L}\right)_j$	L	G'/L
A						
B						
合计						

若计算的G'/L值和假定的$(G/L)_j$值相差较大时，可重新假定$(G/L)_j$值，再进行如上的计算，直到满足为止。

表2-25 核算列表（3）

组分	原温度下的气相量	冷凝温度	
	Y_i	Y_i'	L_i
A			
B			
合计			

总剩余量G'即为不凝气量，由冷凝温度下的各组分的剩余气相量Y_i'和总剩余量G'，即可计算不凝气中某组分的浓度。

2. 物质在不同温度下蒸汽压

物质不同温度下的饱和蒸汽压可以用克劳修斯-克拉贝龙（Clausius-Claperon）方程计算：

$$\frac{d\ln P}{d\left(\frac{1}{T}\right)}=-\frac{H(v)}{R\times Z(v)} \tag{2-77}$$

式中：P ——蒸汽压；

$H(v)$ ——蒸发潜热；

$Z(v)$ ——饱和蒸汽压缩因子与饱和液体压缩因子之差。

对 Clausius-Clapeyron 方程进一步改进，得到安托因（Antoine）方程：

$$\log P = A-\frac{B}{t+C} \tag{2-78}$$

式中：P ——物质的蒸汽压，mmHg；

t ——摄氏温度，℃；

A，B，C ——Antoine 常数，在 1.333～199.98 kPa 范围内误差不大，表 2-26 中给出了采用 Antoine 公式计算物质在不同温度下蒸汽压的常数 A、B、C。

公式（2-78）适用于大多数化合物；而对于另外一些只需常数 B 与 C 值的物质，则可采用（2-79）公式进行计算

$$\log P = -\frac{52.23B}{T}+C \tag{2-79}$$

式中：P ——物质的蒸汽压，mmHg；

T ——开氏温度，K。

表 2-26　不同物质的 A、B、C 常数

名 称	范围/℃	A	B	C	名 称	范围/℃	A	B	C
溴		6.832 98	113.0	228.0	二氧化碳		9.641 77	1 284.07	268.432
二硫化碳	−10～160	6.851 45	1 122.50	236.46	氯化氢	−127～−60	7.061 45	710.584	255.0
一氧化碳	−210～−160	6.240 20	230.274	260.0	二氧化氯	−59～11	公式（2）	27.26	7.893
氟化氢	−55～105	8.380 36	1 952.55	335.52	溴化氢	−120～−87	8.462 2	1 112.4	270
碘化氢	−97～−51	公式（2）	24.16	8.259	氯		6.867 73	821.107	240
二氧化硫		7.327 76	1 022.80	240.0	硫化氢	−110～83	公式（2）	20.69	7.880
氰化氢	−40～70	7.297 61	1 206.79	247.532	碘		7.263 04	1 697.87	204.0
过氧化氢	10～90	公式（2）	48.53	8.853	氪	−188.7～−169	公式（2）	10.065	7.177
氮	−210～−180	6.866 06	308.36	273.2	肼	−10～39	8.262 30	1 881.6	238.0
四氧化二氮	−100～−40	公式（2）	55.16	13.40	肼	39～250	7.773 06	1 620	218.0
五氧化二氮	−30～30	公式（2）	57.18	12.647	臭氧		6.726 02	566.95	260.0
磷化氢		6.701 01	643.72	256.0	氯甲烷	−47～−10	公式（2）	21.988	7.481
三氧化硫	24～48	公式（2）	43.45	10.022	三氯甲烷	−30～+150	6.903 28	1 163.03	227.4

名 称	范围/℃	A	B	C	名 称	范围/℃	A	B	C
甲硅烷	−160～112	公式（2）	12.69	6.996	二苯基甲烷	217～283	公式（2）	52.36	7.967
甲烷		6.611 84	339.93	266.00	氯溴甲烷	−10～155	6.927 76	1 165.59	220.0
乙烷		6.802 66	656.40	256.00	硝基甲烷	47～100	公式（2）	39.914	8.033
氯乙烷	65～70	6.802 70	949.62	230	正庚烷		6.902 40	1 268.115	216.900
溴乙烷	−50～130	6.892 85	1 083.8	231.7	正氯丙烷	0～50	公式（2）	28.894	7.593
环氧乙烷	−70～100	7.407 83	1 181.31	250.60	正丁烷		6.830 29	945.90	240.00
环戊烷		6.886 76	1 124.162	231.361	正戊烷		6.852 21	1 064.63	232.000
丙烷		6.829 73	813.20	248.00	正己烷		6.877 76	1 171.530	224.366
正辛烷	−20～40	7.372 00	1 587.81	230.07	苯乙烯		6.924 09	1 420.0	206
正壬烷	−10～60	7.264 30	1 607.12	217.54	丙烯		6.819 60	785.0	247.00
正癸烷	10～80	7.315 09	1 705.60	212.59	丁烯-1		6.842 90	926.10	240.00
正十一烷	15～100	7.368 5	1 803.90	208.32	2-甲基丙烯		6.841 34	923.200	240.00
乙烯		6.747 56	585.00	255.00	乙炔	−140～−82	公式（2）	21.914	8.933
氯乙烯	−11～50	6.497 12	783.4	230.0	甲醇	−20～140	7.878 63	1 473.11	230.0
苯甲醇	20～113	7.818 44	1 950.3	194.36	乙二醇	25～112	8.262 1	2 197.0	212.0
乙醇		8.044 94	1 554.3	222.65	乙醛	−75～−45	7.383 9	1 216.8	250
正丙醇		7.997 33	1 569.70	209.5	丙酮		7.024 47	1 161.0	224
正丁醇	75～117.5	公式（2）	46.774	9.136 2	二乙基酮		6.857 91	1 216.3	204
乙酐	100～140	公式（2）	45.585	8.688	苯甲酸	60～110	公式（2）	63.82	9.033
乙酸	0～36	7.803 07	1 651.2	225	甲酸乙酯	−30～+235	7.117 00	1 176.6	223.4
丙酸	0～60	7.715 53	1 690	210	醋酸甲酯		7.202 11	1 232.83	228.0
正丁酸	0～82	7.859 41	1 800.7	200	苯甲酸甲酯	25～100	7.431 2	1 871.5	213.9
噻吩	−10～180	6.959 26	1 246	221.35	甲酸甲酯		7.136 23	1 111.0	229.2
氨基甲酸乙酯		7.421 64	1 758.21	205.0	水杨酸甲酯	175～215	公式（2）	48.67	8.008
甲醚		6.736 69	791.184	230.0	乙醚		6.785 74	994.195	210.2
苯甲醚		6.989 26	1 453.6	200	甲胺	−93～−45	6.918 31	883.054	223.122
甲乙醚	0～25	公式（2）	26.262	7.769	乙胺	−70～−20	7.091 37	1 019.7	225.0
邻二氯苯		6.924 00	1 538.3	200	苯胺		7.241 79	1 675.3	200
乙苯		6.957 19	1 424.255	213.206	二苯胺	278～284	公式（2）	57.35	8.008
硝基苯	112～209	公式（2）	48.955	8.192	苯酚		7.136 17	1 518.1	175.0
甲苯		6.954 64	1 341.80	219.482	苯		6.905 65	1 211.033	220.790
邻硝基甲苯	50～225	公式（2）	48.114	7.972 8	氯苯	0～42	7.106 90	1 500.0	224.0
三硝基甲苯		3.867 3	1 259.41	160	乙腈		7.119 88	1 314.4	230
邻二甲苯		6.998 91	1 474.68	213.686	丙烯腈	−20～140	7.038 55	1 232.53	222.47
乙酰苯	30～100	公式（2）	55.117	9.135 2	萘		6.845 77	1 606.529	187.227
吗啉	0～44	7.718 13	1 745.8	235.0	呋喃	−35～90	6.975 33	1 010.851	227.740

当在较高压力（不超过数 MPa）时，实际气体与理想气体性质有较大差别，常采用范德华（van der Waals）方程式修正：

$$\left(P+\frac{an^2}{V^2}\right)(V-nb)=nRT \tag{2-80}$$

式中，a、b 为常数，一些气体的常数 a、b 见表 2-27。

表 2-27　一些气体的 van der Waals 常数 a、b

气体	a/（$Pa·m^6/mol^2$）	b/（$10^{-4}·m^3/mol$）	气体	a/（$Pa·m^6/mol^2$）	b/（$10^{-4}·m^3/mol$）
Ar	0.135 3	0.322	H_2S	0.451 9	0.437
Cl_2	0.657 6	0.562	NO	0.141 8	0.283
H_2	0.024 32	0.266	NH_3	0.424 6	0.373
N_2	0.136 8	0.386	CCl_4	1.978 8	1.268
O_2	0.137 8	0.318	CO	0.147 9	0.393
HCl	0.371 8	0.408	CO_2	0.365 8	0.428
HBr	0.451 9	0.443	CH_4	0.228 0	0.427
SO_2	0.686	0.568	C_6H_6	1.902 9	1.208

3．冷凝热量计算

冷凝法回收有机气体，通常采用间接冷凝，常用设备有列管冷凝器、螺旋板冷凝器等。螺旋板冷凝器传热系数较列管冷凝器高 1～3 倍，但不耐高压（小于 0.5MPa）。

蒸汽在间壁上的冷凝，分为膜状冷凝和滴状冷凝，前者能润湿壁面，并形成冷凝膜，成为主要热阻。后者冷凝液不能润湿壁面，无液膜热阻。当气速大于 10 m/s 时，以膜状冷凝起主要作用。

冷凝换热量的计算依据换热方程进行：

$$Q=kA\Delta t_m \tag{2-81}$$

式中：Q ——总换热量，kJ/h；

k ——传热系数，kJ/（m·h·℃）；

A ——换热面积，m^2；

Δt_m ——对数平均温度差，℃。

总热量 Q 包括气态物质 i 冷凝时放出的汽化热、混合气体温度降低的显热和冷凝液进一步冷却的显热。

第十节　解吸、吹脱及汽提

一、概述

将溶解在液体中的气体释放出来的过程称为解吸（desorption），在废气处理中常用于从吸收液中分离出被吸收溶质。如释放出的是蒸汽，又可称为提馏。解吸常用于吸收液中回收溶质，使吸收液中的溶质浓度由 X_1 降至 X_2。

实际操作中，常使吸收与解吸连接在一起工作，形成所谓吸收-解吸联合流程：解吸后的液体再送到吸收塔循环使用，在解吸过程中得到较纯的溶质，实现了原混合气各组分的吸收分离。故吸收-解吸流程才是一个完整的气体分离过程。

解吸过程是吸收的逆过程，是气体溶质从液相向气相转移的过程。其必要条件是气相溶质分压 p_A 或浓度 Y 小于液相中溶质的平衡分压 p_A^* 或平衡浓度 Y^*。即：$p_A < p_A^*$ 或 $Y < Y^*$。推动力是 $p_A^* - p_A$ 或 $Y^* - Y$。

1．解吸方法

解吸可通过以下几种方法实现：

（1）气提解吸

气提解吸法也称载气解吸法。其过程为吸收液从解吸塔顶喷淋而下，载气从解吸塔底靠压差自下而上与吸收液逆流接触，载气中不含溶质或含溶质量极少，故 $p_A < p_A^*$，溶质从液相向气相转移，最后气体溶质从塔顶带出。解吸过程的推动力为（$p_A^* - p_A$），推动力越大，解吸速率越快。使用载气解吸是指在解吸塔中引入与吸收液不平衡的气相。通常作为气提载气的气体有空气、氮气、二氧化碳、水蒸气等。根据工艺要求及分离过程的特点，可选用不同的载气。用空气作为载气时又称为吹脱；用水蒸气作为载气时又称为汽提或水蒸气蒸馏。

（2）减压解吸

将加压吸收得到的吸收液进行减压，因总压降低后气相中溶质分压 p_A 也相应降低，实现了 $p_A < p_A^*$ 的条件。解吸的程度取决于解吸操作的压力，如果是常压吸收，解吸只能在负压条件下进行。

（3）加热解吸

将吸收液加热时，减少溶质的溶解度，吸收液中溶质的平衡分压 p_A^* 提高，满足解吸条件 $p_A < p_A^*$，有利于溶质从溶剂中分离出来。

工业上很少单独使用一种方法解吸，通常是结合工艺条件和物系特点，联合使用上述解吸方法，如将吸收液通过换热器先加热，再送到低压塔中解吸，其解吸效果比单独使用一种更佳。但由于解吸过程的能耗较大，故吸收分离过程的能耗主要用于解吸过程。

2．吹脱

吹脱法（blow-off）用以脱除废水中的溶解气体和某些易挥发溶质。吹脱时，使废水与空气充分接触，使废水中的溶解气体和易挥发的溶质穿过气液界面，向气相扩散，从而达到脱除污染物的目的；若将解吸的污染物收集，可以将其回收或制取新产品。

让压缩空气与废水充分接触，使废水中溶解气体和易挥发的溶质穿过气液界面，向气相扩散，从而达到脱除污染物的方法。

吹脱曝气既可以脱除原存于废水中溶解气体，也可以脱除化学转化而形成的溶解气体。例如，废水中的硫化钠和氰化钠是固态盐在水中的溶解物，它们是无法用吹脱曝气法从废水中分离出来的。但是，硫化钠和氰化钠都是弱酸强碱盐，在酸性条件下，S^{2-} 和

CN^-能与H^+反应生成H_2S和HCN，用曝气吹脱，就可将污染物（S^{2-}、CN^-）以H_2S、HCN形式脱除。这种吹脱曝气称为转化吹脱法。

将空气通入水中，除了吹脱作用外，有时还伴随充氧和化学氧化作用。

吹脱的基本原理是气液相平衡和传质理论。废水通常属于稀溶液，其特性符合亨利定律，即在一定温度，当气液之间达到相平衡时，溶质气体在气相中的分压与该气体在液相中的浓度成正比。

$$P = mX \tag{2-82}$$

式中：P ——溶质气体在气相中的平衡分压，Pa；

X ——溶质气体在液相中的平衡浓度，摩尔分率；

m ——亨利系数，Pa。

3．汽提

汽提（steam stripping）亦称水蒸气蒸馏（steam distillation），是将水蒸气通入废水，使废水中难溶于水的挥发性物质扩散到气相或使其与水按一定比例扩散到气相中去，从而达到从废水中分离挥发性污染物的目的。

把水蒸气通入废水中，当水溶液的蒸汽压（等于挥发性物质的蒸汽压与水蒸气压的和）恰好超过外压力时，废水就开始沸腾。另一方面，当水蒸气以气泡状态穿过水层时，水和气泡表面之间形成了自由界面，液体就不断向气泡内蒸发扩散，当气泡上升到液面上时，就开始破裂而放出其中的挥发性物质，该过程中，数量极多的水蒸气气泡显著地扩大了蒸发面，加强了传质过程的进行。

汽提法的基本原理与吹脱法相同，只是所使用的介质不同，汽提是借助于水蒸气介质来实现的。

采用汽提法时，被分离的污染物应具备以下列条件：

① 难溶于水，如溶于水则蒸汽压显著下降，汽提量亦明显下降。例如丁酸比甲酸在水中的溶解度小，虽然纯甲酸的沸点（101℃）较丁酸的沸点（162℃）低得多，但丁酸比甲酸易被水蒸气蒸馏出来。

② 在沸腾下与水不起化学反应。

③ 在100℃左右，该化合物应具有一定的蒸汽压（一般不小于13.33 kPa，10 mmHg）。

汽提法适用于脱除工业废水中的 H_2S、HCN、NH_3、CS_2 及挥发性有机物如苯胺、酚类、硝基苯、醛类、有机酸、易升华固体等物质。

4．汽提法的应用领域

除在环境工程中用于除去废水中的难溶于水的挥发性有机污染物外，汽提常用于如下各种过程中。

（1）过热水蒸气汽提

利用汽提来分离物质时，要求此物质在100℃左右时的蒸汽压至少在1.33 kPa左右。如果蒸汽压在0.13～0.67 kPa（1～5 mmHg），则其在馏出液中的含量仅占1%，甚至更低。为了要使馏出液中的含量增高，就要想办法提高此物质的蒸汽压，可以采用过热水蒸气汽提。

采用过热水蒸气时，按过热水蒸气的温度计算待分离有机物的蒸汽压。例如在分离苯酚的硝化产物中，邻硝基苯酚可用水蒸气蒸馏出来，在蒸馏完邻位异构体以后，再提高蒸汽温度也可以蒸馏出对位产物。

（2）天然产物的分离和提取

天然植物香料、中草药的有效成分的提取和分离，中草药中的挥发油、一些小分子的生物碱（如麻黄碱、烟碱、槟榔碱等）和小分子酚类物质（如丹皮酚）等都可以应用水蒸气蒸馏法来提取等，均可采用汽提法进行。主要工艺方法有水中蒸馏、水上蒸馏和水气蒸馏等。

（3）分离异构体

很多有机合成反应形成的异构体，用一般的蒸馏、萃取分离都比较困难。可以利用异构体沸点差别，采用汽提法分离。

（4）回收反应溶剂

有些制备反应需要在高沸点的溶剂中进行，由于溶剂的沸点高，反应完成后用直接蒸馏法把产物与溶剂分离开比较麻烦，采用汽提法分离溶剂较方便。

（5）回收未反应的原料

一些有机化合物具有随水蒸气挥发的性质，反应后生成的新化合物没有挥发性或挥发性很小，可以采用汽提法回收未反应的原料或过量加入的原料。

（6）分离和提纯

在松脂加工过程中，把采集的松脂进行水蒸气蒸馏，可得到液态的松节油和固态的松香。传统的制备二茂铁的纯化过程是加酸、加水、静置、抽滤、洗涤、柱层析或重结晶，步骤多、耗时长；而用汽提法提纯，只需几十分钟就可以直接得到较纯的产品。

（7）水蒸气蒸馏反应

有些有机合成反应是在水蒸气蒸馏的条件下完成的，如脱磺酸基反应、重氮盐水解反应等，这种方法除了能完成官能团的转换外，同时还可以把反应产物从反应体系中分离出来。许多选择性保护芳香环位置的磺酸基在完成保护后，可再用水蒸气蒸馏的方法脱去磺酸基，同时把反应产物分离出来。如2,6-二氯苯胺、邻溴苯酚的制备。

重氮盐水解生成酚的反应也可以采取水蒸气蒸馏的方法来完成，如大红色基G（2-氨基-4-硝基甲苯）用亚硝酸重氮化后形成重氮盐，然后在水蒸气蒸馏的条件厂水解生成5-硝基邻甲酚。

对于某些制备反应，若产物易随水蒸气挥发，原料不挥发，而产物在反应体系中停留时间长会发生副反应，则可用水蒸气蒸馏的方式来完成，能够提高收率。例如苯甲醇的下脚料用稀硝酸氧化制备苯甲醛，采用水蒸气蒸馏的方法，把苯甲醛尽快地从反应体系中分离出来，防止进一步氧化形成苯甲酸，同时安装分馏柱进行水蒸气蒸馏，它的作用是把未氧化成苯甲醛的苯甲醇分离出来，回到反应体系，继续反应，提高了苯甲醛的收率。

二、工艺设计要点

1. 预处理

为了使解吸过程能顺利进行，往往需要对废水进行一定的预处理，主要目的是去除悬浮物、除油、调整酸度、调节温度和压力。

（1）澄清

废水中的各种悬浮物能引起传质设备阻塞，因此必须通过澄清处理将废水中的悬浮物浓度降低到一定水平。

（2）除油

废水中的油类污染物能包裹在液滴外面，从而严重影响传质过程。

（3）调整酸碱度

废水中污染物的存在形态与酸碱度有关。如废水中游离 H_2S 的浓度与 pH 值关系见表 2-28。pH 值愈低，游离的 H_2S 百分含量就愈高。如 pH≤5，理论上即可将其全部从废水中吹脱、汽提出来。

酸碱度调节后，常需经精密过滤（过滤精度≤5μ）去除 SS 后送吹脱、汽提塔。当废水中含有 Ca^{2+}时，应注意不能使用硫酸中和，以免加热时硫酸钙析出堵塞汽提塔塔件。

表 2-28 游离 H_2S 和 pH 值关系

pH 值	5	5.5	6	6.5	7	7.5	8	8.5	9	9.5	10
游离 H_2S/%	100	97	95	83	64	40	15	4	2	1	0

又如，水体中 NH_3 的浓度可用下式表示：

$$C_{NH_3}=\frac{C_{OH^-}\times C}{C_{OH^-}+K_b} \tag{2-83}$$

式中：C_{NH_3} ——氨的浓度，mol/L；

C_{OH^-} ——氢氧根浓度，mol/L；

C ——废水中 NH_3-N 总浓度，mol/L，$C=C_{NH_3}+C_{NH_4^+}$；

K_b ——氨的离解常数。

上式说明，废水中游离氨的浓度随废水中 NH_3-N 总浓度增加而增加，随 pH 和温度的增加而增加。

（4）加热

气体的溶解度随温度的升高而降低，欲获得高的解吸率，往往要给废水预加热。例如，常压下，二氧化硫在 20℃时溶解度为 11 g/100 g 水，而温度升至 50℃时，溶解度降至 4 g/100 g 水。又如氰化氢在 40℃以下使用冷凝法的脱除率极低，当高于 40℃时，脱除率随温度的升高而迅速增加。

（5）负压

根据亨利定律，欲脱除水中的溶解气体，有两种途径：在液面上气体压力不变的条件下，提高废水温度；在一定的温度条件下，尽量减少气体在液面上的压力。在实际工程中，往往一方面通过提高废水水温；另一方面通过不断供应新鲜空气并采用真空操作，以达到迅速脱除水中有害气体的目的。

2. 设计重点

（1）防止二次污染

采用吹脱法处理废水时最重要的问题是防止二次污染（secondary pollution）。吹脱过程中，污染物不断地由液相转入气相，当其逸出的浓度和速率超过排放标准时，便造成所谓的二次污染。因此，吹脱法逸出的气态污染物，可采用下列方法处理：当排放浓度和速率符合排放标准时，向大气排放；中等浓度的气态污染物，可以导入炉内燃烧；高浓度且组分单一时，可采用吸收法等回收利用。但采用这种方式时，需比较吸收所得吸收液中浓度与原废水，其浓度增大的倍数，即浓缩倍数过小时，无工程意义。

（2）防止吹脱气中有机物浓度达到爆炸极限

吹脱法是处理废水中易挥发物质的一种常用方法，但这些易挥发物质亦常具有易燃易爆特性，必须在工艺设计中予以充分注意，避免吹脱气中易燃易爆物质的浓度达到爆炸极限范围。

以某聚酯厂采用吹脱法预处理甲醛废水为例。乙醛性质：相对密度（空气=1）1.52，熔点–123.5℃，沸点 20.8℃，闪点–38℃，自燃点 175℃，蒸汽压 98.64 kPa/20℃，爆炸极限 4%～57%（体积）。

吹脱风机风量 Q_1=800 m^3/h，处理水量 Q_2=4 m^3/h，气水比=800/4=200。

吹脱前废水中乙醛浓度 C_1＝7 312 mg/L；吹脱后平均浓度 C_2＝686 mg/L，吹脱的乙醛量为：

$$W = Q_2 (C_1 - C_2) \times 10^{-3} = 4 \times (7\,312 - 686) \times 10^{-3} = 26.5 \text{ kg/h}$$

吹脱气中乙醛平均浓度为

$$C_w = W/Q_1 = 26.5/800 = 0.033 \text{ kg/m}^3 = 33 \text{ g/m}^3$$

换算为体积浓度为

$$C_v = [(C_w/M) \times 22.4]/1\,000 = [33/44 \times 22.4]/1\,000 = 1.68\%$$

从吹脱气中乙醛平均浓度看，未达到爆炸极限。但实际上，随操作条件和设备不同，吹脱气中乙醛的浓度不一定是恒定值，因此，应采取多点采样检测，绘制出在设计范围下的吹脱曲线，对工艺参数如气水比等进行调整，确保安全操作。

（3）能耗高

在常温下吹脱时，气液比较大，可以到数百至上千，造成吹脱风机能耗过高。因此，应当尽量采用调节酸碱度、加热、采用塔设备等措施，增大气液接触面积和时间，减少传质阻力，增大传质速率的目的。

三、解吸计算

1. 解吸平衡线与操作线

（1）解吸平衡线与操作线

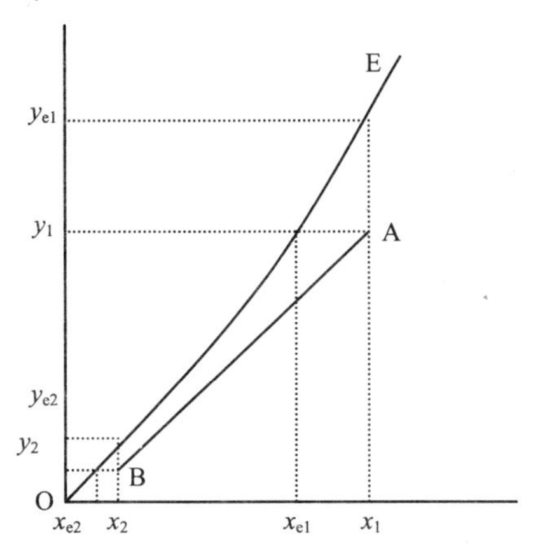

图 2-33　解吸操作线

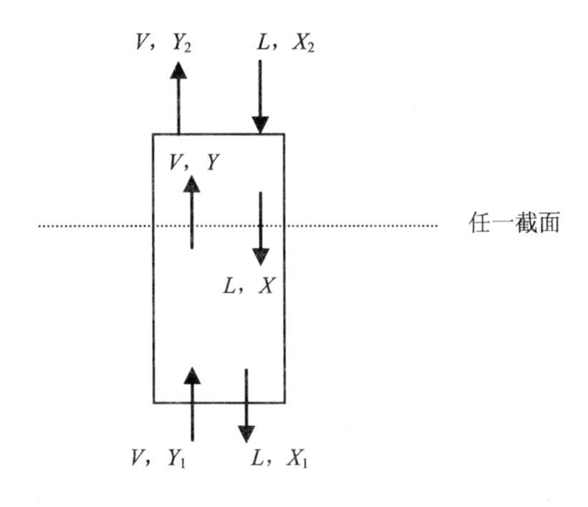

图 2-34　逆流解吸塔物料平衡图

当液相与载气在解吸塔中逆流接触如图 2-34 所示时，液相流量 L，液相进、出口组成 X_1、X_2 及载气进塔组成 Y_2（通常为惰性气体，$Y_2=0$）是设计条件，出口气体浓度 Y_1 则是根据实际气液比计算得出，需要计算的是载气流量 G 及填料层高度。

采用处理吸收操作线类似的方法，可得到解吸操作线方程

$$Y=\frac{L_s}{G_b}X+(Y_1-\frac{L_s}{G_b}X_1) \tag{2-84}$$

操作线在 X-Y 图上为一直线，斜率为 L/G，通过塔底 A′（X_2，Y_2）和塔顶 B′（X_1，Y_1）。

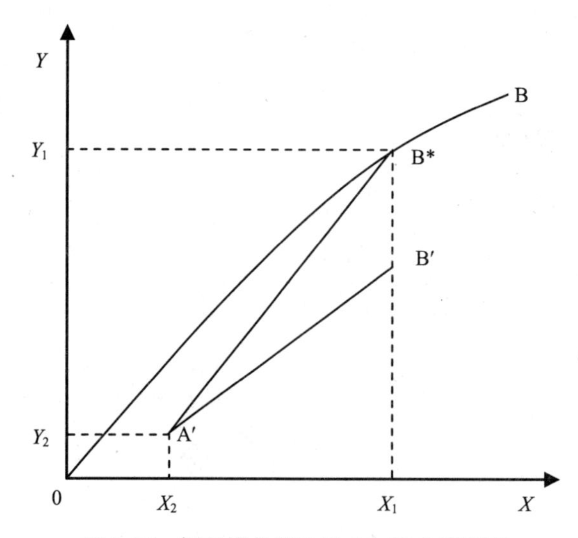

图 2-35 解吸操作线及最小气液比示意图

（2）最小气液比

当载气量 G 减少时，解吸操作线斜率增大，出口 Y_1 增大，操作线 A′B′向平衡线靠近。当解吸平衡线为非下凹线时，A′B′的极限位置为与平衡线相交于点 B^*，此时，对应的气液比为最小气液比：

$$\left(\frac{G_b}{L_s}\right)_{\min}=\frac{X_1-X_2}{Y_1^*-Y_2} \tag{2-85}$$

（3）最小气体用量

最小气液比对应的气体用量为最小用量，记作 $G_{b\min}$。

$$G_{b\min}=L_s\frac{X_1-X_2}{Y_1^*-Y_2} \tag{2-86}$$

当解吸平衡线为下凹线时，由塔底点 A′作平衡线的切线，见图 2-36，同样可以确定最小气液比。

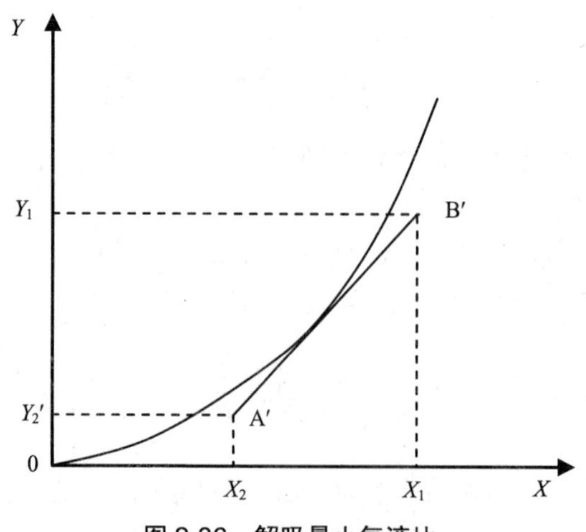

图 2-36 解吸最小气液比

实际气液比为最小气液比的 1.1～2.0 倍，即

$$\frac{G_b}{L_s}=(1.1\sim 2.0)\left(\frac{G_b}{L_s}\right)_{min} \tag{2-87}$$

实际载气流量

$$G_b=(1.1\sim 2.0)L_s\left(\frac{G_b}{L_s}\right)_{min} \tag{2-88}$$

（4）传质单元数法计算解吸填料层高度

当解吸的平衡线和操作线为直线时，可以用导出吸收塔填料层高度计算式同样的方法，得到解吸填料层高度计算式：

$$Z=N_{OL}\cdot H_{OL} \tag{2-89}$$

$$H_{OL}=\frac{L}{K_X a\Omega} \tag{2-90}$$

$$N_{OL}=\int_{X_1}^{X_2}\frac{dX}{X-X_e} \tag{2-91}$$

传质单元数可以采用平均推动力法

$$N_{OL}=\frac{X_2-X_1}{\dfrac{\Delta X_2-\Delta X_1}{\ln\dfrac{\Delta X_2}{\Delta X_1}}}=\frac{X_2-X_1}{\Delta X_m} \tag{2-92}$$

其中，

$$\Delta X_m=\frac{\Delta X_2-\Delta X_1}{\ln\dfrac{\Delta X_2}{\Delta X_1}}$$

$$\Delta X_1=X_1-X_{e1}，\quad \Delta X_2=X_2-X_{e2}$$

（5）传质单元数也可用吸收因数法计算

$$N_{OL}=\frac{1}{1-A}\ln\left[(1-A)\frac{X_2-X_{e1}}{X_1-X_{e1}}+A\right] \tag{2-93}$$

式中：$A=\dfrac{L}{mV}$——吸收因数。

2. 吹脱池工艺计算

吹脱池也叫曝气池。废水存放于池内，通过与空气的接触来脱除溶解气体。

（1）自然曝气池

依靠池面液体的曝气而脱除溶解气体。它适用于溶解气体极易解吸水温较高、风速较大、有开阔地段和不产生二次污染的情况下。另外，池子兼起贮水作用。计算可按式（2-94）

进行：

$$0.43\log\frac{C_1}{C_2}=D(\frac{\pi}{2h})^2t-0.207 \tag{2-94}$$

式中：t ——自然曝气时间，min；

C_1 ——气体在水中的初浓度，g/L；

C_2 ——经 t 分钟自然曝气后，气体在水中的剩余浓度，g/L；

h ——水层深度，mm；

D ——扩散系数，cm^2/min，某些气体的 D 值见表 2-29。

表 2-29 某些气体的 D 值（cm^2/min）

气体	扩散系数
氧	1.1×10^{-3}
硫化氢	8.6×10^{-4}
二氧化碳	9.2×10^{-4}
氯	7.6×10^{-4}

由上式可知，欲获得较低的 C_2 值，除延长自然曝气外，还应当尽量减小水层深度，或者增大表面积。

（2）强化式吹脱池

通常在池内鼓入压缩空气或在池面以上安装喷水管，以强化吹脱过程。这种池子可按下式计算：

$$\log\frac{C_1}{C_2}=0.43\beta t\frac{S}{V} \tag{2-95}$$

式中：C_1、C_2 ——初浓度、终浓度，单位同前；

S ——气液接触面积，m^2；

V ——废水体积，m^3；

β ——吹脱系数，其值与温度有关（见表 2-30）；

t ——吹脱时间，min。

表 2-30 某些气体的 β 值（25℃）

气体	β
硫化氢	0.07
二氧化硫	0.055
氨	0.015
二氧化碳	0.17，20℃时为 0.15，40℃时为 0.23
氧	1
氢	1

采用喷水方式时，喷头安装在高出水面 1.2～1.5 m 处。为了防止风吹损失，四周应加挡水板或百叶窗。喷水强度可采用 10～18 m^3/（$m^2\cdot h$）。

无论何种形式的吹脱池，只能用于处理低浓度挥发性气体，且需在其运行时确保厂界无组织排放废气不超标和无恶臭影响的前提下才可以采用。

四、汽提计算

1. 原理

如果两种液体物质彼此互相溶解的程度很小以至于可以忽略不计，就可以视为是不互溶混合物。

在含有几种不互溶的挥发性物质混合物中，每一组分 i 在一定温度下的分压 P_i 等于在同一温度下的该化合物单独存在时的蒸汽压 P_{i0}：

$$P_i = P_{i0} \tag{2-96}$$

即该混合物的每一组分是独立地蒸发的。这一性质与 Raoult 定律指明的互溶液体的混合物（即溶液）完全不同，互溶液体中每一组分的分压等于该化合物单独存在时的蒸汽压与它在溶液中的摩尔分数的乘积。

根据 Dalton 定律，与一种不互溶混合物液体对应的气相总压力 P 等于各组成气体分压的总和，所以不互溶的挥发性物质的混合物总蒸汽压如方程式所示：

$$P = P_A+P_B+\cdots+P_i \tag{2-97}$$

从上式可知任何温度下混合物的总蒸汽压总是大于任一组分的蒸汽压，当混合物中各组分的蒸汽压总和等于外界大气压时，混合物开始沸腾。这时的温度即为它们的沸点。

由此可见，在相同外压下，不互溶物质的混合物的沸点要比其中任一组分的沸点都要低。

因此，常压下应用汽提，能在低于 100℃的情况下将高沸点组分与水一起蒸出来。蒸馏时混合物的沸点保持不变，直到其中一组分几乎全部蒸出（因为总的蒸汽压与混合物中二者相对量无关）。

混合物蒸汽压中各气体分压之比（P_A，P_B）等于它们的物质的量之比。即

$$\frac{n_A}{n_B} = \frac{P_A}{P_B} \tag{2-98}$$

式中：n_A ——蒸汽中含有 A 的物质的量；

n_B ——蒸汽中含有 B 的物质的量。

而

$$n_A = \frac{m_A}{M_A} \tag{2-99}$$

$$n_B = \frac{m_B}{M_B} \tag{2-100}$$

式中：m_A、m_B ——A，B 在容器中蒸汽的质量；

M_A、M_B ——A，B 的摩尔质量。

因此

$$\frac{m_A}{m_B}=\frac{M_A n_A}{M_B n_B}=\frac{M_A P_A}{M_B P_B} \tag{2-101}$$

两种物质在馏出液中相对质量（也就是在蒸汽中的相对质量）与它们的蒸汽压和摩尔质量成正比。

即汽提冷凝液的组成由所蒸馏的化合物的分子量以及在此蒸馏温度时它们的相应蒸汽压决定。

通常有机化合物的摩尔质量远大于水，即使有机化合物在100℃时蒸汽压只有0.667 kPa，用汽提也可以获得较好的分离效果。

2. 基本工艺流程

废水预热至90℃以上后，由汽提塔的顶部淋下，与上升的蒸汽流相遇，在填料层中或塔板上进行传质、净化，废水由集水槽排走。水蒸气和分离组分的混合气体从塔顶排出，经冷凝分层回收（图2-37）。

由于水蒸气用量远小于废水量，因此汽提实际上起到浓缩的作用，其塔顶产物经冷却后可以分层，达到回收的作用。

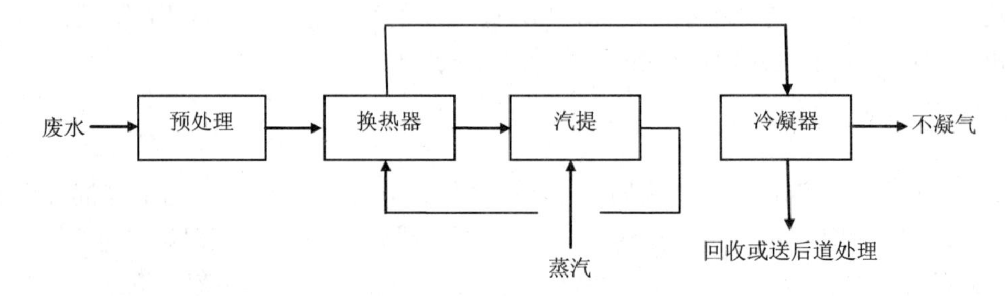

图2-37 典型常压汽提工艺流程

除上述常压汽提外，还可以采用减压汽提和加压汽提。

减压汽提来分离或提纯热敏性有机化合物，加压汽提则可适应于挥发性较小物质的提纯，如磷的回收和纯化。

3. 汽提蒸汽用量计算

工艺条件：废水流量Q_W、汽提前废水中组分B浓度C_1、组分B摩尔质量M_B；

工艺参数：常压汽提，$P_{水}+P_B=101.3$ kPa，设定汽提后废水中组分B浓度为C_2；

查得或计算得到汽提温度下组分B的蒸汽压P_B，计算单位废水耗蒸汽量V_0。

汽提法工艺计算，受限于下列条件：① 输入的蒸汽全部与汽提出的组分B一道进入冷凝器，废水量Q无变化；② 水与组分B完全不互溶；③ 废水中组分B的浓度较小，即属于稀溶液通常认为小于0.1 mol/L。

$$\frac{m_{水}}{m_B}=\frac{M_{水}P_{水}}{M_B P_B} \tag{2-102}$$

式中：$m_{水}$ ——汽提冷凝液中水的质量，kg；

m_B ——汽提冷凝液中组分B的质量，kg；

$M_{水}$ ——水的摩尔质量，$M_{水}$=18 kg/kmol；

M_B ——废水中组分 B 的摩尔质量，kg/kmol；

$P_{水}$ ——汽提温度下水的分压，kPa；

P_B ——汽提温度下废水中组分 B 的分压，kPa。

设 V_0 为单位废水耗蒸汽量，则有

$$V_0 = \frac{m_{水}}{Q_W} = \frac{M_{水} P_{水}}{M_B P_B} \frac{m_B}{Q_W} \tag{2-103}$$

$$m_B = Q_W (C_1 - C_2) \tag{2-104}$$

$$V_0 = \frac{M_{水} P_{水}}{M_B P_B} (C_1 - C_2) \tag{2-105}$$

式中：V_0 ——单位废水耗蒸汽量，kg/kg；

Q_W ——废水流量，kg/h；

$m_{水}$ ——汽提冷凝液中水的量，kg/h；

C_1、C_2——汽提前后废水中组分 B 的浓度，g/L。

实际上，在水中完全不溶的化合物是没有的，所以这种计算只是理论值，同时其他过程中有热损失和加热废水的蒸汽量，实际耗蒸汽量是理论值的 2～4 倍。

汽提通常都在封闭的塔设备中进行，可以采用填料塔和板式塔。

汽提法处理废水时，废水可视为稀溶液，符合亨利定律，查到待分离组分的亨利常数后，可直接计算塔参数。

4. 再生时冷凝器不凝气浓度

汽提塔所接冷凝器的不凝气有可能超标，需核算不凝气中污染物浓度。具体核算方法请参照“冷凝”一节。

第十一节　气态污染物的吸附

一、概述

对精细化工、涂料、油漆、塑料、橡胶等生产过程排出的含溶剂或有机物的废气，可用活性炭、吸附树脂、活性炭纤维、分子筛、其他化合物或某些天然物质等吸附剂吸附净化，例如氧化铝是一种很好的氟化氢气体吸收剂。吸附饱和后可经解吸回收物质，因此吸附法通常也用于废气中有一种或几种浓度较高有回收意义时的废气处理中。

吸附法（adsorption）可分为物理吸附和化学吸附，但主要是物理吸附。其中物理吸附依靠范德华力（Van der waales attraction）。

吸附法可以相当彻底地净化空气，即可进行深度净化，特别是对于低浓度废气的净化，比用其他方法显现出更大的优势；在不使用深冷、高压等手段下，可以有效地回收有价值的有机物组分。由于吸附剂对被吸附组分吸附容量的限制，吸附法最适于处理低浓度废气，

对污染物浓度高的废气一般不采用吸附法治理。

由于吸附剂对被吸附组分吸附容量的限制，吸附法最适于处理低浓度废气，对污染物浓度高的废气一般不采用吸附法治理。

二、吸附剂选择

常用的吸附剂有活性炭(active carbon，AC)、活性炭纤维(activated carbon fiber，ACF)、硅胶、分子筛等，目前应用最广泛的是活性炭，活性炭纤维作为一种新型吸附剂，比活性炭的吸附容量大、解吸快等优点，已在多方面显示了其优点。

吸附剂的选择（selective principle of industrial absorbent）应遵循下列原则：

① 具有大的比表面和孔隙率；

② 具有良好的选择性；

③ 吸附能力强，吸附容量大；

④ 易于再生；

⑤ 机械强度、化学稳定性、热稳定性等性能好，使用寿命长；

⑥ 廉价易得。

1. 活性炭

活性炭（active carbon，AC）可吸附的有机物较多，吸附容量较大，并在水蒸气存在下也可对混合气中的有机组分进行选择性吸附。通常活性炭对有机物的吸附效率随分子量的增大而提高。

活性炭可吸附的有机物较多，吸附容量较大；活性炭不易与极性分子相结合，在水蒸气存在下也可对混合气中的有机组分进行选择性吸附。通常活性炭对有机物的吸附效率随分子量的增大而提高。活性炭的物性参数见表 2-31。

表 2-31 活性炭物性参数

性质	粒状活性炭（GAC）	粉状活性炭
真密度/（g/cm^3）	2.0～2.2	1.9～2.2
粒密度/（g/cm^3）	0.6～1.0	
堆积密度/（g/cm^3）	0.35～0.6	0.15～0.6
孔隙率/%	33～45	45～75
细孔容积/（g/cm^3）	0.5～1.1	0.5～1.4
平均孔径/（Å）	1.2～4.0	1.5～4.0
比表面/（m^2/g）	700～1 500	700～1 600

正是由于活性炭吸附性能较佳，一些物质被活性炭吸附后难以再从活性炭中除去（见表 2-32），对于此类物质，不宜采用活性炭作为吸附剂，而应选用其他吸附材料。表 2-33 则是较适于用活性炭吸附的物质。

表 2-32 难以从活性炭中解吸的物质

丙烯酸	丙烯酸乙酯	谷朊醛	皮考啉
丙烯酸丁酯	2-乙基乙醇	异佛尔酮	丙酸
丁酸	丙烯酸二乙基脂	甲基乙基吡啶	二异氰酸甲苯酯
丁二胺	丙烯酸异丁酯	甲基丙烯酸甲酯	三亚乙基四胺
二乙酸三胺	丙烯酸异癸脂	苯酚	戊酸

表 2-33 适于用活性炭吸附的物质

汽油	燃料油	庚烷	氯苯
二乙醚	甲苯	全氯乙烯	三氯乙烯
二氯甲烷	芳族烃	脂族烃	碳卤化合物
冷冻剂（碳卤化合物）	二氯化乙烯	乙醇	醋酸乙酯
溴氯甲烷	醋酸戊酯	甲基氯仿	甲醇
醋酸丁酯	苯	乙烷	异丙酮
丁醇	酮类	大豆油	二甲苯
二氧化硫	干洗溶剂汽油	四氢呋喃	四氯化碳
矿油精	氟代烃		

2. 活性炭纤维

活性炭纤维（activated carbon fiber，ACF）是以有机聚合物或沥青为原料生产的，灰分低，其主要元素是碳，碳原子在活性炭纤维中以类石墨微晶的乱层堆叠形式存在，三维空间有序性较差，经活化后生成的孔隙中，90%以上为微孔，因此活性炭纤维的内表面积十分巨大。活性炭纤维具有较大的外表面积，而且大量微孔都开口在纤维表面，在吸附和解吸过程中，分子吸附的途径短，吸附质可以直接进入微孔。这为活性炭纤维的快速吸附和对低浓度吸附质的吸附提供了条件，即使对$\times 10^{-6}$ 数量级吸附质仍保持很高的吸附量。对活性炭需要经过由大孔、过渡孔构成的较长的吸附通道有一定优势。活性炭纤维孔隙结构另一个特点是孔径分布狭窄，孔径比较均匀，暴露在纤维表面的大部分是 20Å 左右的微孔，因此具有一定的选择性，解吸比活性炭易控制。活性炭纤维的表面含有一系列活性官能团，主要是含氧官能团，如羟基、羰基、羧基、内酯基等。有的活性炭纤维还含有胺基、亚胺基以及磺酸基等官能团。其含氧团的总量一般不超过 1.5 毫克当量/克，活性炭纤维表面官能团对吸附有明显的影响，如聚丙烯腈基活性炭纤维表面存在 N 官能团，所以它对含 N、S 化合物具有独特的吸附能力。

活性炭纤维对有机化合物蒸汽有较大的吸附量，对一些恶臭物质，如正丁基硫醇等吸附量比粒状活性炭大几倍甚至几十倍（见表 2-34）。对无机气体如 NO、NO_2、SO_2、、H_2S、NH_3、CO、CO_2 以及 HF、SiF_4 等也有很好的吸附能力。对水溶液中的无机化合物、染料、苯等有机化合物及贵重金属离子的吸附量也比粒状活性炭高，有的甚至高出 5～6 倍。对微生物及细菌也有良好的吸附能力，对大肠杆菌的吸附率可达 94%～99%。

脱附速度快。由于纤维较细，外表面容易被加热，所以脱附的速度也很快。

表 2-34　活性炭纤维与颗粒活性炭对平衡吸附量比较

被吸附物质	毡状活性炭纤维（质量比）/%	粒状活性炭（质量比）/%
丁基硫醇	4 300	117
二甲基硫	64	28
三 甲 胺	99	61
苯	49	35
甲苯	47	30
丙酮	41	30
三氯乙烯	135	54
苯乙烯	58	34
乙醛	52	13
四氯乙烯	87	70
甲醛	45	40
甲醇	40.3	20.5
乙醚	77.9	27.3
氯仿	88.9	35.8
氨	56.5	—
硫化氢	155.3	—
氯化氢	70	—
汽油	52.9	—

注：表中为 20℃饱和蒸汽压下的吸附量。

三、基本工艺流程

典型吸附及解吸流程（adsorption and desorption flowage）见图 2-38、图 2-39。

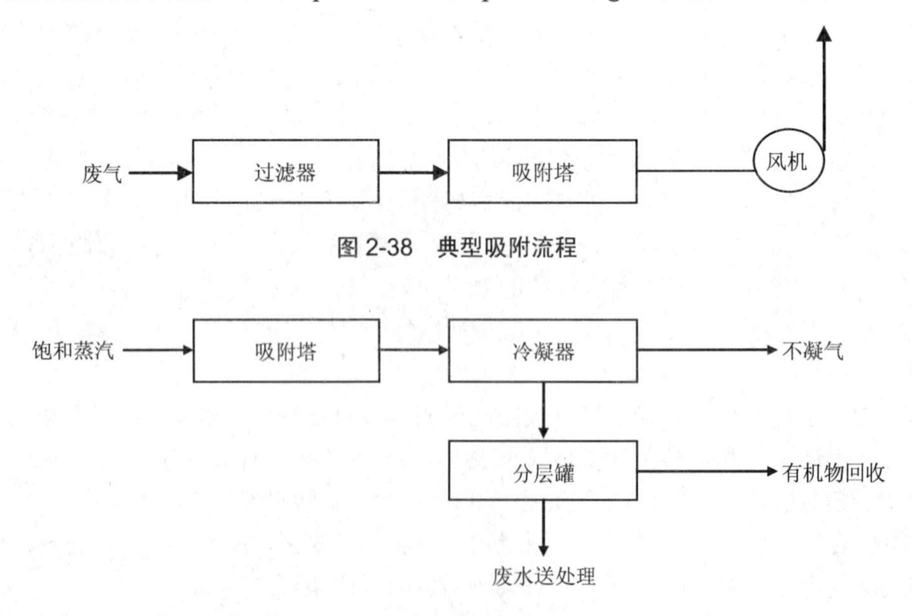

图 2-38　典型吸附流程

图 2-39　过热水蒸气解吸工艺流程

废气经冷却降温及过滤器除去固体颗粒物后，经风机进入吸附器，吸附后气体排空。两个并联操作的吸附器，当其中的一个吸附饱和时则将废气转通入另一个吸附器进行吸附，此时饱和吸附器中通入水蒸气再生。脱附气体进入冷凝器用冷水冷凝，冷凝液流入分层罐，经一段时间停留后分离出溶剂和水。

四、设计要点

1. 多组分混合气体的吸附

工业废气中常含有多种气态污染物，采用吸附法进行处理时，吸附现象会相当复杂，需注意其竞争吸附和吸附置换现象。

吸附材料对混合气体中各个组分的吸附是有差别的。一般来讲，化合物的被吸附性与其相对挥发性近似呈负相关，多组分废气通过吸附层时，在开始阶段各组分均等地吸附于吸附材料上。但是随着饱和蒸汽压较低组分在床内保留量的增加，相对挥发性大（饱和蒸汽压较高组分）的蒸汽开始重新汽化，即饱和蒸汽压较低组分开始置换饱和蒸汽压较高组分，并且每种组分都重复这种置换过程。

一些有机液体的相对挥发度见表 2-35。

吸附处理多组分气体时，会有以下现象：

① 分子量较大的有机化合物的吸附有取代低分子量有机化合物的趋势，即轻组分以较快的速率通过吸附床。因此，可实现轻组分与重组分的分离。另外，多组分蒸汽同时吸附加大了传质区高度，有可能需要增长吸附床长度。

② 吸附穿透点可能会提前。

③ 多组分有机物吸附时，对其中任一组分的平衡吸附量会小于单一物质时的最大平衡吸附量。

④ 混合物的爆炸下限将随各种单一组分爆炸下限变化。须注意操作安全问题。

表 2-35　一些有机液体的相对挥发度

物质名称	相对挥发度	物质名称	相对挥发度
乙醚	1.0	乙醇（94%）	8.3
二硫化碳	1.8	正丙醇	11.1
丙酮	2.1	醋酸异戊酯	13.0
乙酸甲酯	2.2	乙苯	13.5
氯仿	2.5	异丙醇	21.0
乙酸乙酯	2.9	异丁醇	24.0
四氯化碳	3.0	正丁醇	33.0
苯	3.0	二乙醇-甲醚	34.5
汽油	3.5	二乙醇-乙醚	43.0
三氯乙烯	3.8	戊醇	62.0
二氯乙烷	4.1	十氢化萘	94.0
甲苯	6.1	乙二醇-正丁醚	163.0
醋酸正丙酯	6.1	1,2,3,4-四氢化萘	190.0
甲醇	6.3	乙二醇	2 625

但实际上，多组分混合气体的吸附现象非常复杂，并不完全符合上述规律。例如在 6 种挥发性有机物在活性炭上的二元混合吸附体系中，强吸附质强弱顺序为，对二甲苯＞甲苯＞正丙醇＞乙酸乙酯，吸附性能最弱的是乙醇和乙酸甲酯。

对 6 种二元混合气体的实验表明：甲苯-对二甲苯二元混合吸附中，对二甲苯置换出甲苯；甲苯-乙酸乙酯中，甲苯置换出乙酸乙酯；乙醇-正丙醇中，正丙醇置换出乙醇；乙酸甲酯-乙酸乙酯中，乙酸乙酯置换出乙酸甲酯；甲苯-正丙醇和乙醇-乙酸乙酯二元混合吸附中，没有明显的置换作用。

表 2-36 活性炭对二元有机蒸汽体系的吸附

二元系统	类别	吸附性能比较（吸附量）/（mg/g）	置换	特征
对二甲苯-甲苯	烷基芳烃-芳烃	甲苯（312.92）＞对二甲苯（299.27）	对二甲苯-甲苯	取代芳烃置换芳烃
甲苯-乙酸乙酯	芳烃-酯	甲苯（312.92）＞乙酸乙酯（277.26）	甲苯-乙酸乙酯	
正丙醇-乙醇	同类	乙醇（277.90）＞正丙醇（263.96）	正丙醇-乙醇	碳原子数多的置换少的
乙酸乙酯-乙酸甲酯	同类	乙酸乙酯（277.26）＞乙酸甲酯（224.93）	乙酸乙酯-乙酸甲酯	碳原子数多的置换少的
甲苯-正丙醇	芳烃-醇	甲苯（312.92）≈正丙醇（263.96）	无	
乙醇-乙酸乙酯	醇-酯	乙醇（277.90）≈乙酸乙酯（277.26）	无	

在实际工程中，如果废气中存在多种气态污染物，应通过实验得到多种气态污染物共存时各气态污染物的穿透曲线和吸附等温线，确定在尾气各组分均不超标的前提下的吸附量，以此计算所需的吸附床层参数。

2. 最大平衡吸附量与尾气排放标准

实际工程中，通常不能让吸附材料达到最大平衡吸附量，当吸附单元达到此最大平衡吸附量时，出口浓度可能会超过排放标准，因此，当吸附单元位于废气处理装置的末端时，应当根据吸附等温线计算达到排放标准时的平衡吸附量，而不能单纯追求高吸附量而使排放浓度超标。

3. 热空气解吸的安全问题

采用热空气解吸工艺流程简单，但热空气解吸时应防止有机气体浓度达到爆炸极限出现燃爆风险。

4. 废吸附剂的处置

废吸附剂属于危险废物，其处置需按照相关规定进行。

五、穿透曲线法吸附柱工艺计算

穿透曲线法吸附柱工艺计算有如下假设：

① 气相中吸附质浓度较低；

② 等温操作，吸附等温线是线型或优惠型，即传质区以“恒定模式”通过床层；

③ 传质区高度远小于床层高度。

通常，气态污染物的吸附操作满足以上假设。

气态吸附质的穿透曲线计算法与液体吸附质的吸附计算方法相同，可参照本章第五节“离子交换与吸附”。

六、希洛夫方程法吸附柱工艺计算

希洛夫方程是一种简易计算法，只需在一定温度下采用微型柱测得不同床层高度的穿透时间，即可计算出在工程设计的穿透时间下的床层高度。

希洛夫方程基于如下假设：

① 吸附速率为无穷大，即吸附质一进入吸附层立即被吸附。因此，传质区高度为无限小，吸附在一个“传质面”上进行，而不在一个“传质区”上进行；

② 设定的穿透点的浓度很低，即达到穿透时间时，吸附剂床层全部达到饱和。因此饱和吸附量 X_e [kg（吸附质）/kg（吸附剂）]应等于吸附剂静平衡吸附量 X_T[kg（吸附质）/kg（吸附剂）]，饱和度 s=1。

这些假设符合吸附法处理废气中污染物的一般情况。

1. 希洛夫方程

根据上述两个假设，穿透时间内气流带入床层的吸附质的量应等于该时间内吸附剂床层所吸附的吸附质的量，其物料衡算式为：

$$G_s \tau_B A Y_0 = zA\rho_s X_T \tag{2-106}$$

式中：G_s ——混合气体空塔气速，kg/（$m^2 \cdot s$），设计值；

τ_B ——穿透时间，s；由实验得到；

A ——固定床横截面积，m^2；

Y_0 ——混合气体中吸附质的初始浓度，kg（吸附质）/kg（载体）；

z ——吸附剂床层高度，m；

ρ_s ——吸附剂颗粒的堆积密度，kg/m^3；

X_T ——与 Y_0 达吸附平衡时吸附剂的静平衡吸附量，kg（吸附质）/kg（载体）；由实验得到。

对一定的系统及操作条件，$X_T\rho_s$/（G_sY_0）为常数，并用 K 表示，由式（2-106）可得吸附床的穿透时间为：

$$\tau_B = \frac{X_T \rho_s}{G_s Y_0} = Kz \tag{2-107}$$

式（2-107）表明，对一定的吸附系统及操作条件，吸附床的穿透时间与吸附床高度呈线性关系，在τ_B-z 图上应是一条通过原点的直线，如图 2-40 中的直线 1，该直线的斜率即为 K。因而，只要测得 K 值。即可由床层高度 z 计算出穿透时间τ_B，或由需要的穿透时间τ_B计算出所需的床层高度。

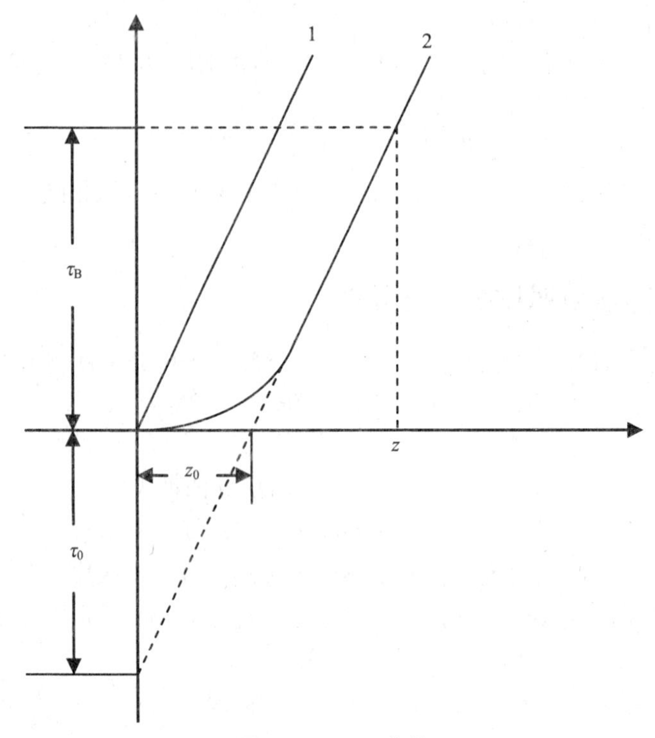

图 2-40 τ_B-z 曲线

实际上，吸附速率并不是无穷大的，存在的是“传质区”而不是“传质面”。穿透时传质区中尚有部分吸附剂未达到饱和，即饱和吸附量 X_e，小于静平衡吸附景 X_T。也就是说，实际的穿透时间要短于上述假设的理想穿透时间，即$\tau_B < Kz$。在τ_B-z 图上，实测的直线离开原点而平行于直线 1，如图 2-40 中的直线 2。直线 2 与τ轴相交于负端τ_0处，与 z 轴相交于 z_0 处。所以在实际设计中，可将式（2-107）修正为：

$$\tau_B = Kz - \tau_0 \tag{2-108}$$

或

$$\tau_B = K(z - z_0) \tag{2-109}$$

以上两式被称为希洛夫公式。

式中：τ_0 ——吸附操作的时间损失；

z_0 ——称为吸附床层的高度损失，τ_0 和 z_0 值均由实际确定。

2．希洛夫方程计算法步骤

（1）通过微型柱吸附实验筛选吸附剂

设置一定规格、装填有不同吸附剂的微型柱，以设定浓度、流量、温度的混合气体通过微型柱，测定出口浓度，做出穿透曲线，筛选吸附剂。

（2）实验确定最佳流速

以选定的吸附剂，以设定浓度、温度的混合气体通过微型柱，改变不同流速，测定出口浓度，做出穿透曲线，确定确定最佳流速。

（3）实验得到不同床层高度下的穿透时间

以选定的吸附剂，装填成不同床层高度，以相同浓度、流量、温度的混合气体通过微型柱，测定出口浓度，得到不同床层高度下的穿透时间τ_B。

（4）绘制τ_B-z图，图解求得K

以实验得到的穿透时间τ_B为纵坐标，床层高度z为横坐标，绘制τ_B-z图，拟合得到直线，求得直线斜率K和τ_0。

（5）计算工程所需床层高度

在给定的混合气体流量、浓度和选定吸附剂的条件下，以实验确定的最佳流速为空塔气速代入计算出的K和τ_0，用希洛夫方程计算所需的床层高度z。

（6）计算吸附柱直径和吸附剂量

七、计算床层压力降

固定床吸附装置的压力降可用下式近似计算：

$$\frac{\Delta p}{z}\times\frac{\varepsilon^3 d_p \rho}{(1-\varepsilon)}=\frac{150(1-\varepsilon)}{Re}+1.75 \qquad (2\text{-}110)$$

式中：Δp ——通过床层的压力降，Pa；

ε ——吸附床层孔隙率，%；

d_p ——吸附剂颗粒平均直径，m；

ρ ——气体密度，kg/m³；

Re ——气体绕吸附剂颗粒流动的雷诺数，$Re=d_pG_s/\mu$；

μ ——气体黏度，Pa·s。

八、吸附剂再生工艺

1. 常用吸附剂再生方法

吸附剂吸附物质后，其吸附能力将逐渐降低，为了保证吸附效率，对失去吸附能力的吸附剂应进行再生。吸附剂再生的常用方法见表2-37。

脱附周期应小于吸附周期，若脱附周期等于或大于吸附周期，则应采用多个吸附器并联操作。

溶剂回收部分经冷凝、静置后不溶于水的溶剂可与水分层，易于吸收。水溶性溶剂与水不能自然分层，需回收时可采用精馏的方法。对处理量小的水溶性溶剂也可与水一起掺入煤炭中送锅炉焚烧。

表 2-37 吸附剂再生方法

吸附剂再生方法	特点
热再生	使热气流（低压蒸汽或热空气）与床层接触直接加热床层，吸附质可解吸释放，吸附剂恢复吸附性能。不同吸附剂允许加热的温度不同
降压再生	再生时压力低于吸附操作时的压力，可对床层抽真空，使吸附质解吸出来，再生温度可与吸附温度相同
通气吹扫再生	向再生设备中通入无吸附性的吹扫气，降低吸附质在气相中分压，使其解吸出来。操作温度愈高，通气温度愈低，效果愈好
置换脱附再生	采用可吸附的吹扫气，置换床层中已被吸附的物质，吹扫气的吸附性愈强，床层解吸效果愈好，比较适用于对温度敏感的物质。为使吸附剂再生，还需对再吸附物进行解吸
化学再生	向床层通入某种物质使吸附质发生化学反应，生成不易被吸附物质而解吸下来
生物法	利用经过驯化培养的菌种处理失效的吸附剂，使吸附在其上的有机物降解
湿式氧化法	在高温高压的条件下，用氧气或空气作为氧化剂，将吸附剂上吸附的有机物氧化分解
电化学再生法	利用电解时产生的新生态 O、Cl 等强氧化剂，以及电极反应，使吸附的污染物分解，仅适用于可导电的活性炭
超声波再生法	在饱和的吸附剂进行超声波处理，使被吸附物质得到足以脱离吸附表面，重新回到溶液中去
超临界流体法	实质为超临界流体萃取法

2. 活性炭再生方法

活性炭再生的方法有：化学法、生物法、湿式氧化法、电化学法、超声波法、超临界流体法、热再生法、放电高温法、射频磁能量法等。从再生介质角度出发，也可以分为液相再生的化学法、生物法、湿式氧化法、电化学法、超声波法、超临界流体法和气相再生的热再生法、放电高温法等。

活性炭纤维的再生方法与活性炭类似。

（1）化学法

对于高浓度、低沸点的有机物吸附质，可以化学法再生。

化学再生药剂包括酸、碱及有机溶剂，有时可从再生液中回收有用的物质。化学法活性炭损耗较小，但再生不彻底，微孔易堵塞，影响吸附性能的恢复率，多次再生后吸附性能明显降低，化学药剂的二次污染难以解决，在实际工程中使用不多。

（2）生物法

利用经过驯化培养的菌种处理失效的活性炭，使吸附在活性炭上的有机物降解并氧化分解成 CO_2 和 H_2O，恢复其吸附性能。生物法投资和运行费用较低，但再生时间长，受水质和温度的影响很大，仅适用于吸附质为易被微生物分解的有机物的饱和炭。废水中总是含有生物难降解的有机物，即使采用这种方法，定期更换活性炭仍是必需的。

（3）湿式氧化法

这种方法是在高温高压的条件下，用氧气或空气作为氧化剂，将处于液相状态下活性炭上吸附的有机物氧化分解成小分子的一种再生方法，适宜处理毒性高、生物难降解的吸附质。再生工作温度 200～250℃，处理时间 1h，充氧压力 0.3～0.7MPa，再生效率 40%～

50%。但在再生过程中活性炭表面微孔的部分氧化，数次再生后，再生效率下降即达到3%以上，炭损亦较高，工艺设备复杂，操作要求高，其工程实用性不足。

（4）电化学再生法

电化学再生法是将活性炭填充在两个主电极之间，施加直流电场，利用电解时产生的新生态O、Cl等强氧化剂，以及活性炭阴极部位和阳极部位发生的还原和氧化反应，使吸附在活性炭上的污染物分解。电化学法存在金属电极腐蚀、钝化、絮凝物堵塞、耗电大等缺点，电解液的处理也成为难题。

（5）超声波再生法

活性炭超声波再生法在活性炭的吸附表面上施加能量，使被吸附物质得到足以脱离吸附表面，重新回到溶液中去。超声再生的最大特点是只在局部施加能量，而不需将大量的水溶液和活性炭加热，因而施加的能量很小。炭损耗仅为干燥质量的0.6%～0.8%，耗水为活性炭体积的10倍，但其只对物理吸附有效，再生效率仅为45%左右。

（6）超临界流体再生法

超临界流体再生法实际上是利用超临界流体萃取技术将吸附在活性炭上的吸附质萃取出，实现活性炭的再生。二氧化碳的临界温度较低（31℃），临界压力不高（7.2MPa），且无毒、不可燃、不污染环境，是超临界流体萃取技术应用中首选的萃取剂。但需进行实验，确定其预处理（酸洗等）、流速、温度、压力等条件。

（7）加热再生法

根据有机物在加热过程中分解脱附的温度不同，加热再生分为低温加热再生和高温加热再生。

◆ 低温加热再生法，常用于气体吸附的活性炭再生。对于吸附沸点较低的低分子碳氢化合物和芳香族有机物的饱和炭，一般用160～200℃过热蒸汽吹脱使炭再生。再生可在吸附塔内进行，脱附后的有机物蒸汽经冷凝、分层、精制后可回收利用。

◆ 高温加热再生法。在水处理中应用的活性炭，所吸附的多为热分解型和难脱附型有机物，通常采用850℃高温加热，使吸附在活性炭上的有机物经碳化、活化后达到再生目的，吸附恢复率高、再生效果稳定。因此，对用于水处理的活性炭的再生，普遍采用高温加热法，为防炭基质烧损，必须控制升温速度，再生全过程长达1～6 h，炭损7%～12%，能耗1.8～7kW·h/kgGAC。

加热再生一般需经过下述三个阶段。

◆ 干燥阶段。主要去除活性炭上的可挥发成分，将含水率在50%～86%的湿炭，在100～150℃温度下加热，使炭粒内吸附水蒸发，同时部分低沸点有机物也随之挥发。在此阶段内所消耗热量占再生全过程总能耗的50%～70%。

◆ 高温炭化阶段，或称焙烧阶段。是使活性炭上吸附的有机物一部分挥发、氧化，一部分发生分解反应，生成小分子烃脱附出来，残余成分留在活性炭孔隙内成为“固定炭”。在这一阶段，温度将达到800～900℃，为避免活性炭的氧化，需在抽真空或惰性气氛下进行。通常到此阶段，再生炭的吸附率已恢复到60%～85%。

◆ 活化阶段。有机物经高温碳化后，有相当部分碳化物残留在活性炭微孔中。此时碳化物需用水蒸气、CO_2等氧化性气体进行气化反应，使残留碳化物在850℃左右气化成CO_2、CO等气体。使微孔表面得到清理，恢复其吸附性能。

（8）放电高温加热再生法

将吸附饱和后的活性炭放置于强制放电再生炉中，利用炭自身导电性并具有电阻这一特性，控制能量，强制形成脉冲电弧，对被再生的炭进行放电，放电频率在 3 000 次/min 左右，放电使炭层迅速升温，达到 800～900℃，使吸附的有机物迅速气化、电离而分解、或碳化，放电形成的紫外线，使炭粒间空气中的氧有部分产生臭氧，对吸附物起放电氧化作用，吸附水在瞬间成为过热水蒸气，与碳化物进行水性氧化反应。干燥、焙烧、活化三个阶段在 5～10 min 内迅速完成。碘吸附恢复率 95%，炭损 2%～5%，再生全过程电耗约 0.8kW·h/kgGAC。

上述再生方法有以下几点共同缺点：

① 再生过程中活性炭损失往往较大，通常在 5%～12%；

② 再生后活性炭吸附能力会有明显下降，通常碘吸附恢复率约 95%；

③ 气相再生时产生的尾气与液相再生的废水需要妥善处理。

基于上述原因，使用中小型活性炭吸附装置的工厂，通常不自行进行活性炭再生，而是作为危废送固废处置中心进行处置，或送活性炭制造厂及专门的活性炭再生工厂进行再生，以确保再生过程中的废水、废气得到妥善处理。

3．再生蒸汽用量

采用饱和蒸汽再生时，其再生用蒸汽用量的计算类似汽提过程。

工艺条件：固定床体积 V、固定床对组分 B 的吸附量 q_1、组分 B 摩尔质量 M_B。其中，吸附量 q_1 由吸附穿透曲线实验得到；

工艺参数：常压再生，$P_{水}+P_B=101.3$ kPa，设定再生后固定床中组分 B 量为 q_2，通常要求再生率不低于 95%，即 $q_2=0.05\,q_1$；

查得或计算得到再生用蒸汽温度下组分 B 的蒸汽压 P_B，计算床层再生耗蒸汽量 $m_{水}$。

$$\frac{m_{水}}{m_B}=\frac{M_{水}p_{水}}{M_BP_B} \tag{2-111}$$

式中：$m_{水}$ ——再生水蒸气量（冷凝液中水的质量），kg；

m_B ——再生液中组分 B 的量，kg；

$M_{水}$——水的摩尔质量，$M_{水}$=18 kg/kmol；

M_B ——组分 B 的摩尔质量，kg/kmol；

$p_{水}$ ——再生用蒸汽温度下水的分压，kPa；

P_B ——再生用蒸汽温度下组分 B 的分压，kPa。

则有

$$m_{水}=\frac{M_{水}p_{水}}{M_BP_B}\cdot m_B$$

$$m_B=V\rho(q_1-q_2)=0.95q_1V\rho$$

$$m_{水}=\frac{M_{水}p_{水}}{M_BP_B}\times 0.95q_1V\rho=17.1\times\frac{q_1V\rho(101.3-P_B)}{M_BP_B} \tag{2-112}$$

式中：$m_{水}$ ——再生冷凝液中水的量，kg；

V ——固定床床层体积，m^3；

q_1、q_2 ——固定床再生前后吸附剂对组分 B 的吸附量，g/kg；

ρ ——固定床吸附剂床层密度，kg/m^3；

其他同上式。

4. 再生时冷凝器不凝气浓度

采用热空气或饱和水蒸气再生时，所接冷凝器的不凝气有可能超标，需核算不凝气中污染物浓度。具体核算方法请参照“冷凝”一节。

5. 干燥吸附剂时空气和热量消耗计算

用水蒸气解吸后的吸附剂层含有相当数量的水分，降低了吸附剂的活性，需要用热空气对吸附层进行干燥。干燥吸附剂时空气的消耗量可利用湿空气状态图或计算法求得。

（1）空气消耗量

$$L=W\cdot L_0=W/(x_2-x_1) \tag{2-113}$$

式中：L ——干燥吸附剂时空气的消耗量，kg；

L_0 ——空气的单位消耗量，即 kg 干空气/kgH_2O；

x_1、x_2 ——离开、进入吸附剂层时空气的含湿量，即 H_2O/干空气，量纲一；

W ——干燥时驱走的水分，kg。

（2）加热空气所消耗的热量

$$Q=L_0(I_2-I_1)\cdot W \tag{2-114}$$

式中：I_2 ——由加热器进入吸附器的空气热含量，J/kg；

I_1 ——进入加热器的空气热含量，J/kg；

L_0 ——1 kg 水分消耗的干空气量，即干空气/H_2O，量纲一；

W ——干燥时驱走的水分，kg；

Q ——加热空气所消耗的热量，J。

第三章　工业废水处理流程设计

第一节　概　述

一、工业废水的来源及分类

所谓工业废水，指工业各行业生产过程中排出的废水、污水，一般包括生产母液、产品洗涤水、设备冷却水的排放水、排气洗涤水、设备及场地冲洗水、露天布置的设备界区内初期雨水、罐区初期雨水等。工业行业种类繁多，产生的废水性质悬殊巨大，表示工业废水水质的主要指标常规指标为：悬浮物（SS）、耗氧量（COD_{Cr}、BOD_5）、色度、pH 值、嗅味等，还有特征污染物，如各种有毒有害物质、重金属、放射性物质等。

工业废水可按下列方法进行分类。

按行业产品和加工对象分类。如冶金废水、造纸废水、炼焦煤气废水、金属酸洗废水、印染废水、制革废水、农药废水、化学肥料废水、染料废水、涂料及颜料生产废水、合成树脂与橡胶废水、氯碱工业废水、有机原料及合成材料废水、无机盐工业废水、感光材料工业废水等。

按工业废水中所含污染物的主要成分分类。如酸性废水、碱性废水、含氰废水、含酚废水、含油废水、含重金属废水、含有机磷废水等。该分类突出废水的主要污染成分，可以针对性地考虑回收和处理方法。废水中的污染物种类大致可如下区分：固体污染物、需氧污染物、营养性污染物、有毒污染物、油类污染物、生物污染物、感官性污染物和热污染等。

按废水的危害性和处理的难易程度分类。第一类为生产过程中的热排水或冷却水，对其稍加处理后就可以回用；第二类为含常规污染物废水，无明显毒性，易于生物降解；第三类含有毒污染物或不易生物降解的污染物，包括重金属。

按废水的来源分类。有工艺母液、产品洗涤废水、冲洗设备及地面废水、废气洗涤水、水喷射泵或水环真空泵排水、初期雨水、清下水、其他废水等。工艺母液是将产物分离得到粗品后剩余的稀物料，工艺母液是产物的饱和溶液，还含有未反应的原料、副反应物、酸碱调节剂、催化剂及其他杂质等。如反应转化率较低、产物溶解度较大，常可采取萃取、吸附或其他分离方法从母液中回收有用组分。将粗品进一步洗涤以除去杂质而产生的产品洗涤废水，仍然是产物的饱和溶液，其污染物的组成与母液相同，但浓度随着水洗的进程而不断降低。因此，常将产品洗涤废水分步收集，后段洗涤废水污染物浓度较低，可经简单处理后再用作前段洗涤用水；由于在生产过程中，难以完全避免物料的撒落或由于工艺装备落后造成的跑冒滴漏，不得不用大量的水冲洗、清洁、防尘，形成了所谓的地面冲洗废水；由于同样的原因，生产场地的初期雨水也含有相当的污染物，需要处理。一些生产工艺中有粉体、易挥发物质加工的生产企业、员工洗工作服污水中也含有相应的污染因子。

实际上，一个产品的生产过程可以排出几种不同性质的废水，一种废水又会含有不同的污染物或不同的污染效应。而不同工业行业，虽然产品、原料和工艺过程完全不一样，也有可能排出性质类似的废水。

二、工业废水基本处理过程划分

现代废水处理技术，按处理程度划分，可分为一级、二级和三级处理。一级处理，主要去除废水中悬浮固体和漂浮物质，同时还通过中和或均衡等预处理对废水进行调节以便排入受纳水体或二级处理装置。主要包括筛滤、沉淀等物理处理法。经过一级处理后，废水的 BOD 一般只去除 30%左右，达不到排放标准，仍需进行二级处理。

二级处理，主要去除废水中呈胶体和溶解状态的有机污染物质主要采用生物处理等方法，BOD 去除率可达 90%以上，处理水可以达标排放。

三级处理，是在一级、二级处理的基础上，对难降解的有机物、磷、氮等营养性物质进一步处理。采用的方法可能有混凝、过滤、离子交换、反渗透、超滤、消毒等。

图 3-1 是城市污水处理的典型处理流程。

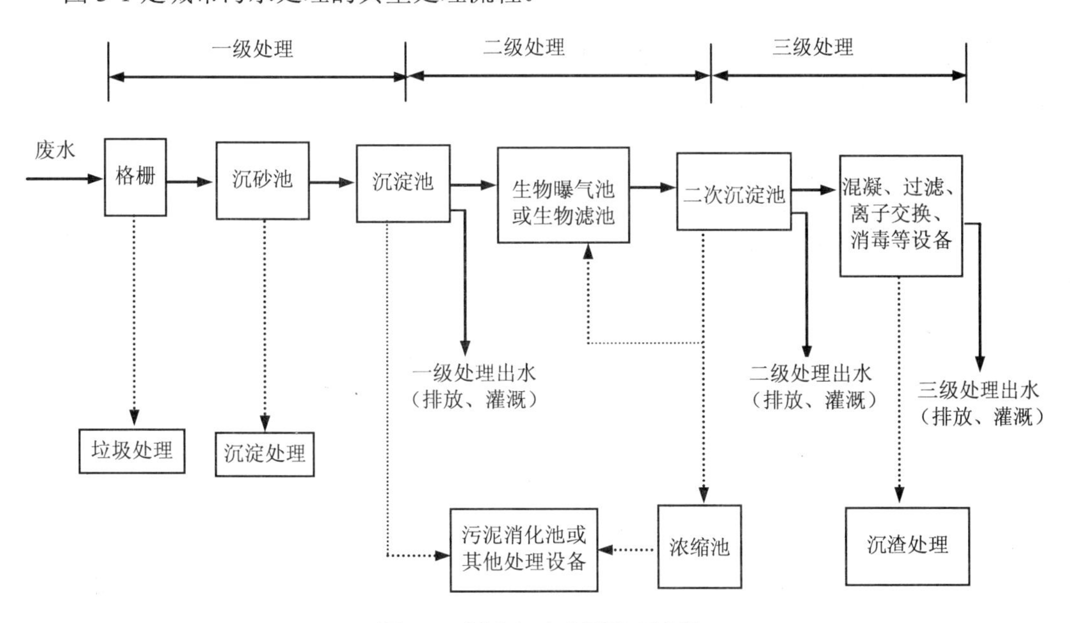

图 3-1　城市污水典型处理流程

现代废水处理单元技术按应用原理可分为物理法、化学法、物理化学法和生物法四大类。物理法是利用物理作用来分离废水中的悬浮物或乳浊物。常见的有离心、澄清、过滤、隔油等方法。化学法是利用化学反应来去除废水中的溶解物质或胶体物质。常见的有中和、沉淀、氧化还原、电化学、焚烧等方法。物理化学法是利用物理化学作用来去除废水中溶解物质或胶体物质。常见的有混凝、气浮、离子交换与吸附、膜分离、萃取、汽提、吹脱、蒸发、结晶等方法。生物处理法是利用微生物代谢作用，使废水中的有机污染物和无机微生物营养物转化为稳定、无害的物质。常见的有活性污泥法、生物膜法、厌氧生物消化法、稳定塘与湿地处理等。生物处理法也可按是否供氧而分为好氧处理和厌氧处理两类，前者主要有活性污泥法和生物膜法两种，后者包括各种厌氧消化法。

从作用上分，废水处理方法又可分为分离和无害化技术两大类。沉淀、过滤、蒸发结晶、离心、气浮、吹脱、膜分离、离子交换与吸附等单元技术均属于分离方法，其实质是将物质从混合物中分离出来或从一种介质转移至另一种介质中。分离方法通常会产生一种或几种浓缩液或废渣，需进一步处置，这些浓缩液或废渣是否能得到妥善处置常成为该分离方法应用的制约因素。氧化还原、化学或热分解、生化处理等属于污染物的无害化技术，可将污染物逐步分解成简单化合物或单质，达到无害化的目的。

环境工程中常见单元过程的原理、主要设备和处理对象见表 3-1 至表 3-4。

表 3-1　常见物理处理工艺单元

单元名称	原理	设备及参数	处理对象
沉淀	利用密度的不同，将悬浮物从废水中分离出去	沉淀池、浮选池、斜板、斜管沉淀池；沉淀时间：沉淀池、浮选池为 1.5～2 h	悬浮物
过滤	通过各种过滤介质截留悬浮物	格栅、格网、沙子、滤布、真空抽滤、压滤机等	污泥及各种含悬浮物的废水
蒸发结晶	利用物质沸点及冰点不同将废水中盐分分离	蒸发罐、浸没蒸发器、薄膜蒸发器、各种形式结晶槽	放射性废水黑液、电镀废水、高含盐废水等
离心分离	在离心力的作用下。将密度不同的悬浮物与水分离	离心机、水力旋流器、旋流沉淀池、甩干机等	污泥脱水等固液分离
气浮	将空气通入废水中，使乳状油粒或其他分散物质黏附在气泡上，随气泡上浮成浮渣而除去	加压溶气浮池、叶轮气浮池、射流气浮池等。废水停留时间 0.5～1 h，可加混凝剂等	造纸白液回收、食油、油脂、染料等乳状液、悬浮分散物质等
挥发吹脱	利用废水中某些污染物易挥发的特性，将其分离	汽提塔、空气吹脱罐、机械及自然曝气等	脱氨、脱酚、脱氰、脱二氧化碳等

表 3-2　常见化学处理工艺单元

处理方法	原理	设备及药剂	处理对象
中和	调节废水 pH 值。达到排放标准	中和槽、中和塔、中和滚筒；加酸、加碱或石灰等	酸性或碱性废水
化学沉淀	加入化学药剂，使废水中的可溶物变为不溶物沉淀。然后分离	氢氧化物、硫化物、难溶盐等沉淀剂	重金属、有机酸等
氧化	投入氧化剂或通入氧气使废水中有害物质氧化成无害物质，或进行消毒灭菌	臭氧发生器、湿式焚烧；加氯或漂白粉类	有机废水、焦化废水、造纸黑液、医院废水
还原	投入还原剂，使废水中的有毒物质还原成低毒或无毒物质	加还原剂（如通入 SO_2 使废水中的六价铬还原为三价铬）	含有能被还原成低毒或无毒物质的废水，如重铬酸钠废水等
电渗析	以电为能源。通过离子膜的选择性渗透，使废水中杂质析出进而除去	由前级过滤器、电渗析器和直流电源等组成	电镀废水、放射性废水等，可回收酸、碱和各种物质或除去有毒物质

表 3-3　常见物理化学工艺单元

处理方法	原理	处理设备	处理对象
反渗透	利用“半透膜”两边的压差，当在废水的一边施加超过渗透压的压力时，水分子就被压透过膜进入清水一边，废水被浓缩。有用物质被回收	渗透膜(板式、内管式、外管式及中空纤维衬以渗透膜）高压泵	低浓度含盐废水
萃取	利用一种物质在两种互不相溶的溶剂中的溶解度不同。使废水中被萃取物进入另一种溶剂中，从而净化废水	萃取塔、萃取器、萃取罐及萃取剂再生器	分离有毒或有用物质（如高浓度含酚废水等）。一般用于回收有机物
电解	电解氧化还原作用	电解槽	含氰废水，回收贵重金属
混凝	加絮凝剂，使废水中胶状物质等凝聚沉淀	混凝剂、沉淀槽	含油废水，印染废水等
离子交换	通过树脂进行离子交换，使废水中的有害物质进入树脂而除去	装有离子交换树脂的交换柱及再生装置	重金属废水，电镀废水等
吸附	用吸附剂将废水中有害物吸附除去	装有吸附剂的吸附器及再生装置	有机废水、含酚废水及废水深度处理

表 3-4　常见生物处理单元

处理方法	原理	处理设备	处理对象
好氧处理	在充分供氧的条件下，通过好氧微生物的作用，使废水中的有机物分解	活性污泥池、生物膜池、生物滤池、生物转盘、氧化塘等	焦化、化肥、造纸、印染皮毛、食品、石油化工等废水
厌氧处理	在缺氧条件下，通过厌氧微生物的作用，使废水中的有机物消化分解	各类厌氧反应器	焦化、化肥、造纸、印染、皮毛、食品、石油化工等废水

工业废水的水质差别非常大，对排水的水质控制要求依排放标准而定。不同种类的工业废水排放标准和控制项目不一样；同一种工业废水，排放至不同的接纳水体、不同环境功能区域，排放标准和控制项目也不一样；废水梯级套用、回用时，依用水设备、工艺对水质的要求不同其水质控制标准亦各异。因此工业废水很难有像城市生活污水那样的典型分级处理流程。因此，工业废水处理的基本分级为预处理、高级处理和深度处理更为适宜（图 3-2）。

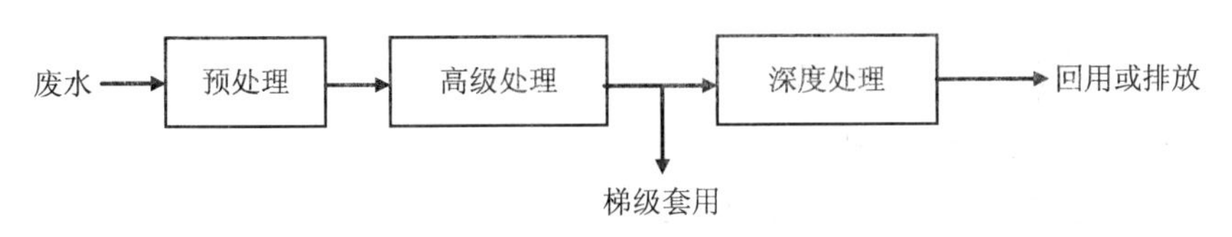

图 3-2　工业废水基本处理程序

工业废水的预处理通常是机械或简单的物理、化学方法，如冷却加热、固液分离、絮凝分离、化学沉淀等。预处理（pre-treatment）的作用首先是要尽量回收废水中有用物质。一般来说，重金属应尽可能地加以回收利用，主要方法有离子交换法、化学沉淀法、化学置换法等；废酸、废碱可经分离去除杂质后直接回收作其他用途或浓缩后回收；精细化工废水中物质是否有必要回收，需根据废水的具体情况确定，需考虑分离效果、分离费用、分离后其他产物的处理等。按废水来源分，物料洗涤水一般成分较单纯，可以考虑回收；有机化工工艺废水由于副反应、副产物多，分离困难，一般不考虑回收。预处理的另一个作用是调节水质参数，保证后面高级处理工序的正常运行。如采用吸附、离子交换、膜分离等必须将废水中悬浮物等机械杂质降低到相当程度，采用离子交换必须去除或转换干扰离子，采用吸附、离子交换等必须调节废水的酸碱度、温度等；采用膜分离法必须消毒杀菌等，而初期雨水、冲洗污水、生活污水等低浓度污水常经简单处理后用作高含盐废水进行生物处理前的稀释水。预处理的第三个作用是降低后面处理单元的负荷。高级处理单元一般单位处理成本较高，从降低处理成本的角度考虑，应采用低成本的预处理方法尽可能去除污染物。

高级处理方法（high-lever treatment methods），一是指选择性分离或去除效率高、操作条件精细、处理费用相对较高、主要用于分离、去除或分解特定的溶解性污染物的方法，如吸附（adsorption）、萃取（extraction）、吸收（absorption）、离子交换（ion exchange）、膜分离（membrane separation）、电化学（electrochemistry）方法等单元过程。氧化法如化学氧化法（chemical oxidation process）、湿式氧化（wet oxidation process）、湿式催化氧化法（wet catalyze oxidation process）、臭氧氧化（ozone oxidation process）、光催化氧化（photo catalyze oxidation process）等常用于复杂组分、无回收意义的废水处理，亦宜归入高级处理方法类。高级处理方法往往工艺条件苛刻，为了保证能够正常运行和减少其运行成本，通常需经预处理。

一般来说，工业废水经预处理和高级处理后，去除了悬浮物、大部分特殊污染物、难降解有机物及重金属后，可能还不能达到国家排放标准，因此还需要经深度处理才可排放。深度处理（further treatment）通常采用生物处理法后接膜分离单元。生物处理对于低浓度有机物有着广泛的降解作用，好氧生物处理法对于可生物降解的有机污染物，可以将其彻底转化至二氧化碳、水以及简单的无机盐，相对于高级处理方法，生物处理工艺简单费用低廉，因此是工业废水最终处理的较理想方法。

经过实验确定的预处理、高级处理和深度处理的方法组合，即是对处理对象的基本处理工艺流程。可以看出，确定该流程的基本因素是处理效果和运行费用。

三、废水处理流程设计基本原则

1. 按各单元酸碱度变化趋势排列流程

废水处理的不同单元过程要求不同的酸碱度控制值，而频繁调节酸碱度意味着加酸、碱量和处理成本的增加，所加的无机酸、碱中和后形成的盐会对后续处理单元（如膜处理、生化处理等）产生不利影响，因此，按各单元酸碱度变化趋势排列流程，可降低处理成本并使生成的盐量最低。

如酸性含悬浮物较多的废水，又拟采用微电解单元，如先混凝常需要加碱降低酸度以便混凝，混凝后又需加酸以适应微电解的需要。这样将造成废水中无机盐的升高，同时运行费用上升。可以采用其他方式如机械过滤等去除悬浮物，然后直接进入微电解单元即可。

2. 先去除悬浮态污染物，后去除溶解态污染物

悬浮态污染物对于大多数深度处理单元的工艺过程和设备的正常运行有影响，应当尽量去除；同时一些悬浮态污染物也是 COD 等指标的贡献者。由于悬浮态污染物的去除较为简单，费用低廉，因此应当先于溶解态污染物在预处理阶段就去除。

3. 先去除回收特定污染物

当废水中某种组分的浓度高到具备回收价值时，应考虑先采用适当方法进行回收，再进行其他单元处理，以回收资源、降低废水处理的综合成本。

4. 先进行低成本单元

利用低成本处理单元先行大幅度降低污染物浓度对于保证整个流程的处理效果和降低处理成本都是非常重要的。例如，酸性高色度有机废水常常先进行微电解反应而不先进行中和，因为此时微电解可充分利用废水中的酸，减少中和用酸量。

5. 分质处理

分质处理是指对于含不同特征污染物的废水，首先分别采用对其所含特征污染物有良好回收或去除效果的单元方法进行处理，回收或去除所含的大部分特征污染物，然后再混合采用传统方法处理至排放标准。

分质处理具有高效、相对成本较低的特点，特别适用于同一个生产过程或同一个企业含有不同特征污染物的废水。

分质处理可以提高单元的处理效率。如印染废水采用膜分离方法实现水回用，如将后段漂洗废水直接进行膜分离，TDS 仅 400 mg/L，污染指数（Silt Density Index，SDI）低，可采用低压反渗透，则能耗较低，产水率 70%～80%，寿命可达 3 年；而如印染混合废水经生化后再进膜分离，TDS 达 2 000 mg/L，污染指数高，需采用抗污染性反渗透膜元件，产水率 50%，寿命仅 1.5 年。两者对比，前者的运行费用大大降低。

分质处理另一作用是可以减少特征污染物的排放量。以化学沉淀法为例。化学沉淀法处理废水中某组分时，其处理后水中该组分的浓度取决于生成的难溶物的溶解度，与污染物的初始浓度无关。对含该组分的高浓度废水先采用化学沉淀法去除该组分，再与其他废水混合去后续处理单元，不但可以提高该组分的回收率，而且可以减少该组分的排放总量。设某生产过程排放 Q_1 和 Q_2 两股废水，Q_1 含某重金属而 Q_2 不含，采用化学沉淀法处理，处理后废水中重金属浓度为 c，则将 Q_1 单独处理重金属后再将两股水合并排放时，总排口水中的重金属量为 W_1：

$$W_1 = Q_1 \cdot c$$

而如果先将 Q_1、Q_2 混合再处理时，总排口水中的重金属量为 W_2：

$$W_2 = (Q_1 + Q_2) \cdot c$$

显然，$W_1 < W_2$，即分质处理时总排口水中的特征污染物的量小于混合处理时的排放量。

分质处理的第三个作用是降低运行费用，因处理量减小，如中和剂花费就可减少；处理装置减小，其折旧、维修费也可减少。

6. 废水处理设施系统图及混合节点的平衡关系

现代工厂中，往往会有多个产品、产生不同类型的废水，甚至同一个产品会产生不同类型的废水，为了高效地处理这些废水，分质收集、分质处理成为首选。这样，就需要建立多套预处理单元或设施，图示这些预处理单元或设施名称、功能和单元间废水流向关系的图称之为废水处理系统图。

在废水处理系统图中，各预处理单元或设施相连接时，将会出现一些所谓的“混合节点”，例如蒸发析盐后的尾气冷凝水与其他生产废水混合进入生化处理单元调节池，调节池就成为混合节点。在混合节点中，各股进水的废水总量、各类污染因子总量不变，但各因子的浓度会发生变化，如有不同酸碱度的废水混合，混合节点中废水的 pH 值及含盐量会发生变化。因此，需要通过核算，给出各混合节点的平衡关系。

7. 防止水质恶化或复杂化

所谓“达标排放”是指按某一排放标准考核时，废水能够满足其任一项指标的限值而不仅仅是几项指标达标。

化学法、物化法等废水处理单元中，常需添加一些化学处理药剂如氧化剂、还原剂、中和剂、混凝剂、沉淀剂等，在添加这些化学药剂时，除了需考虑其高效、低用量等要求外，还必须注意所添加的化学药剂不致使水质恶化或复杂化，造成二次污染，使其不能够全面达到排放标准。如含有较高浓度的碱性废水若后接厌氧单元时，其中和剂不能用硫酸，否则中和形成的硫酸根将在厌氧时被还原成硫化氢和硫离子，造成水质恶化和二次污染。

8. 影响回用水水质的因素

当前，经处理设施排放的尾水再经深度处理后回用正成为潮流，TDS（总溶解固体）是深度处理的一项主要水质指标，其构成的物质为溶解性有机物和无机盐。经各种物化和生化处理单元后，溶解性有机物大部分被降解，但除蒸发析盐和膜分离外，大部分物化和生化处理单元无法去除无机盐，因此，尾水中 TDS 贡献主要为无机盐，如采用的深度处理单元不具有脱盐能力，那么，随着水的回用，生产用水中无机盐的含量将会持续升高。

常用的尾水深度处理系统有膜分离、树脂吸附和生物滤池+精滤等，其中，后两者对以无机盐为主要贡献的 TDS 均无去除能力。

如图 3-3 所示的生产-废水处理-回用水处理系统，假设生产系统每次产生并经废水处理系统尾水排放的 TDS（其贡献主要为无机盐）浓度为 1，深度处理系统对 TDS 无去除能力，尾水经深度处理后回用系数为 a，第 n 次回用后，排水（p 点）中 TDS 浓度系数为 $k_{p,n}$，即

$$k_{p,n} = 1 + a + a^2 + \cdots + a^n = \frac{1 - a^{n+1}}{1 - a} \qquad (3\text{-}1)$$

式中：$k_{p,n}$ —— 第 n 次回用后排水中的 TDS 浓度系数；

a —— 深度处理后水回用系数，$0 < a < 1$。

同理，当补充的新鲜水中 TDS 为“0”、第 n 次回用后生产系统进水（j 点）中 TDS 浓度系数为 $k_{j,n}$：

$$k_{j,n} = a + a^2 + \cdots + a^n = \frac{a - a^{n+1}}{1 - a} \qquad (3\text{-}2)$$

式中：$k_{j,n}$ —— 第 n 次回用后生产系统进水中的浓度系数；

a —— 深度处理后水回用系数，$0 < a < 1$。

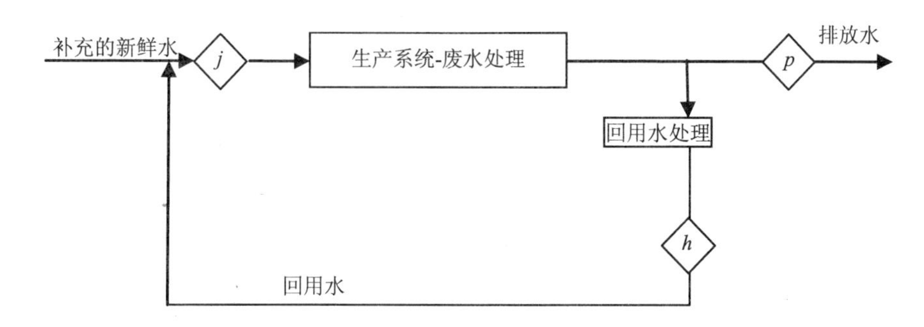

图 3-3 工业废水深度处理及回用示意图

由式（3-1）可以算出，当回用系数分别为 0.15、0.30、0.5 和 0.80 时，排放水中 TDS 浓度系数见表 3-5，进水中 TDS 量见表 3-6。

表 3-5 不同回用系数时的排放水中 TDS 浓度系数

回用次数	回用系数			
	0.15	0.30	0.50	0.80
1	1.15	1.30	1.50	1.80
2	1.17	1.39	1.75	2.44
3	1.18	1.42	1.88	2.95
n	1.18	1.43	2.00	5.00

表 3-6 不同回用系数时的进水中 TDS 浓度系数

回用次数	回用系数			
	0.15	0.30	0.50	0.80
1	0.15	0.30	0.50	0.80
2	0.17	0.39	0.75	1.44
3	0.18	0.42	0.88	1.95
n	0.18	0.43	1.00	4.00

以上计算结果表明，在生产-废水处理系统产生大量以无机盐为主要贡献的 TDS（如印染生产中废水处理系统尾水 TDS 为 2 000～3 000 mg/L）时，采用不具有脱盐作用的深度处理单元，将使生产用水中的无机盐浓度大大升高，影响生产及产品质量。

四、工业废水处理流程设计步骤

1. 按水质初选处理单元

根据需处理废水的水质、水量和排放标准要求，按所含污染物选择可在适当的条件下将该污染物回收或去除的工艺单元，估算在达到排放标准时，各单元对各污染物应有的去除率要求。

2. 按上述原则将初选单元排列形成初列流程

一般来说，一种污染物总可以有多种工艺单元对其发挥作用，因此，可以排列出多条初列流程（工艺方案）。

3. 按初列流程进行模拟或验证实验，确定最佳工艺参数

对初排出的各流程进行必要的实验室实验，验证各单元的处理效果和流程能达到的总去除效率，优化处理单元，进行必要的技术、经济可行性分析，最终确定所需单元及各单元的最佳工艺参数，得到拟定工艺流程。

4. 编制实验报告，供中试或方案设计

根据实验室实验确定的工艺流程和最佳工艺参数，编制中试试验方案。

中试试验应采用工业级原料、工业设备和材料，应具有一定处理规模和试验时间，以此得到在模拟工业运行状态下的工艺参数并进行设备选型等。

5. 按中试或方案评审结果进行初步设计

6. 按初步设计评审结果进行施工设计

第二节　化学沉淀法处理含铅废水工艺设计

一、生产及废水来源

某化工厂年产三盐基硫酸铅 1 500 t，二盐基亚磷酸铅 500 t。

主要来源，地面与设备的冲洗水、事故废水。

废水水质水量：溶解态铅 20～100 mg/L；悬浮态铅 200 波浪线 800 mg/L；pH 7～8；废水产生量 24 m^3/d。

二、处理工艺选择

首先对含铅废水处理方法进行文献调研或实验。

常用的含铅废水处理方法有化学沉淀法、离子交换法等。离子交换法可回收硝酸铅溶液，但控制要求高，容易出现超标现象；化学沉淀法工艺简单，容易控制，经选择适当的沉淀剂，可以稳定地达到排放标准（见表 3-7）。故选择采用化学沉淀法。

表 3-7 几种含铅废水处理方法对比

方法	优点	缺点
化学沉淀法	工艺设备简单、运行费用低，可以达标排放，可回收物料	产生硫化物沉淀时有二次污染
离子交换法	可回收硝酸铅溶液	工艺设备复杂、要消耗酸、碱，运行费用高

如表 3-8 所示，碳酸铅的溶解度低于排放标准（1 mg/L），但其沉淀为细粉状，沉降速度慢，微细的沉淀物易堵塞过滤介质，易造成尾水中含铅浓度的不稳定。氢氧化铅溶解度较大，不易达到排放标准。硫化铅的溶解度极小，达到排放标准没有问题；但其沉淀物为黑色，本企业无法再利用；同时，加入点硫化钠加入量难以控制，一旦过量，则废水中将增加硫化物这一污染因子。碱式碳酸铅溶解度小，在严格控制工艺条件下，其生成的沉淀物为白色大片絮状，沉降速度快。故选择碱式碳酸铅沉淀法处理含铅废水。

表 3-8 几种铅化合物溶解度

	溶度积	溶解度/（mg/L）	特性
碳酸铅（$PbCO_3$）	3.3×10^{-14}	0.048	白色细粉状，沉降速度慢
氢氧化铅	2.8×10^{-16}	0.99	白色细粉状，与硫酸亚铁合用时沉降速度较快
硫化铅（PbS）	1.3×10^{-28}	—	黑色细粉状
碱式碳酸铅 [$2PbCO_3\cdot Pb(OH)_2$]	—	＜0.04	白色大片絮状，沉降速度快

三、碱式碳酸铅沉淀法原理及工艺简述

废水中的铅在碱性条件下，与碳酸钠反应生成溶解度极小的白色絮状碱式碳酸铅沉淀，经 PE 微孔管过滤器固液分离后达到排放标准。沉淀反应式如下：

$$3Pb^{2+} + 2NaOH + 2Na_2CO_3 = 2PbCO_3 \cdot Pb(OH)_2 \downarrow +6Na^+$$

根据废水水质水量和所选定的处理方法，画出处理工艺框图见图 3-4。

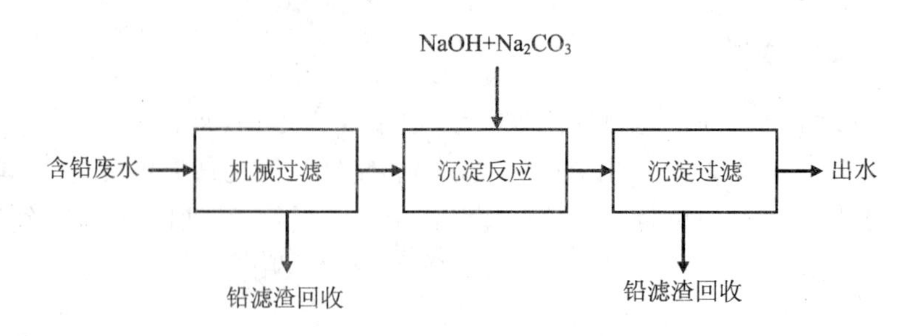

图 3-4 含铅废水处理工艺框图

工艺说明：废水经排水沟汇集于水池中，用泵送入 PE 微孔管过滤器机械过滤，滤后水送入反应罐，加氢氧化钠液调 pH 后再加碳酸钠液，生成白色絮状碱式碳酸铅沉淀，稍静置后，再经微孔管过滤器进行絮凝过滤，处理后水经送车间回用作冲洗水或排放。两过滤器采用压缩空气反吹脱除滤渣，滤渣可回用。

装置投入运行以来，处理效果良好，装置主要技术经济指标均达到了设计要求，其主要技术经济指标列见表 3-9，工艺控制条件见表 3-10，处理后水质见表 3-11。

表 3-9 装置主要技术经济指标

项目	指标	项目	指标
处理能力/（m^3/h）	2	班次/（班/日）	2
设备装机容量/kW	5.2	定员/人	2
电耗/（kWh/m^3 废水）	1.8	处理成本/（元/m^3 废水）	1.25
占地面积/m^2	65		

表 3-10 工艺控制条件

项目	参数	项目	参数
过滤器工作压力/MPa	0.1～0.15	反应温度/℃	＜30
过滤器反吹压力/MPa	0.4～0.6	反应 pH	10.5～11.0
反应时间/min	20		

表 3-11 不同进水浓度时处理后水质

序号	机械过滤水含铅浓度/（mg/L）	处理后水质	
		含铅浓度/（mg/L）	pH
1	129.35	0.82	10.82
2	17.98	0.48	10.64
3	61.4	0.42	

四、主要设备选型

1. 废水池

废水来源于车间设备地面冲洗水，平均每天约 24 m^3。废水池用途仅为汇集，全部废水拟在两个班处理完，因此废水池容积应至少可容纳一个班的废水量。据此废水池设计有效容积 V_1 为

$$V_1 = 24/3 = 8\ m^3$$

拟建设场地原有一有效容积为 11.5 m^3 废水池，可满足本设计需要。

2. 机械过滤器和沉淀过滤器

废水集中在两个班处理，即理论处理能力 Q_0'要求为

$$Q_0' = \frac{24}{8 \times 2} = 1.5\ m^3/h$$

工程裕量取 0.3，即设计处理能力 Q_0 为

$$Q_0 = (1+0.3) \times 1.5 = 1.95\ m^3/h$$

在此处取设计处理能力为 2 m^3/h。

由于铅盐总浓度较低，沉淀较细小，若采用板框压滤机易穿透，造成废水超标；决定选择孔径可调的 PE 微孔管过滤器，经进行单管实验，选取平均孔径为 20～35μm 的 PE 微孔管，查其产品样本，选 DJ-5B 型微孔管过滤器，过滤面积为 5 m^2，处理量为 2.5 m^3/h，外壳材料为不锈钢，为便于利用铅渣，选择干出渣型过滤器。

沉淀过滤器采用同一型号规格。

3. 过滤泵

泵流量 Q_1 的选择，应分连续工作和间断工作两种情况，如选用连续工作流程，泵流量大于设计处理能力即可，间断工作则情况比较复杂，需分别进行计算。

扬程 H，应满足过滤器工作压力、泵后提升高度和管道局部阻力。

过滤器工作压力：单管实验中，测得在本废水 SS 浓度下，过滤器工作压力不大于 0.15 MPa，相当于扬程 15 m。

泵后提升高度：2.2 m。

管道局部阻力：为防止 SS 堵塞，泵前后管道均选用较大直径，管道局部阻力很小，以前二项之和的 15%计。

泵所需理论扬程 H'为

$$H' = (1+0.15)(15+2.2) = 19.78\ m$$

取工程裕量为 0.2，即实际泵扬程 H 为

$$H=(1+0.2)\times19.78=23.73\ \text{m}$$

根据计算所得泵的扬程和产品样板，初选泵流量为 3.6 m^3/h，将根据后面反应罐的计算，最后确定泵流量 Q_1。

4．反应罐容积 V

根据实验，沉淀反应时间 t_1 为 20 min；
留工作准备及加药剂时间 t_2 为 10 min；
物料输送时间为 t_3，按所选泵流量，t_3 为：

$$t_3=\frac{V}{Q_1}\times2=\frac{V}{3.6}\times2=0.56V$$

可列出下列两式

$$\begin{cases}T=t_1+t_2+t_3\\ V=Q_0T\end{cases}$$

将已知各项代入，有

$$\begin{cases}T=\dfrac{1}{3}+\dfrac{1}{6}+0.56\,V\\ V=2T\end{cases}$$

解得

$$0.06V=-0.5$$

不合理，应分别按 a、b 两种方法处理。
a. 加大泵的流量 Q_1：若设 $V=Q_0=2\ m^3$
则

$$t_3=T-（t_1+t_2）=1-0.5=0.5\ \text{h}$$
$$Q_1=（Q_1\times2）/t_3=（2\times2）/0.5=8\ \text{m}^3$$

b. 增加反应设备数量：改用 2 只反应罐，即 $Q_{0-0.5}=1$，重新代入计算

$$\begin{cases}T=\dfrac{1}{3}+\dfrac{1}{6}+0.55\\ V=1T\end{cases}$$

解得

$$V=1.1\ \text{m}^3$$

即反应罐有效容积 V 为 1.1 m^3，装料系数取 0.8，反应罐设计容积 V' 为

$$V'=\frac{1.1}{0.8}=1.4\ \text{m}^3$$

5. 泵选型

a. 工艺：按流量不小于 8 m^3/h、扬程不小于 24 m、耐腐蚀的要求查产品样本选型。

b. 工艺：维持初选泵规格不变，即按流量不小于 4 m^3/h、扬程不小于 24 m、耐腐蚀的要求查产品样本选型。

6. 液碱、纯碱液用量及储罐容积计算

储罐类容器按使用目的的不同，可分为计量、回流、中间周转、缓冲、混合等工艺容器。储罐类容器的选型和设计一般程序为：

① 汇集工艺设计数据。包括物料衡算和热量衡算，储存物料的温度、压力，最大使用压力、最高使用温度、最低使用温度，腐蚀性、毒性、蒸汽压、进出量、储罐的工艺方案等。

② 选择容器材料。

③ 容器形式的选用。应尽量选择已经标准化的产品，可根据工艺要求、安装场地的大小，选择卧式或立式、球罐、拱顶罐或浮顶罐等。

④ 容积计算。容积计算是储罐工艺设计和尺寸设计的核心，应根据容器的用途、物料周转时间等确定。

⑤ 确定储罐基本尺寸。根据容积要求、物料密度、确定的容器器型进行计算，并校核是否满足安装场地的要求如有问题，应重新调整，直到大体满意。

⑥ 选择标准型号各类容器有通用设计图系列。根据计算初步确定它的直径、长度和容积，在有关手册中查出与之符合或基本相符的标准型号。

⑦ 开口和支座在选择标准图纸之后，要设计并核对设备的管口。

⑧ 绘制设备草图（条件图），标注尺寸，提出设计条件和订货要求。

本项目液碱用量包括两部分：废水调 pH 消耗和生成碱式碳酸铅消耗；纯碱液仅用于生成碱式碳酸铅。

根据废水所调 pII 和沉淀反应式，计算得液碱、纯碱液消耗见表 3-12。

表 3-12　液碱、纯碱液消耗

	氢氧化钠		碳酸钠	
	100%	30%	100%	20%
废水调 pH 消耗/（kg/d）	0.96	—	—	—
生成碱式碳酸铅消耗/（kg/d）	0.31	—	0.82	—
合计/（kg/d）	1.27	4.23	0.82	4.10
合计/（kg/月）	—	126.90	—	123.00

虽然计算结果表明氢氧化钠和碳酸钠消耗都很少，但液碱是用槽车运输，因此液碱储罐容积必须大于槽车容积。

以 1 t 槽车运输计算，30%液碱密度为 1.3 t/m^3，装料系数取 0.8，所需储罐容积 V_j 为

$$V_j = \frac{1}{1.3 \times 0.8} = 0.96\ \text{m}^3$$

实际尺寸为 1 500 mm×1 000 mm×800 mm =1 200 L=1.2 m^3。

碳酸钠是固体，不存在运输限制问题，但为设备制造方便及设备布置美观，碳酸钠溶液储罐取与液碱储罐相同规格。

两储罐上装输料液下泵。碳酸钠溶液储罐输料液下泵还兼有配料时循环打料加速溶解碳酸钠的作用。

7. 设备材料选择

根据本项目废水水质，查《腐蚀数据与选材手册》，过滤器和液碱储罐均可以碳钢制造，但为了保证回收物料的质量，过滤器材质仍选用了不锈钢。

设备选型结果列于表 3-13。

表 3-13 主要设备及构筑物

序号	名称	数量	型号规格	材质
1	微孔管过滤器	2	DJ-5B，A=5 m^2，干出渣型	不锈钢
2	反应罐	2	φ1 200 mm×1 500 mm，V=2.2 m^3	碳钢
3	液碱储罐	1	1 500 mm×1 000 mm×800 mm，V=1.2 m^3	碳钢
4	纯碱液储罐	1	1 500 mm×1 000 mm×800 mm，V=1.2 m^3	碳钢
5	废水池	1	6.5 m×3.8 m×1.8 m，$V_{有效}$=33.5 m^3	钢混
6	泵	1	IS50-32-160B，Q=10.8 m^3/h，H=24 m，N=2.2 kW	
7	储气罐	1	C-1，V=1 m^3	碳钢

第三节 树脂吸附法回收母液中 BIT 工艺设计

一、生产过程及污染源

某精细化工企业生产生物防霉剂系列产品，其产品方案见表 3-14。

表 3-14 产品方案

生产线	产品或中间体名称	每批产量/（t/批次）	日批次/（批次/d）	生产能力/（t/a）
AA	邻氨基苯甲酸（AA）	2	4	2 000
DTBA	2,2-二硫二苯甲酸（DTBA）	1.10	4	1 056
BIT	2-氯巯基苯甲酰氯（CTBC）	5	2	2 400
	1,2-苯并异噻唑酮（BIT）	2.40	2	1 000
公用生产线	2,2-二硫二（*N*-甲基苯甲酰胺）（DBMA）	1	1	33.50
	2,4-二乙基噻唑酮（DETX）	0.68	1	51
	异丙基噻唑酮（ITX）	0.68	2	153

废水主要有生产废水和生活污水，共分四类：高盐度废水，COD 浓度高，主要来源有 AA 钠盐酸化后过滤废水 W_{1-1}、BIT 废水 W_{5-1} 等，主要污染物是氯化钠、硫酸钠、AA、BIT、氯苯等，其源强见表 3-15；第二类是含三氯化铝废水 W_{6-1}、W_{7-1}，其源强见表 3-16；第三类是其他生产废水，包括主要来源有 DTBA 离心废水 W_{2-1}、DBMA 过滤后分层废水 W_{3-1}、DBMA 洗涤废水 W_{3-2}、DETX 洗涤废水 W_{6-2}、ITX 洗涤废水 W_{7-2} 以及洗罐废水（更换产品时造成，属非正常工况污染源）、尾气洗涤水等，虽然有的废水 COD 浓度亦较低，但多含有特征污染物，需进行强化处理，其源强见表 3-17；第四类是低浓度废水如冲洗废水、初期雨水和生活污水，其源强见表 3-18。

表 3-15　高盐度废水污染源

项目	AA 废水 W_{1-1}	BIT 废水 W_{5-1}
水量/（m^3/a）	22 959.29	9 427.33
COD 浓度/（mg/L）	6 070	5 500
氯苯浓度/（mg/L）	—	35
BIT 浓度/（mg/L）	—	1 375
NaCl 浓度/（mg/L）	50 000	5 800
Na_2SO_4 浓度/（mg/L）	112 100	—
SS 浓度/（mg/L）	260	200
NH_3-N 浓度/（mg/L）	1 188	—
pH	4	1.28

表 3-16　含三氯化铝废水

项目	DETX 母液 W_{6-1}	ITX 废水 W_{7-1}	合计/均值
水量/（m^3/a）	207.3	1 138.91	1 346.21
三氯化铝浓度/%	16.89	10.83	11.86
COD 浓度/（mg/L）	5 120	1 936	2 421.6
邻二氯苯浓度/（mg/L）	193	219.50	215.40
SS 浓度/（mg/L）	120.60	131.70	130

表 3-17　其他生产废水污染源

项目	DTBA 废水 W_{2-1}	DBMA 废水 W_{3-1}	DBMA 废水 W_{3-2}	DETX 废水 W_{6-2}	ITX 废水 W_{7-2}	洗罐废水	尾气洗水	合计/均值
水量/（m^3/a）	5 063.23	170.31	16.74	267.77	1 139.70	150	8 700	15 507.75
COD/（mg/L）	1 140	16 380	5 974	710	614	4 270	6 480	4 313.30
邻二氯苯/（mg/L）	—	—	—	74.70	26.30	20	10	9.22
甲苯/（mg/L）	—	352.30	1 194.70	—	—	33	15	13.86
甲胺/（mg/L）	—	1 702.80	—	—	—	87	—	19.54
DMF/（mg/L）	—	4 345	—	—	—	280	97	104.59
$AlCl_3$/（mg/L）	—	—	—	2 241	1 579.4	440	—	159
NaCl/（mg/L）	—	53 432	—	—	—	—	420	822.16
Na_2SO_4/（mg/L）	2 316.7	—	—	—	—	—	650（亚硫酸钠）	1 120.71
SS/（mg/L）	150	210	160	220	220	380	250	217.50
NH_3-N/（mg/L）	35.5	—	—	—	—	—	1 760	992.39
pH	1～2	11～12	8～9			8～9	10～11	

表 3-18 低浓度废水污染源

	冲洗废水	初期雨水	生活污水	合计/均值
废水量/（m^3/a）	5 940	188	3 168	9 296
COD/（mg/L）	250	250	350	283.7
邻二氯苯/（mg/L）	4	—	—	2.6
甲苯/（mg/L）	2	—	—	1.3
甲胺/（mg/L）	2.5	—	—	1.6
DMF/（mg/L）	1.5	—	—	1.0
SS/（mg/L）	150	250	65	122.6
NH_3-N/（mg/L）	—	—	35	11.8
TP/（mg/L）	—	—	3.5	1.18

二、全厂废水处理系统图

本项目废水处理原则为：分质处理，尽可能回收有用物质，减少有机毒物排放量。全厂废水处理系统图见图 3-5。

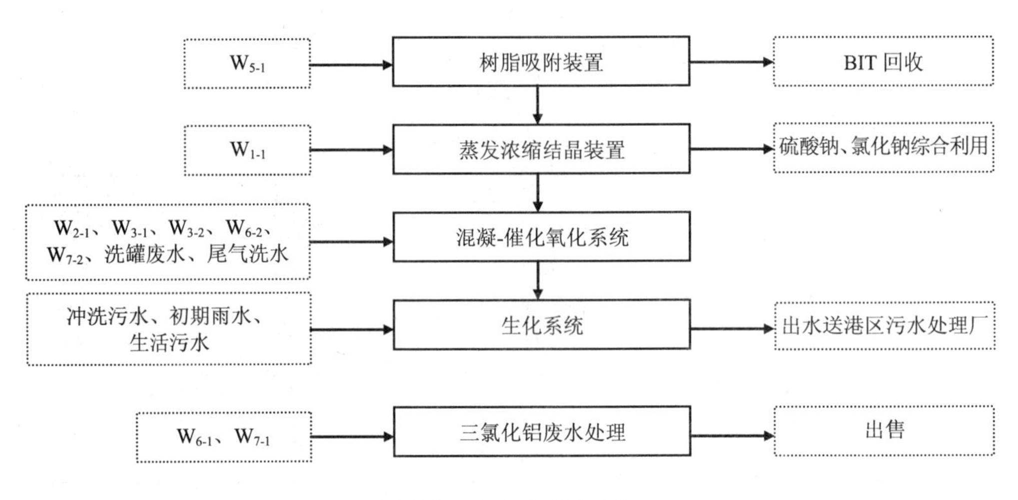

图 3-5 废水处理系统图

该废水处理系统图明确了各股废水的收集去向、废水处理设施套数和名称。

BIT 废水先经树脂吸附装置回收 BIT，然后与 AA 的高盐度工艺废水混合后进蒸发系统处理脱盐；三氯化铝工艺废水经脱除有机物并浓缩后出售，低盐度工艺废水及其他生产废水、与高盐度工艺废水的蒸发冷凝水一起经混凝-催化氧化处理后，再与冲洗污水、初期雨水和生活污水等混合进酸化水解-好氧处理系统（生化系统）处理，达到接管标准后送港区污水处理厂深度处理。

三、BIT 的生产工艺及废水来源

BIT（1,2-苯并异噻唑-3-酮）是生物杀菌防腐防霉剂的重要产品，也是其他高档产品用的生物杀菌防霉剂的初始原料，还可作为医药制品中间体、实验室试剂。广泛用于水溶性树脂涂料（乳胶漆）、乳胶制品、丙烯酸聚合物、照相洗液、油品、造纸、油墨、皮革制品和水处理剂中。

BIT 分子式为 C_7H_5NOS，分子量 151，白色或浅灰色潮湿粉末，具有微弱的气（臭）味。熔点 150～155℃，沸点 200℃（升华）。溶于热水，易溶于有机溶剂，低毒。

BIT 生产工艺分为硫化、氯化和精制三个单元：

（1）硫化：原料 A（氯苯）、催化剂 B 在 65℃左右滴加甲硫醇钠进行硫化，硫化终止后，静置分层，有机相经两次水洗后得到硫化物的氯苯溶液。硫化反应式如下：

$$\text{(2-chlorobenzonitrile: N, Cl)} + CH_3SNa \xrightarrow{B} \text{(2-(methylthio)benzonitrile: N, SCH}_3\text{)} + NaCl$$

（2）氯化：将硫化工段产物和氯苯投入到氯化反应釜中，通氯进行氯化，反应温度控制在 20℃以下，反应终止后，固液分离，固相（BIT 粗品）经 4 次水洗后，到下一道工序，抽滤液进行蒸馏冷凝回收氯苯。氯化反应方程如下：

$$\text{(2-(methylthio)benzonitrile: N, SCH}_3\text{)} + Cl_2 + 2H_2O \longrightarrow \text{(BIT: O, NH, S)} + 2CH_3OH + 2HCl$$

（3）精制（碱化、脱色、酸析、离心水洗、分离）：将 BIT 粗品投入精制反应釜，加氢氧化钠溶液溶解后，经过滤，滤液加 32%盐酸酸析，BIT 析出，经离心水洗、分离得到 BIT 成品。

离心分离产生的母液含较高浓度的 BIT、夹带的溶剂氯苯、甲醇、微量的副反应物和氯化钠，其中 BIT 具有回收价值，其水质见表 3-19。

表 3-19　BIT 母液水质

指标	pH	BIT/（mg/L）	COD/（mg/L）	NaCl/（mg/L）	氯苯/（mg/L）
数值	1～1.28	1 300～1 450	4 930～5 500	4 200～5 800	25～35

四、探索性试验及吸附树脂的筛选

根据母液及其中 BIT 理化性质分析如下：

① BIT 是弱酸性杂环化合物，常温下在水中溶解度较小（约 1 400 mg/L）；

② BIT 生产母液呈酸性，BIT 在其中呈分子态，适于采用大孔吸附树脂吸附；BIT 生产母液析晶前经过活性炭除杂、脱色处理，去除了妨碍吸附的大分子有色物质等，有利于吸附操作。

采用 NKA-Ⅱ吸附树脂对母液进行探索性吸附处理的效果见表 3-20，NKA-Ⅱ树脂对 BIT 的吸附去除率大于 95%，对 COD 的去除率大于 48%，因此，可以采取树脂吸附法处理 BIT 母液。

表 3-20 NKA-Ⅱ树脂吸附对 BIT 与 COD 的去除率

样品编号	吸附前		吸附后			
	BIT/（mg/L）	COD/（mg/L）	BIT/（mg/L）	BIT 去除率/%	COD/（mg/L）	COD 去除率/%
1	1 368	5 124	56.77	95.85	2 556	50.12
2	1 327	5 341	47.11	96.45	2 776	48.02

根据探索性实验结果，选用 H-103、NKA-Ⅱ和 C 型大孔树脂进行 BIT 吸附实验研究。这三种树脂均为性能优异的国产大孔吸附树脂，H-103 和 C 型大孔树脂为非极性，NKA-Ⅱ为强极性，对于弱酸性的 BIT，都有较好的吸附效果。选取的三种树脂基本性能如表 3-21 所示。以工厂产品 BIT 配制模拟母液进行树脂吸附基础研究实验，模拟母液中 BIT 饱和状态，其 BIT 与 COD 浓度值见表 3-22。

表 3-21 三种树脂基本性能

树脂型号	表观	含水量/%	比表面积/（m^2/g）	密度/（g/ml）		平均孔径/μm	孔容/（ml/g）
				湿 真	湿 视		
H-103	深棕色球状颗粒	45～50	900～1 100	1.05～1.07	0.70～0.75	8.4～9.4	1.08～1.1
NKA-Ⅱ	红棕色球状颗粒	50～66	160～200	1.03～1.09	0.71～0.77	14.5～15.5	0.62～0.66
C 型大孔树脂	棕色球状颗粒	50～66	700～900	1.01～1.05	0.68～0.72	7.5～8.5	1.1～1.2

表 3-22 配制母液 BIT 浓度与 COD 值

序号	BIT/（mg/L）	COD/（mg/L）
平均值	1 404	2 395

根据静态吸附量实验，得到三种树脂在 308K 下的静态吸附曲线如图 3-6 至图 3-8 所示。以三种树脂静态吸附曲线拐点，按下式计算得三种树脂的平衡吸附量如表 3-23 所示。

$$Q_e = \frac{(C_0 - C_e) \times V}{W} \tag{3-1}$$

式中：Q_e ——平衡时吸附交换量，mg/g；

C_0 ——溶液中 BIT 的初始浓度，mg/L；

C_e ——平衡时溶液中的 BIT 浓度，mg/L；

V ——溶液的总体积，L；

W ——吸附交换所用的树脂的重量，g。

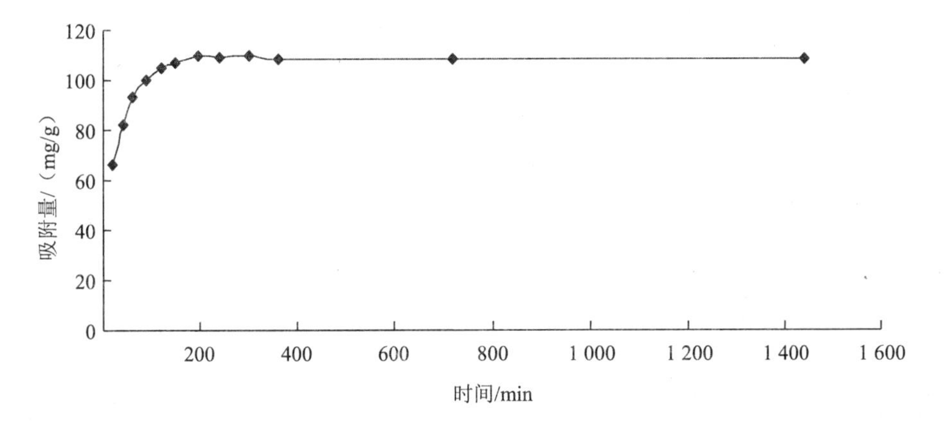

图 3-6　H-103 的静态吸附曲线

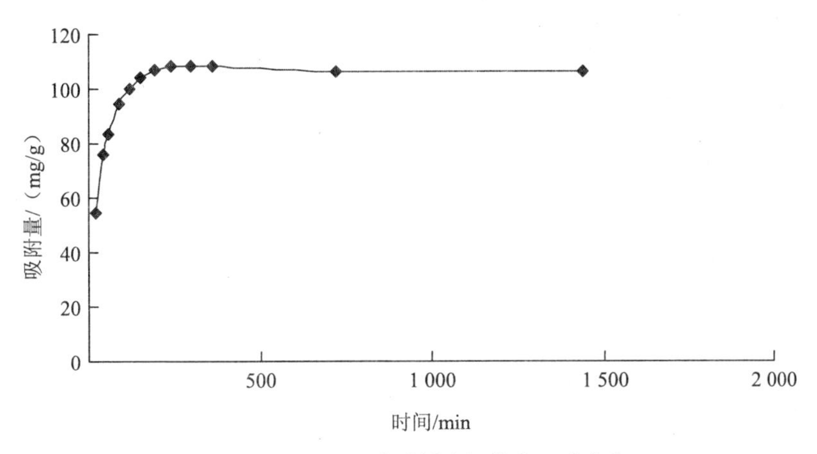

图 3-7　C 型大孔吸附树脂的静态吸附曲线

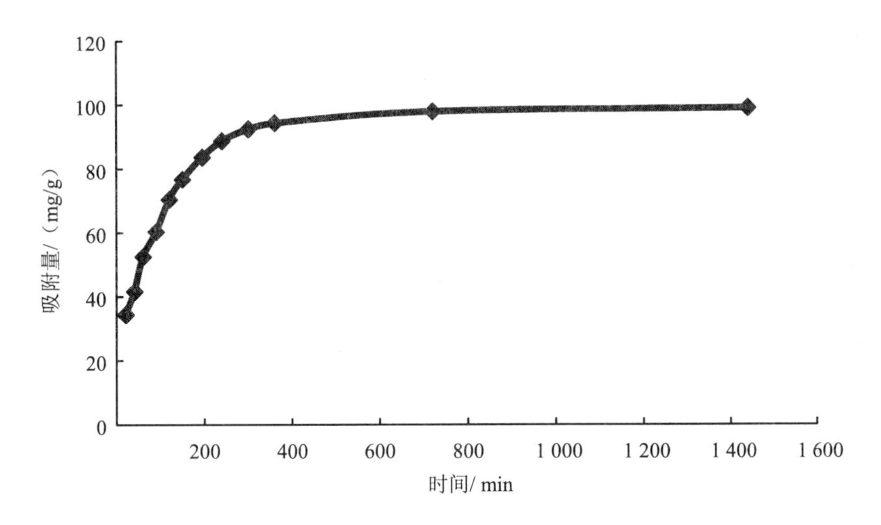

图 3-8　NKA-Ⅱ的静态吸附曲线

表 3-23 三种树脂静态平衡吸附量

树脂型号	平衡时间/min	静态平衡吸附量/（mgBIT/g 干树脂）
H-103	190	108.54
C 型大孔树脂	240	106.33
NKA-Ⅱ	360	97.97

从图 3-6 至图 3-8 及表 3-23 中可以看出三种树脂中 H-103 对 BIT 吸附量最大，对 BIT 的吸附量最大达 108.54 mg/g。但 H-103 型树脂在制造过程中使用大量有毒有害物质，生产厂商限产，价格也较高（每吨超过 12 万元）；而 NKA-Ⅱ型树脂（每吨 7.5 万元）虽然平衡吸附量略小于 H-103 型和 C 型大孔树脂，但因其价格远低于这两种树脂（C 型大孔树脂每吨 11 万元），故采用 NKA-Ⅱ作为 BIT 的吸附剂进一步研究其吸附特性。

五、实验求取吸附等温线

1．吸附等温线及吸附方程的拟合

常用的吸附等温线模型有 Freundlich 吸附等温式和 Langmuir 吸附等温式。

Freundlich 吸附等温式

$$Q_e = K_F C_e^{\frac{1}{n}} \tag{3-2}$$

式中：Q_e ——平衡时吸附交换量，mg/g；

K_F ——Freundlich 吸附系数；

C_e ——平衡浓度，mg/L；

n ——优惠吸附系数。

K_F 的值反映了吸附速率，如果 $1/n$ 的值小于 1，则为优惠吸附，吸附较易进行；如果 $1/n$ 的值大于 2，则吸附很难进行。

对式（3-2）两端取对数，可得

$$\ln Q_e = \frac{1}{n}\ln C_e + \ln K_F \tag{3-3}$$

$\ln Q_e$ 与 $\ln C_e$ 呈线性关系，利用直线拟合就可获得参数 K_F 和 n。

2．Langmuir 吸附等温式

$$\frac{C_e}{Q_e} = \frac{1}{Q_m K_L} + \frac{C_e}{Q_m} \tag{3-4}$$

式中：Q_m ——单分子层饱和吸附量，mg/g；

K_L ——Langmuir 吸附常数。

上式两端同除以 C_e，可得

$$\frac{1}{Q_e} = \frac{1}{Q_m K_L}\frac{1}{C_e} + \frac{1}{Q_m} \tag{3-5}$$

$1/Q_e$ 与 $1/C_e$ 呈线性关系，利用直线拟合就可获得参数 K_L 和 Q_m。

3. 吸附等温线的实验测定

经实验得到 308K 时 NKA-Ⅱ型树脂吸附模拟废水中 BIT 的吸附等温线见图 3-9。

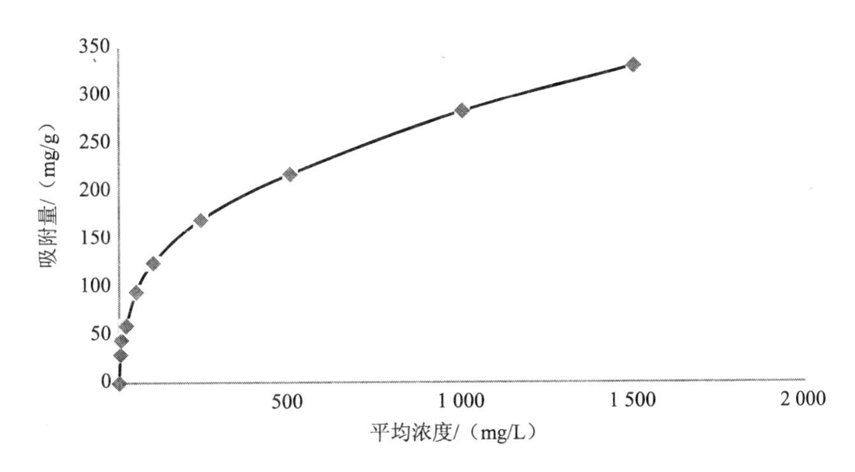

图 3-9　NKA-Ⅱ在 308K 下的吸附等温线

对吸附数据采用式（3-3）进行拟合，拟合曲线见图 3-9。由拟合结果可知，相关系数 $R^2=0.991$，因此，BIT 在 NKA-Ⅱ型树脂上的吸附过程可以用方程 Freundlich 描述。回归方程为 $\ln Q_e=0.38\ln C_e+3.02$，其中常数 $K_F=20.5$，$1/n=0.38<1$，表明 BIT 在 NKA-Ⅱ型树脂上的吸附为优惠吸附。

对 BIT 吸附的 Freundlich 方程式为：

$$Q_e=20.5C_e^{0.38} \tag{3-6}$$

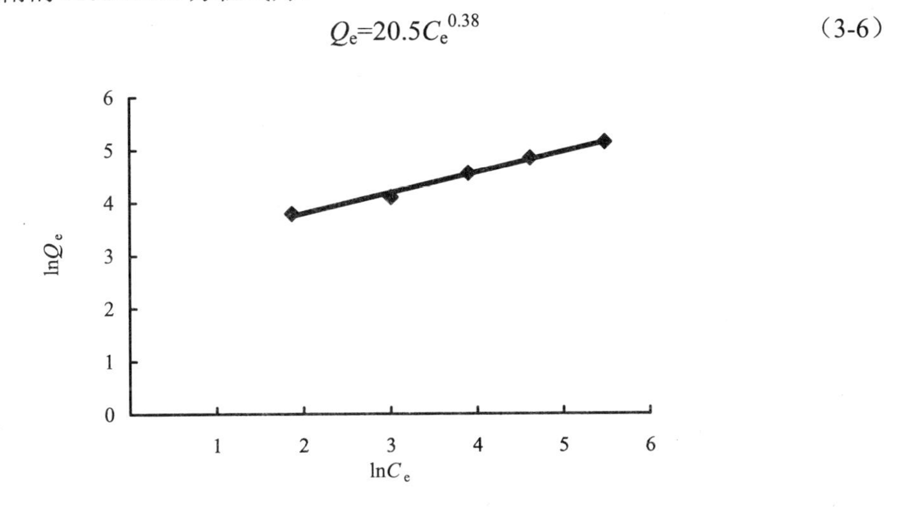

图 3-10　Freundlich 拟合曲线

以 Langmuir 式（3-5），对吸附数据进行拟合，由拟合结果可知，Langmuir 吸附等温式拟合的回归方程为 $1/Q_e=0.1034/C_e+0.0078$，相关系数为 $R^2=0.8838$，拟合效果不好，因而 Langmuir 模型不适用于本体系。

六、微型固定床动态吸附-脱附实验

1. 温度对树脂吸附的影响

以实际母液为对象，吸附流量为 4BV/h，做出 15℃、25℃和 35℃时树脂吸附 BIT 的穿透曲线如图 3-11 所示。高温不有利于吸附，35℃时约 120BV 即穿透；而在 15～25℃范围内，温度对 BIT 的吸附影响不大，约在 145BV 时穿透，考虑到经济简便，室温下吸附即可。

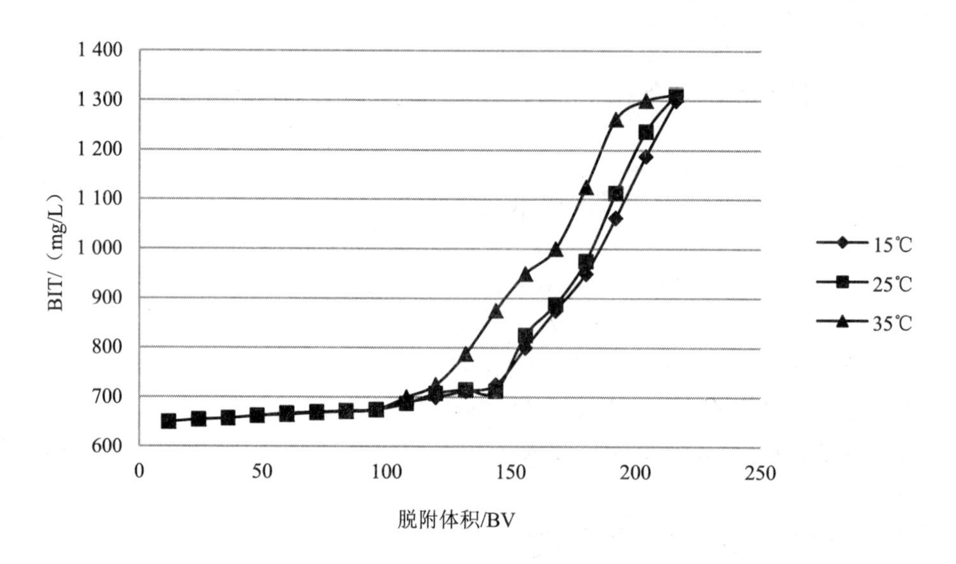

图 3-11 不同温度下树脂吸附母液的穿透曲线

2. 吸附流速对树脂吸附的影响

室温下分别以 4 BV/h、6 BV/h、12 BV/h 和 16 BV/h 不同流速吸附时树脂的穿透曲线如图 3-11 所示。由图可知，低吸附流速时吸附更加充分。提高吸附流速和增加每批次处理量均可以降低废水处理的成本。另外，出水 BIT 浓度在穿透点之前出水水质比较平缓而在穿透点之后急剧上升，因此控制每批次处理量在穿透点之前出水水质会更加稳定。综合考虑处理效果、处理成本和处理能力等因素，选择吸附流速为 12 BV/h，相应的处理量为 120 BV/批次。

根据上述实验，列出最佳吸附条件见表 3-24。

表 3-24 最佳吸附条件

序号	参数	数值
1	温度/℃	常温
2	流速/（BV/h）	12
3	可吸附 BV 数/BV	120

七、树脂脱附实验

1．脱附剂的选择

根据 BIT 的化学性质，脱附剂可选择有机溶剂和氢氧化钠溶液。有机溶剂筛选时应考虑到溶解度、毒性、价格等因素，一般选择醇类和酮类等。但文献中并无 BIT 溶解度数据，因此，本研究进行了相关有机溶剂的溶解度测定。室温条件下，于 50 ml 甲醇、乙醇和丙酮中各加入 2.5 gBIT 纯品，充分搅拌溶解后过滤，BIT 在三种溶剂中均达到饱和，测三种溶剂中 BIT 的含量。结果显示，甲醇、乙醇和丙酮并不是 BIT 的良好溶剂（表 3-25），且沸点较低，精馏回收时损耗较大，使用时需在工艺流程中增加从有机溶剂中回收 BIT 的精馏单元。

表 3-25 BIT 在三种溶剂中的溶解度

溶剂	甲醇	乙醇	丙酮
溶解度/（g BIT/100 ml 溶剂）	5.47	3.84	3.52

氢氧化钠与 BIT 反应可生成 BIT 钠盐，BIT 钠盐易溶于水，同时氢氧化钠溶液脱附后得到的 BIT 钠盐可直接回到酸析工序加以利用，不需要增加新的工艺单元。因此选用稀氢氧化钠溶液作为脱附剂。

在温度为 50℃、流量为 1BV/h 的条件下，用稀氢氧化钠溶液为脱附剂，对吸附后饱和的树脂进行脱附。不同脱附剂浓度对应的脱附曲线如图 3-12 所示，由脱附曲线进行图解积分，可以计算出脱附率，如表 3-26 所示。

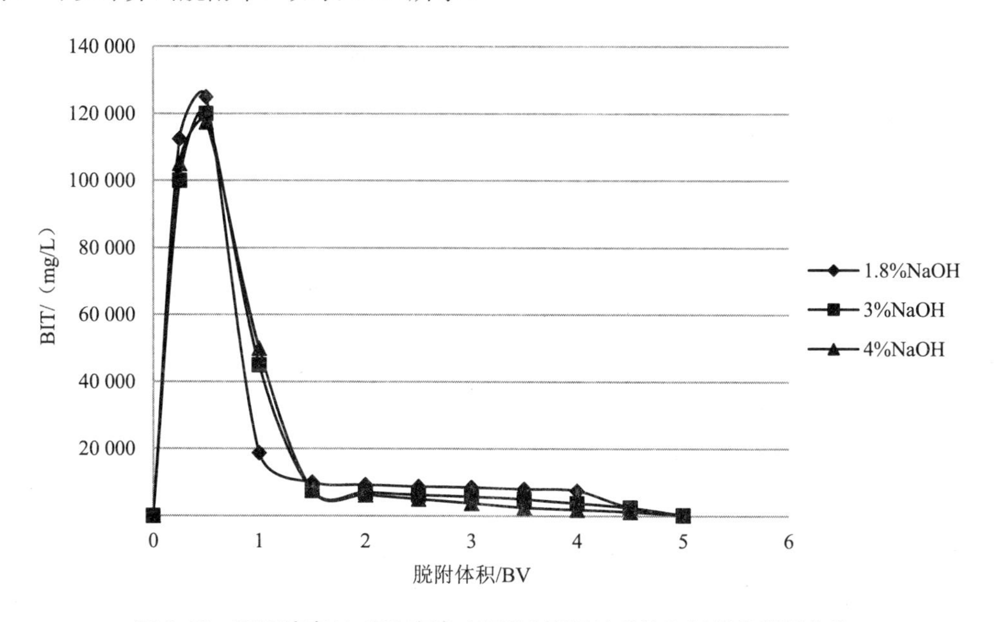

图 3-12 不同浓度 NaOH 溶液对吸附实际母液后饱和树脂的脱附曲线

表 3-26 不同浓度脱附剂对实际母液吸附后饱和树脂的脱附率

脱附剂浓度	脱附率/%
1.2BV 1.8% NaOH 溶液	90.35
1.2BV 3% NaOH 溶液	93.85
1.2BV 4% NaOH 溶液	95.66

由上述结果可知，当氢氧化钠溶液浓度分别为 1.8%、3%和 4%时，脱附率随着脱附剂浓度的增加而增高，但 3%与 4%浓度时差距不是太大；而采用较高浓度的氢氧化钠溶液脱附时，碱的过量系数较大并会增加洗水用量，因此选用 3%的氢氧化钠溶液作为脱附剂。

2. 脱附温度对脱附的影响

在室温、吸附流速为 1BV/h 的条件下，用 3%的稀氢氧化钠溶液为脱附剂，用量为 1.2BV；后以 3BV 水清洗，脱附流速为 1BV/h，对实际母液吸附后饱和的树脂进行脱附，不同脱附温度对应的脱附曲线如图 3-13 所示，由脱附曲线图解积分，可以计算出脱附率，如表 3-27 所示。

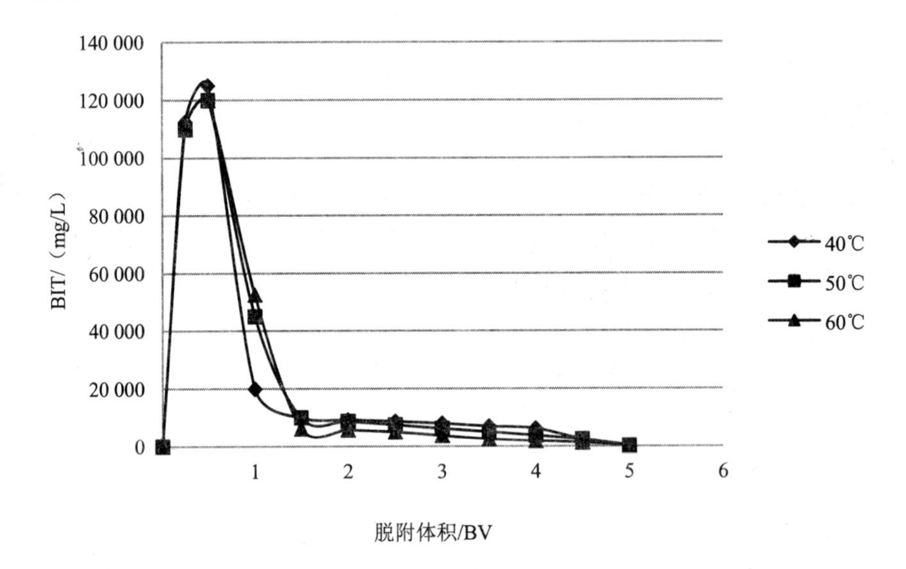

图 3-13 吸附饱和后不同脱附温度对应的脱附曲线

表 3-27 脱附温度对实际母液吸附后饱和树脂的脱附率

温度/℃	脱附率/%
40	84.60
50	92.65
60	93.90

由上述结果可知，温度高有利于脱附，因为脱附是吸附的逆过程，温度升高削弱了吸附作用力，还有利于吸附质分子自树脂孔道内至脱附剂中的扩散和溶解过程。40℃时脱附

率偏低，50℃、60℃时脱附率较高，但是如果选用60℃，那么实际能耗较高，综合考虑各方面的原因，确定选用50℃作为脱附温度。

3．脱附流速对脱附的影响

用3%的稀氢氧化钠溶液为脱附剂，脱附温度为50℃，用量为1.2 BV，后以3 BV水清洗，对实际母液吸附后饱和的树脂进行脱附，由脱附曲线计算出脱附率，如表3-28所示。

表3-28　脱附流速对应实际母液吸附后饱和树脂的脱附率

脱附流速/（BV/h）	脱附率/%
0.8	94.6
2	90.35
3	82.6

由上述结果可知，流速低时脱附率更高，因为流速低使吸附质在脱附剂中的扩散和溶解过程延长，脱附更充分。选择脱附流速为0.8 BV/h。

脱附最佳条件见表3-29。

表3-29　脱附最佳条件

参数	数值
脱附剂氢氧化钠量/（%，BV）	3，1.2
温度/℃	50
流速/（BV/h）	0.8

八、高浓脱附液的资源化

脱附液酸化后回收BIT。由连续稳定性实验得到平均脱附率为93.10%，计算每吨母液可回收BIT量。

$$10^3 \times 1.25 \times 10^{-3} \times 95\% \times 93.10\% = 1.10\ \text{kg}$$

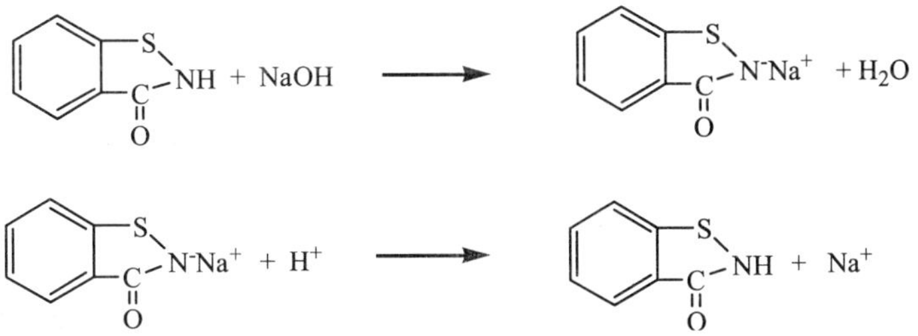

$$\text{(BIT: S, C=O, NH)} + NaOH \longrightarrow \text{(S, C=O)}N^-Na^+ + H_2O$$

$$\text{(S, C=O)}N^-Na^+ + H^+ \longrightarrow \text{(BIT: S, C=O, NH)} + Na^+$$

实际工程中高浓度脱附液可直接回到酸析工序。

九、工艺流程及设计参数

根据实验研究确定BIT生产母液的树脂吸附法最佳工艺条件进行工艺设计。

（1）设计参数

设计水量及工作时间：需处理废水和母液总量为 40 m³/d。拟每天工作一个班 8 h，设计裕量为 1.2，故设计处理能力为 6 m³/h。

进水水质：BIT 母液，平均 BIT 浓度为 1 375 mg/L，平均 COD 为 5 500 mg/L；

设计吸附温度：常温，吸附流速：12BV/h；吸附周期：10 h（120BV）；脱附温度：50℃；脱附流速：0.8BV/h；脱附剂：3%氢氧化钠溶液，用量 1.2BV。

（2）工艺流程

根据实验结果，拟定树脂吸附法回收产品离心母液废水中 BIT 工艺流程如图 3-14 所示。

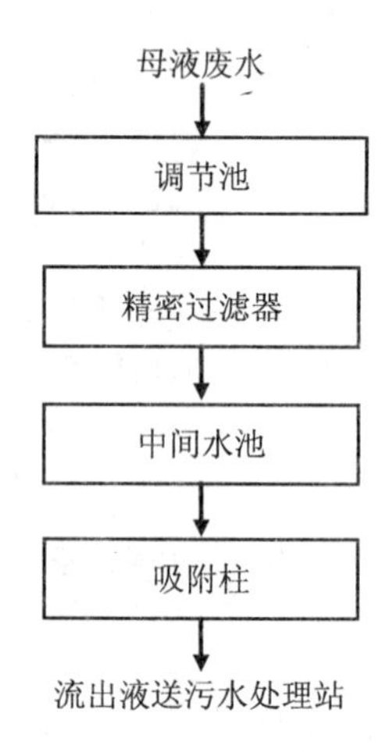

图 3-14　树脂法回收 BIT 工艺流程图

采用调节池使离心母液废水均质均量，减少水质变化对后段处理系统的冲击负荷。

用过滤泵把调节池中废水压送至微孔过滤器过滤，完全去除废水中的 SS。确保树脂吸附的正常运行，延长树脂的使用寿命。

滤清废水经中间池由吸附泵压送至吸附柱，在一定流速和温度下吸附回收废水中 BIT。吸附柱共两只，轮换工作，一只吸附时，另一只脱附。脱附剂采用稀碱液，被吸附的 BIT 以 BIT 钠盐的形式洗脱下，送酸化工序处理得到 BIT。脱附剂用蒸汽换热器加热。吸附出水送公司废水处理装置继续处理。

十、吸附柱及树脂用量计算

1. 在最佳条件穿透曲线上确定 C_B 和 C_E

根据实验得到的实际母液最佳条件下的穿透曲线如图 3-15，可以找出对应的浓度 C_B=2 580 mg/L，时间 t_B=9 h；上限浓度 C_E=4 950 mg/L，对应的时间 t_E=16 h。

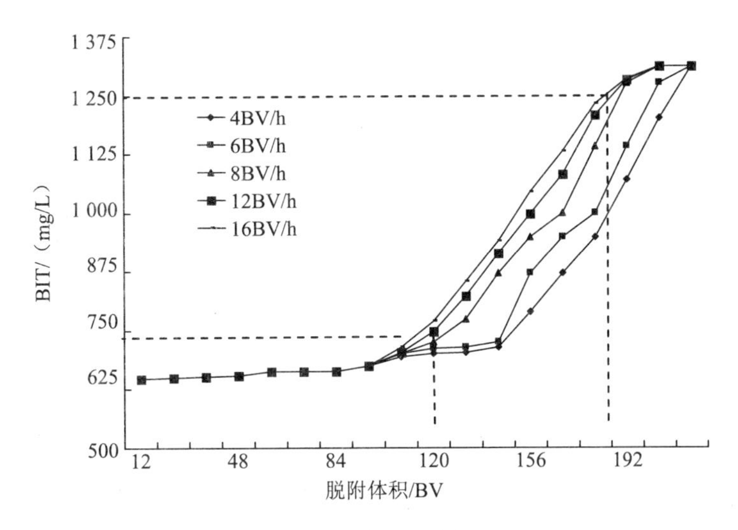

图 3-15　最佳条件下穿透曲线

2．吸附带高度

吸附柱的流态，属于单向活塞流，如忽视吸附剂孔隙率的影响，可得吸附带下移速度 v 与空塔流速 u 的关系为

$$v=\frac{uC_0}{\rho_b q_0}$$

式中：v ——吸附带下移速度，m/h；

u ——空塔流速，m/h（空塔流速只影响高径比，与吸附剂充填量无关，设定时可取 10～45 m/h）；本例吸附速度较快，空塔流速 u 可取较大值，取 20 m/h；

C_0 ——原水浓度，g/m^3；

ρ_b ——吸附剂充填密度，g/m^3；

q_0 与 C_0 ——平衡的吸附量，g/g，可在等温吸附线上与 C_0 的吸附量得到，或由拟合出的吸附方程得到：

$$Q_0=20.5C_0^{0.38}=20.5\times1\ 375^{0.38}=319.4\ \text{mg/g}$$

将相关数据代入，C_0 为原水浓度 1 375 g/m^3，NKA-Ⅱ树脂密度 0.74 g/ml，则

$$v=\frac{uC_0}{\rho_b q_0}=\frac{20\times1\ 375}{0.74\times10^6\times0.319\ 4}=0.116\ \text{m/h}$$

吸附带高度 z 为：

$$z=v(t_E-t_B)=\frac{uC_0}{\rho_b q_0}(t_E-t_B)=0.116\times(16-9)=0.812\ \text{m}$$

3．吸附剂充填高度

根据吸附带的浓度分布关系，穿透时间 t_B 与吸附剂充填高度 H 的关系：

$$t_B = \frac{\rho_b q_0}{u C_0}(H - 0.5z)$$

将相关数据代入，可以得出吸附剂充填高度 H：

$$H = 0.5z + \frac{u C_0}{\rho_b q_0} t_B = 0.5 \times 0.812 + 0.116 \times 9 = 1.45 \text{ m}$$

4．动态吸附量

为了保证吸附流出液浓度低于穿透浓度，在吸附柱中吸附带下移柱底部时，必须停止吸附，进行切换。在切换时，柱内的吸附剂有一部分没达到吸附饱和状态，此时吸附剂的吸附量远小于与 C_0 相对的静态吸附量 q_0，称为动态吸附量 q_c。

由平衡关系可得出动态吸附量 q_c 与吸附剂充填高度 H 的关系式为：

$$q_c = q_0\left(1 - \frac{z}{2H}\right) = 0.3194 \times \left(1 - \frac{0.812}{2 \times 1.45}\right) = 0.23 \text{ g/g}$$

5．柱中吸附剂充填量

吸附柱吸附剂充填量 M 等于需吸附的物质量与动态吸附量 q_c 之比：

$$M = \frac{V C_0}{q_c \rho_B} = \frac{Q T C_0}{q_c \rho_B} = \frac{6 \times 10 \times 1375}{0.23 \times 0.74 \times 10^6} = 0.485 \text{ m}^3$$

式中：M ——吸附柱中吸附剂充填量，m^3；

V ——需吸附处理的溶液量，m^3；

Q ——设计处理流量，m^3/h；

T ——设计处理周期，h。

6．吸附柱直径

吸附直径

$$D = \sqrt{\frac{M}{0.785H}} = \sqrt{\frac{0.485}{0.785 \times 1.45}} = 0.65\text{m}$$

式中：D ——吸附柱直径，m。

圆整，树脂柱实际尺寸为 ϕ 700 mm×3 800 mm，树脂床层高度 1.45 m；

实际树脂装填量为 $(0.785 \times 0.7^2) \times 1.45 = 0.558 \text{ m}^3 = 0.413 \text{ t}$；

两只柱共需树脂 0.826 t；

树脂柱、管道材质：PP；

实际流程：设双柱，一吸附一脱附。

7．脱附

洗脱液为 3%NaOH，用量 1.2BV；再用洗水 3BV；流速 0.8BV/h，脱附工作温度：50℃。

脱附周期：$1.2/0.8+3/0.8=5.25\text{h}$，小于吸附周期，符合要求。

脱附流程见图 3-16。

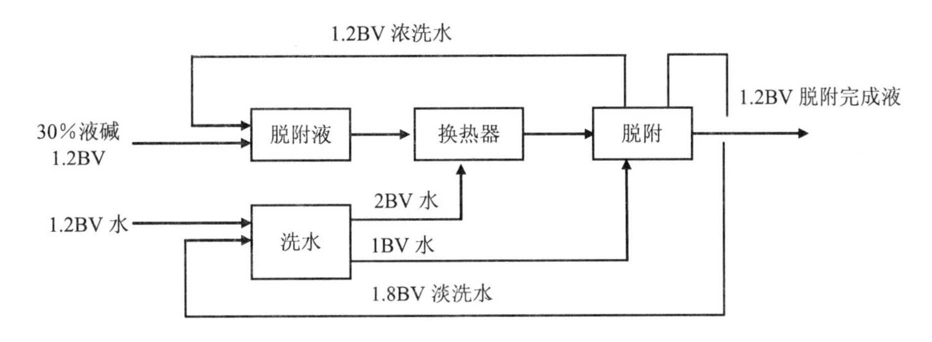

图 3-16　树脂法回收 BIT 脱附流程图

1.2BV3%液碱脱附液经换热器加热后进柱，先浸泡树脂层 30 min，再以 1BV/h 流速洗脱，得到 1.2BV BIT 钠盐液，送钠盐储罐待回收，再泵入 3BV 洗水进柱，其中先注入的 BV 为上周期的淡洗水，之后的 2BV 洗水用新鲜水；先注入的 2BV 洗水经换热器加热后进柱，得到 1.2BV 浓洗水，进浓洗水罐，另外，1BV 洗水不经换热器直接进柱，同时柱经夹套冷却，1.8BV 出柱进淡洗水罐；向浓洗水罐加 30%液碱调配成 3%脱附液，淡洗水则作为下周期洗水时的先 1BV，即脱附系统每一周期仅需输入 1.2BV 新鲜水。

浓缩比 120/1.2＝100。

十一、换热器计算

（1）选列管式换热器

采用循环热水作加热介质。由于水的对流传热系数稍大，故选择热水走管程；稀碱液走壳程。

换热器形式选用卧式、逆流，材质选用不锈钢。

（2）脱附稀碱液近似看成水，比热 4.266 kJ/（kg·℃）

（3）稀碱液流速 0.446 m^3/h（0.8BV/h）所需热量 Q 为

$$Q=Cm\Delta t=0.446\times 1\,000\times[4.266\times(50-25)]=47\,589.3\ \text{kJ/h}$$

式中：C ——比热容，kJ/（kg·℃）；

m ——质量，kg；

Δt ——温度差，℃。

（4）热水用量

进口处热水温度为 90℃，预设出口处热水温度降为 80℃，将稀碱液加热到所需温度需要热水

$$m=\frac{Q}{C\Delta t}=47\,589.3/[4.266\times(90-80)]=1\,115.6\ \text{kg}$$

考虑到要求稀碱液最低加热到 50℃，热水应过量，按一般水流速，设需用热水流速为 1.0 m^3/h。

（5）换热器传热面积核算

计算平均温差：稀碱液温度，进口 25℃，出口 50℃；热水温度，进口 90℃，出口 80℃。

$\Delta t_2 = 50 - 25 = 25℃$

$\Delta t_1 = 90 - 80 = 10℃$

$\Delta t_m = (\Delta t_2 - \Delta t_1)/\ln(\Delta t_2/\Delta t_1) = (25-10)/\ln(25/10) = 16.37$ ℃

而 $P = \dfrac{50-25}{90-25} = 0.38$，$R = \dfrac{90-80}{50-25} = 0.4$，查得温差校正系数为 0.98，故平均温差 Δt_m 为 $0.98 \times 16.37 = 16.04$ ℃。

初定 K，取 K＝1 000 kJ/（m^2·h·℃）

$Q = KF\Delta t_m$

$F = 47\,589.3/(1\,000 \times 16.04) = 2.96\ m^2$

（6）初选换能器型号

由于两流体温差小于 50℃，故可采用固定管板式换能器，初选 G219-25-2 型换热器，有关参数列表见表 3-30。

表 3-30　G219-25-2 型换热器参数

外壳直径 D/mm	219	管子尺寸/mm	ϕ25×2.5
公称压强/MPa	1.0	管子长 l/m	2
公称面积/m^2	4	管数 N/根	26
管程数 N_p	2		

（7）计算流体阻力

水的密度ρ=1 000 kg/m^3，比热容 C_p=4.266 kJ/（kg·℃），黏度μ=21.77×10^{-5} kg/（s·m），导热系数λ=0.686W/（m·℃）

按上列数据核算管程、壳程的流速及 Re：

①管程：

流通截面积：$A_1 = \dfrac{\pi}{4}d_1^2\dfrac{N}{N_p} = \dfrac{\pi}{4} \times 0.02^2 \times 13 = 0.004\,08\ m^2$

管内热水的流速：$u_1 = \dfrac{1}{3\,600 \times 0.004\,08} = 0.068\ m/s$

$$Re = \frac{d_1 u_1 \rho_c}{\mu_c} = \frac{0.02 \times 0.068 \times 1\,000}{21.77 \times 10^{-5}} = 6\,247$$

②壳程：

流通截面积：$A_0 = h(D - n_c d_0)$, $n_c = 1.1\sqrt{n} = 1.1\sqrt{26} = 5.609$

取折流板间距：$h = 80$ mm, $A_0 = 0.08 \times (0.219 - 5.609 \times 0.025) = 0.007\,34\ m^2$

壳内稀碱液流速：$u_0 = \dfrac{0.446}{3\,600 \times 0.007\,34} = 0.016\,9\ m/s$

当量直径：$d_c=\dfrac{4(\dfrac{\sqrt{3}}{2}t^2-\dfrac{\pi}{4}{d_0}^2)}{\pi d_0}=\dfrac{4(\dfrac{\sqrt{3}}{2}\times 0.032^2-\dfrac{\pi}{4}\times 0.025^2)}{\pi\times 0.025}=0.020\ 2\ \text{m}$

$$\text{Re}_0=\frac{u_0\rho d_c}{\mu}=\frac{0.016\ 9\times 1\ 000\times 0.020\ 2}{21.77\times 10^{-5}}=1\ 572$$

管程流体阻力：$\sum\Delta P_i=(\Delta P_1+\Delta P_2)F_t N_p$

其中 F_t=1.4，N_p=1

设管壁粗糙度ε为 0.1 mm，则$\varepsilon/d=0.1/20=0.005$

Re=6 247，查得摩擦系数λ=0.032

$$\Delta P_1=\lambda\frac{l}{d_1}\frac{\rho {u_1}^2}{2},\Delta P_2=2\frac{\rho {u_1}^2}{2}$$

$$\Delta P_1+\Delta P_2=(\lambda\frac{l}{d_1}+2)\frac{\rho {u_1}^2}{2}=(\frac{0.032\times 2}{0.02}+2)\times\frac{1\ 000\times 0.068^2}{2}=12\ \text{Pa}$$

$\sum\Delta P_i=12\times 1.4\times 1=16.8\ \text{Pa}$，符合要求。

壳程流体阻力：

$$\sum\Delta P_o=(\Delta P_1'+\Delta P_2')F_s N_s$$

其中 F_s=1.4，N_s=1

$$\Delta P_1'=\frac{Ff_0 n_c(N_B+1)\rho {u_0}^2}{2}，\ \Delta P_2'=\frac{N_B(3.5-2h/D)\rho {u_0}^2}{2}$$

其中，$f_0=5.0{Re_0}^{-0.228}=5.0\times(1\ 234)^{-0.228}=0.987$

管子排列为正三角形，取 F=0.5

$N_B=\dfrac{l}{h}-1=\dfrac{2}{0.08}-1=24$

$\Delta P_1'=\dfrac{0.5\times 0.987\times 3.966\times 25\times 1\ 000\times 0.026\ 2^2}{2}=16.8\ \text{Pa}$

$\Delta P_2'=\dfrac{24\times(3.5-2\times 0.08/0.159)\times 1\ 000\times 0.026\ 2^2}{2}=20.5\ \text{Pa}$

$\sum\Delta P_o=(16.8+20.5)\times 1.4=52.2\ \ \text{Pa}$，符合要求。

（8）计算传热系数，校核传热面积

传热系数 K 与管程对流给热系数α_i、壳程对流给热系数α_0有关，α_i、α_0越大，K 越大；而α_i、α_0又与雷诺数 Re 有关。

$P_{r1}=\dfrac{C_p\mu}{\lambda}=\dfrac{4.266\times 10^3\times 21.77\times 10^{-5}}{0.686}=1.354$

$$\alpha_i = 0.023\frac{\lambda}{d_1}Re^{0.8}P_{r1}^{\ 0.4} = 0.023\times\frac{0.686}{0.02}\times 6\,247^{0.8}\times 1.354^{0.4} = 968.74\ \text{W/（m}^2\cdot℃\text{）}$$

$$P_{r0} = \frac{C_p\mu}{\lambda} = \frac{4.266\times10^3\times21.77\times10^{-5}}{0.686} = 1.354$$

壳程采用弓形折流板，壳程对流给热系数α_0

$$\alpha_0 = 0.36\frac{\lambda}{d_c}\text{Re}_0^{\ 0.55}P_{r0}^{\ 1/3}(\frac{\mu}{\mu_w})^{0.14}$$

$$= 0.36\times\frac{0.686}{0.020\,2}\times1\,572^{0.55}\times1.354^{1/3}\times1 = 773.14\ \text{W/（m}^2\cdot℃\text{）}$$

取污垢热阻Rs_1=0.34（m^2·℃）/kW，Rs_0=0.17（m^2·℃）/kW，计算传热系数K：

$$K = (\frac{d_0}{\alpha_i d_1} + Rs_1\frac{d_0}{d_1} + \frac{bd_0}{\lambda d_m} + Rs_0 + \frac{1}{\alpha_0})^{-1}$$

$$= (\frac{25}{968.74\times20} + 0.34\times10^{-3}\times\frac{25}{20} + \frac{2.5\times10^{-3}\times25}{45\times22.5} + 0.17\times10^{-3} + \frac{1}{773.14})^{-1}$$

$$= 308.64\text{W/（m}^2\cdot℃\text{）} = 1\,111.13\ \text{kJ/（m}^2\cdot\text{h}\cdot℃\text{）}$$

由前面计算可知，选用该型号换能器时要的总传热系数为 1 000 kJ/（m^2·h·℃），在规定的流动条件下，计算出的 K 为 1 111.13 kJ/（m^2·h·℃），故所选的换热器是合适的。裕量系数为$\frac{1\,111.13-1\,000}{1\,000}\times100\% = 11.11\%$

选定的换热工艺参数如下：

热源（热水）进口温度：90℃

热源（热水）出口温度：80℃

脱附剂、洗水进口温度：常温（25）℃

脱附剂、洗水出口温度：50℃

换热器公称面积：4 m^2

第四章　工业废气净化工艺设计

第一节　工业废气来源及排气量核算

一、概述

几乎所有的工业行业都有废气产生，而且在原料运输、储存、合成和加工等工业产品的生产全过程中都有可能产生。产生的原因、方式、数量和成分随生产工艺和方法的不同有很大的不确定性。产生废气的点位或环节成为工业大气污染源（atmosphere pollution source of industrial），可以按其组成、排放形式和来源等进行分类（classification）。

按所含污染物性质，工业废气可分为三大类。第一类为含无机污染物的废气，主要来自化肥、酸、无机盐、能源等行业；第二类为含有机污染物的废气，主要来自有机原料及合成材料、农药、染料、涂料、石油化工等行业；第三类为既含无机污染物又含有机物污染物的废气，主要来自精细化工、氯碱、炼焦等行业。

实际上，相当多的工业生产单元排放的废气不仅含有无机物而且含有有机物，属于混合型废气源。混合型废气源在净化设计时要考虑使其中各污染物均达标排放，在回收设计时要注意防止其他组分同时进入回收物中成为有害杂质，形成多介质转移型的二次污染或人体危害。

从排放形式（discharge form）上区分，工业废气可以分有组织排放（organization discharge）和无组织排放（inorganization discharge）两大类。

有组织排放指经空气动力装置（如风机、空气压缩机、真空泵等）并经一定口径排气筒排出的废气，或无空气动力源经一定高度、口径排气筒排出的废气。

无组织排放指大气污染物不经过排气筒的无规则排放。低矮排气筒的排放在一定条件下也可造成与无组织相同的后果，因此从低矮排气筒排放的废气也可以看做是无组织排放。无组织排放源指设置于露天环境具有无组织排放的设施或指具有无组织排放的建筑构造（如车间、工棚等）。工业上常采取一些措施例如通过集风罩将无组织排放的废气收集后转为有组织排放，以便于回收处理。

对工业废气源进行调查、核算其排气量，关系到废气处理装置设计处理能力的大小、动力消耗和尾气排放的达标，因此，在工业废气处理装置的设计中，调查工业废气源，合理确定工业废气源的排气量，是废气处理工艺设计的基础。

以产生来源分类，工业生产过程中，废气的来源有工艺排气和无组织排放两大类。

二、工艺排气

1．生产过程中产生的气态产物

一些化工生产过程中会产生气态产物，这些气态产物可以是化学反应的副反应物，典型的如一些合成反应中产生的 HCl，这些物质需连续性排出生产体系外，就产生相应的需回收或处理气体量。

这类气态产物的发生速率多数情况下并不均匀，而会呈现如图 4-1 那样的规律。

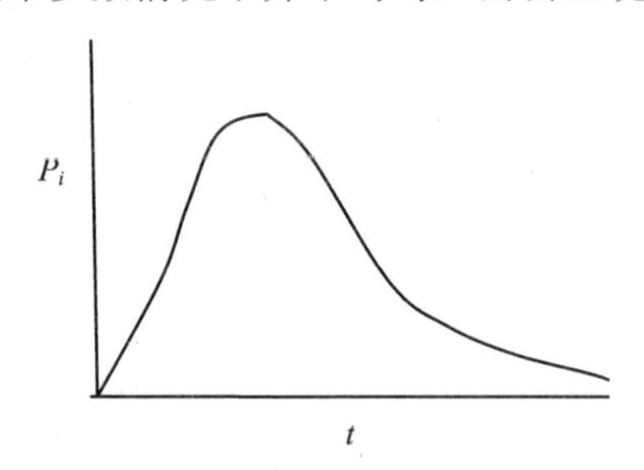

图 4-1　有气态生成物生成时分压变化

这种情况下，通常生产装置后接有回收或处理设施，在排气时对这些气态产物进行回收或处理，使之达到资源利用及排放达标的目的。其流程图见图 4-2。

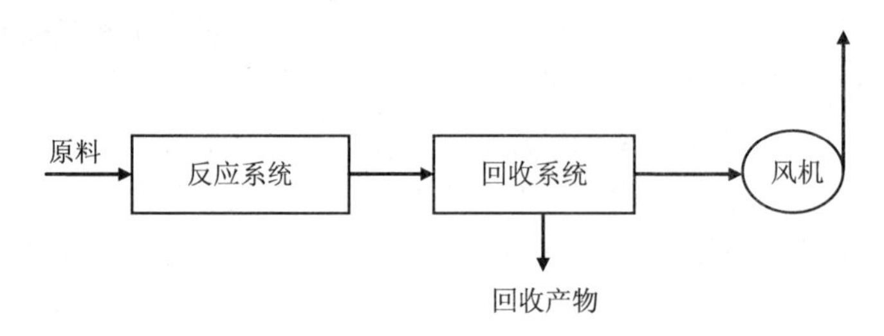

图 4-2　有气态生成物回收系统流程图

回收系统连续工作，其风量应等于或略大于生产过程中产生的气态物质的最大瞬时排出量，但不能过大，否则有可能将物料带出或破坏工艺条件。

2．防止有害气体逸散

在很多生产过程中，都可能会有有害气体或恶臭类物质逸散，为此，生产系统需设置成为微负压工作状态，使这些有害气体或恶臭类物质不至于逸散造成环境影响。其流程图同图 4-2。

这种情况下，处理系统的风压应能够保证生产系统始终处于微负压状态（一般 100～200 Pa），风量则应略大于生产系统漏风量。

3．开停车及其他非正常生产情况下的短期排放

某些生产过程需充入惰性气体（N_2 或空气等）并在一定的压力下工作。反应结束后卸

压时，反应器内的气体排出成为废气，就会产生一定的排气量，这是一种间隙性的排气。排气时，其中易挥发组分 i 的分压等于该物质在系统温度下的饱和蒸汽压。

同样，这种情况下，生产装置亦后接有废气处理设施，在排气时对这些气态产物进行回收或处理，其流程图同图 4-2。处理系统的风量应等于或略大于生产过程中产生的气态物质的最大瞬时排出量。

处理系统的运行是间歇性的，从生产系统准备卸压时开始运行，一直运行至气体排完，生产系统呈现由后接风机提供的负压状态为止（图 4-3）。

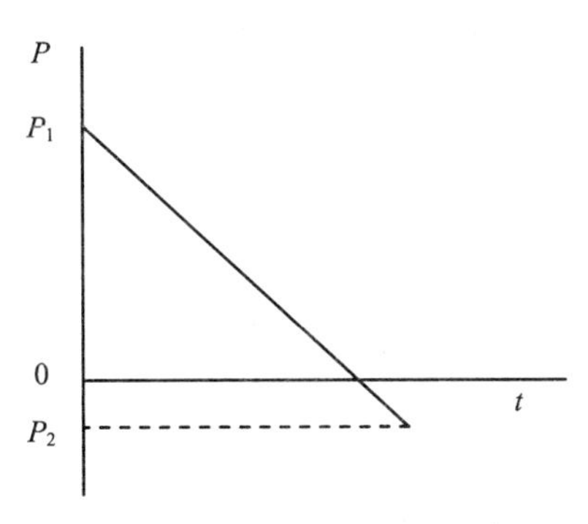

图 4-3 压力反应器卸压示意

4. 原料及产品加工和使用过程中产生的废气

① 塑料加工过程中散发的气体污染物属于典型的产品加工过程中排出的废气，在高温下，塑料生产时加入的助剂如增塑剂、抗老化剂、热稳定剂甚至塑料单体本身的微量分解等混合在一起，形成塑料加工废气。

② 印染厂用氨处理棉坯布时产生的氨气；类似的还有油漆生产过程生产的废气等。如蒸馏回收各种有机溶剂时，常因冷却不当，造成低沸点的醇类等随尾气排出成为废气。

③ 橡胶轮胎生产过程的高温精炼、硫化时，橡胶会产生的一定量的挥发气体，该挥发物成分非常复杂。据研究称，该废气含有 160 多种化学物质，以有机物为主，此外还含有 SO_2、H_2S 等无机污染物。

以上几类工艺气体产生情况汇总见表 4-1。

表 4-1 工业废气产生类型

废气源	生产系统压力	处理系统压力	废气排放状态	
			压力	流量
有气态生成物	负压	负压	非稳态	非稳态
防止有害气体逸散	负压	负压	稳态	稳态
物料气自身压力	正压，卸压时排气	负压	非稳态	非稳态
惰性气体充压		—	非稳态	非稳态
吸风罩捕集废气源	0	负压	稳态	稳态

三、无组织排放的产气量

1. 来源

无组织排放主要来自生产、仓储区和废弃物处理过程。生产过程的无组织排放主要是由于装备水平低下造成的易挥发组分从动、静密封点的逸散。主要包括如下几项。

（1）废气

工艺气体或易挥发液体从各类设备、管道的动、静密封点跑、冒、滴、漏产生的废气。

（2）储运过程废气

挥发性液体储存时排放的废气主要是“大呼吸”“小呼吸”产生的。所谓“大呼吸”是指储罐进出物料时内部液体升降而使液体上部的饱和蒸汽容积增减，物料蒸汽向外的排放；“小呼吸”是指由于昼夜或气候变化引起罐内蒸汽分压变化，物料蒸汽通过罐的呼吸阀向外的排放。这两类气体的无组织排放量与物料的饱和蒸汽压、物料温度、储罐结构、罐内气体空间大小、周转次数及气象条件等因素有关。

桶装挥发性液体或瓶装气体在开罐（瓶）的瞬间排气等。

（3）废弃物处理过程中排放的废气

① 化学法、物化法、生化法等处理过程中均有可能产生新的气态物质。

② 化学法处理各类废弃物时，化学药剂的反应产物为气态物质、废弃物转化、分解产生的气态物质等。

③ 物化法处理各类废弃物时，冷凝回收溶剂时溶剂不凝气的排放等，如电解法的阳极、阴极气体；萃取过程的溶剂挥发损失等；吸附饱和后的有机溶剂脱附。

④ 生化法处理时的气态污染物主要有厌氧反应时微生物代谢产生的气态物质、废弃物分解产生的气态物质（如含硫酸盐的废水在厌氧法处理时产生的硫化氢气体等）；好氧过程产生的气态物质（主要有曝气过程吹脱出的废水中的气态物质如硫化氢、氨等易挥发物质）；还有微生物代谢过程产生的气态物质等。

一些固废在厂内临时堆放时产生的恶臭气体等。废水废渣处理处置时产生的废气。

（4）恶臭污染物

恶臭污染物是工业废气中重要的一类，通常是指一切刺激嗅觉感官引起人们不愉快及损害生活环境的气体物质。

工业恶臭源（industrial odor source）主要产生于石油精炼、化工、造纸、煤化工、动植物养殖及塑料处理、污水处理、垃圾处理等企业。

（5）事故性排放

包括各种可能的事故性排放，例如各种挥发性液体储罐、有毒有害气体储罐、生产装置等的泄漏，由生产或安全事故引发的挥发性物质超量排放等。

2. 核算公式

根据不同情况，无组织排放废气的核算有许多经验公式。

表 4-2　恶臭物质的主要工业发生源

恶臭物质	主要恶臭源	臭气嗅感
氨	化工、化肥、皮革、污水处理、垃圾处理厂、农畜产品加工等	特殊的刺激性臭
三甲胺	化肥、畜产品加工、水产品加工等	腐烂性鱼臭
硫化氢	化工、农药、纸业、皮革、污水处理、垃圾处理厂等	腐烂性蛋臭
硫醇（甲硫醇、乙硫醇、异丙硫醇等）	防霉剂等精细化工、纸浆、皮革、饲料肥料、污水处理、垃圾处理厂等	腐烂性洋葱臭
甲基硫化物	化工、纸浆、饲料肥料、污水处理、垃圾处理厂等	腐烂性洋葱臭
二硫化碳	人造纤维、合成橡胶、树脂、日用化学、化工等	坏萝卜臭
苯乙烯	石化、合成橡胶、树脂、塑料及塑料加工、化工等	芳香型臭气
苯酚	精细化工、石油化工	
烷基苯酚	精细化工	
苯硫酚	焦化、石油化工	
硫氰酸乙酯	精细化工	烂洋葱臭
乙醛	炼油、石油化工、聚酯纤维	刺激性
丙烯醛	精细化工	
丁酰胺	石油化工	汗臭
硫磷酸酯	机油添加剂	不愉快恶臭
烷基二硫代磷酸	精细化工	不愉快恶臭
巯基丙酸甲酯	精细化工	
吡啶	精细化工	

（1）生产设备中敞露存放时易挥发物质的散发量

敞露存放的易挥发物质，由于蒸发作用而向周围不断地散发，散发量的大小主要取决于该物质在存放温度下的饱和蒸汽压和风速等。可按马扎克公式计算：

$$W=(5.38+4.1v)\ P_bF\sqrt{M} \tag{4-1}$$

式中：W——易挥发物质敞露存放时的散发量，g/h；

v——存放处的风速，m/s；

P_b——易挥发物质在室温条件下的饱和蒸汽压，mmHg；

F——易挥发物质的敞露面积，m^2；

M——易挥发物质的摩尔质量，g/mol。

（2）通过设备或管道的不严密处漏出的易挥发物质量

其漏出量与设备或管道内的压力、内部的容积等因素有关，可按下式计算：

$$G=CVK\sqrt{\frac{M}{T}} \tag{4-2}$$

式中：G——易挥发物质漏出量，kg/h；

C——随设备或管道内工作压力而定的系数，见表 4-1；

V——设备或管道的内部容积，m^3；

K——视设备的磨损程度而定的安全系数，一般取 1～2；

M——易挥发物质的摩尔质量，kg/kmol；

T——设备或管道内的有害气体或蒸汽的绝对温度，K。

由于破损或腐蚀等原因，渗漏程度往往随着使用期的增长而增大。如果设备维护良好时，在一小时内其渗漏量为设备或管道内部容积的5%～12%。

表4-3 不同压力时的系数 C

工作压力（表压）/ MPa	＜0.1	0.1	0.6	1.6	4.0	16	40	100
C	0.121	0.166	0.182	0.189	0.252	0.298	0.310	0.370

（3）用测定方法计算易挥发物质散发量

如果能够确定测定空气中某种易挥发物质并知道室内换气次数，则可以计算出室内各种来源所散发出的易挥发物质量。

$$W=\frac{V_1(c_1-c_2)+V_2(c_p-c_j)\ t}{t} \tag{4-3}$$

式中：W ——易挥发物质的散发量，g/h；

V_1——房间的容积，m^3；

V_2——房间的换气量，m^3/h；

c_1、c_2——室内空气中易挥发物质的最初和最终浓度，g/m^3；

c_p、c_j ——排气和进气中易挥发物质的浓度，g/m^3；

t ——进行测定的时间，h。

四、排气筒设置

排气筒是有组织排放大气污染物的重要设施，其设置应当考虑如下问题。

（1）满足排放标准的要求

《大气污染物综合排放标准》（GB 16297—1996）中规定大气污染物排放时其浓度和速率必须同时达到一定的标准限值，其中，排放浓度不随排气筒高度变化，而排放速率与排气筒高度有关，排气筒高度越高，排放速率越大。同时，对于不同的大气污染物，还规定了不同的排气筒最低高度。

（2）满足排气参数要求

如排气筒直径，应当根据排气流速，通常排气筒中气流速度为10～16 m/s。排气筒材质应当根据气体腐蚀性、温度等进行选择。

（3）满足环境监管的要求

从环境监管角度，要求排气筒设置有规范的标示、采样孔、监测控制等。

所谓监测控制，其关键在于排气筒设置过程中，不能形成稀释排放的状况，影响监测结果。

一般来说，为了减少厂区的排气筒数量，提倡排气筒适当合并。排气筒合并有两种情况，一是若干个同类污染源废气合并接入同一套处理设施，后接一台风机和排气筒。合并后，如果各污染源不同时排气，在排气筒的采样口采样监测时，将造成浓度偏低的结果。另一种情况是不同污染物处理设施的尾气，合并至一个排气筒排放，此时应在污染物处理设施的尾气分管上开设采样口采样监测，以免造成监测误差。

第二节　工业废气处理流程设计步骤

一、污染源调查

调查了解所有废气源的发生环节（工艺排气或无组织排放）、发生规律（连续或间歇）、组分、速率等，列出清单。工艺废气中，调查属于化学反应过程抑或是物理过程，废气源的工艺参数（温度、压力、发生周期、有无载气、载气量等），废气的可回收性，操作要求（自动、人工），排放标准要求等。

二、设定收集方式和排气量

根据污染源调查结果，初定废气收集方式和排气量。

工艺尾气，主要根据生产工艺要求，设定处理系统压力值和排气量；工艺上没有特定要求，可以按照处理工艺的排放要求进行设定，但设定的压力和排气量不能对工艺过程造成不利影响；无组织排放的废气，主要采用各类集气罩捕集，送往处理装置处理。此时排气量主要需满足捕集率要求；集气罩的设置不能妨碍工艺操作。

对于有较多废气源、有多套废气处理设施和排气筒的工艺流程，需绘制处理系统图，表明各废气源、处理设施和排气筒的关系。

三、基本工艺流程设计

1. 工艺流程

根据设定的排气量、初始污染物种类和发生速率、拟达排放标准，提出拟采用工艺方法。

2. 核算处理效率及单元级数

核算所需污染物总去除效率时，需同时核算浓度达标和排放速率达标。

$$\eta = \frac{G_2 - G_1}{G_1} \times 100\% \tag{4-4}$$

当拟采用的工艺单元对污染物的去除率为η_i时，若$\eta_i \geqslant \eta$，则单级工艺单元即可，否则，需多级处理工艺单元。多级处理工艺单元η，由下式决定：

$$1-[(1-\eta_1)(1-\eta_2)\cdots(1-\eta_n)] \geqslant \eta \tag{4-5}$$

设计去除率η应较计算出的最低去除率η'设置一定裕量，以应对废气气量及气质的变化。设计吸附率为

$$\eta = 1-\left(\frac{1-\eta'}{1+k}\right) \tag{4-6}$$

式中：η ——设计去除率，%；

η'——计算出的最低去除率，%；

k ——裕量系数，通常取 20%～40%，废气变化较大时取较高值。

3．设计工艺流程图

根据核算所需污染物总去除效率、工艺单元级数，绘制工艺流程图。

需按处理设施的套数，逐套设计并绘制流程图，再绘制总流程框图。

需包括对废气处理过程中产生的二次废物如吸收液、废吸附剂等内容，核算其产生量、组分和浓度，提出处理处置工艺。

四、设备选型

分级进行工艺单元设计，主要有工艺参数、主要设备选型计算、单元去除率核算等。

对辅助单元（预处理、吸收液处置、吸附剂再生等）进行设计，编制设备一览表。

五、管道设计及风机选型

绘制设备平面布置图、管道平面布置图和立面布置图。

管道设计。包括管道材料选用、管网计算、管道保温设计，管道噪声防治等。设计完毕需给出管道表。

风机选型。根据处理系统所需风量、处理工艺设备阻力压降、管网压力平衡及压降，处理系统温度要求等，进行风机选型计算。

根据初步选定的风机型号、机号，核算处理系统最终排放浓度是否满足，确定风机型号、机号。

六、工艺文件与编制

工艺文件包括如下几部分：

① 工艺流程图、系统图、设备平面及立面布置图、管道布置图（平面及立面）、土建图等。

② 编制设备表、管道及器材表。

③ 工程概算及运行费用核算。

工程概算包括处理设施设备费、土建费、试验费、设计费等。

废气处理运行费用主要包括电费，药剂费，吸收液、吸附剂等处置费用，设备折旧费，维修费等。大多数情况下，废气处理装置可以无人值守运行，可不专设操作人员。

电费需根据所列的处理设施电力装机容量、开机容量进行核算；药剂费需按试验得出的单位废气量消耗药剂量进行核算。

废气处理费用通常以“元/万 m^3 废气”的单位给出。

④ 编制工艺规程（操作规程、维护规程、安全规程、环境风险应急预案）、岗位责任制。

第三节 工业废气处理方法分类

工业废气的特性与工业废水有着明显的不同。工业废气，即是多种组分气体，也是混合气体，只要不发生化学反应，各组分仍然保持自己的特性，可以通过物理方法分离，由此可见，对于各类工业废气的处理，应当根据废气的化学和物理性质、浓度、排放量、排放标准以及有无回收的经济价值等因素选择具体的经济有效的治理方法，首先应当考虑回收，尤其是对生产过程中排出的溶剂类气态污染物，应当尽量加以回收。

常用的气态污染物回收、净化方法有如下几种：

① 吸收法（absorption）；

② 吸附法（adsorption）；

③ 热分解法（thermal decomposition）；

④ 冷凝法（condensation）；

⑤ 电物理化学法（electro physical chemistry）；

⑥ 生物处理法；

⑦ 高空排放（upper-air discharge）。

表 4-4 给出了工业废气处理方法的要点和应用范围。

表 4-4　工业废气处理方法

序号	处理方法	方法要点	应用范围
1	吸收法	用适当的吸收剂在常温下对废气中污染物进行物理或化学吸收	对废气浓度限制较小，可以使用于含有颗粒物的废气净化
2	吸附法	用适当的吸附剂在常温下对废气中污染物进行物理吸附使之净化	适用于较低浓度废气的净化
3	热分解法	在高温下或添加催化剂在一定温度作用下将废气中的有机物进行氧化分解，温度范围为 600～1 100 ℃	适于中、高浓度范围废气的净化，适用于连续排气的场合
4	冷凝法	采用低温，使有机物组分冷却至露点以下，液化回收	适用于高浓度废气净化
5	电物理化学法	在电场、电子束等的作用下，废气中的污染物发生物理化学变化，转变为有用物质或无害物	适于某些特定成分的废气净化，适用于连续排气的场合
6	生物处理法	利用微生物的生命活动过程把废气中的气态污染物转化成少害甚至无害的物质	适合于污染物浓度较低、连续排气的情况
7	高空排放	对某些污染物，采用高空排放，充分利用大气自然环境对污染物的稀释、分解作用	适于中、低浓度废气的处理

这些处理方法按其作用可以分为回收、无害化和高空排放等三类：

（1）回收

吸收、吸附、冷凝等均属于这一类。回收类的处理方法要求根据欲回收物质的性质和形态选择具体方法和吸收剂、吸附材料等；回收类处理方法的另一特点是要求处理过程尽可能不将新物质带入体系，以免造成分离困难，影响回收物料的质量。

（2）无害化

热分解（焚烧）、化学分解、生物法等是通过处理过程，将废气中的污染物分解、破坏成简单的矿物质，使其对环境和人类健康的影响最小。

电物理化学过程可以产生新的可回收物质，也可以将污染物分解实现无害化。

（3）高空排放

烟气的高烟囱排放就是通过高烟囱把含有污染物的烟气直接排入大气，使污染物向更大的范围和更远的区域扩散、稀释，利用大气的自净作用进一步地降低地面空气污染物的浓度。

对于一些易在空气环境中降解的大气污染物，可以采取高空排放的形式。高空排放是利用大气自然环境对污染物的扩散、稀释和分解作用，降低污染物在环境中的浓度，消除或减轻污染物对环境的危害。

第四节　吸收法处理氨工艺设计

一、污染源

某化工公司生物防霉剂系列产品生产过程中的废气污染源见表 4-5。

表 4-5　防霉剂系列产品生产废气污染源

产品名称	污染源	产生及收集方式	产生参数	
			速率或排放量	产生时数
对氨基苯甲酸	G1-1	反应釜引出	氨产生速率 139（kg/h）	3 600 h/a
			氨产生量 500.4（t/a）	
	G1-2	集气罩收集	硫酸雾产生量（t/a）	
二硫二苯甲酸（DTBA）	G2-1	集气罩收集	硫酸雾产生量（t/a）	3 600 h/a
	G2-2		SO_2 产生量（t/a）	900 h/a
			NO 产生量（t/a）	
	G2-3		H_2S 产生量（t/a）	
二硫二（*N*-甲基苯甲酰胺）（DBMA）	G3-1	集气罩收集	SO_2 产生量（t/a）	528 h/a
			氯化氢产生量（t/a）	
			亚硫酰氯产生量（t/a）	
			甲苯产生速率（kg/h）	
			甲苯产生量（t/a）	
			亚硫酰氯产生速率（kg/h）	
			亚硫酰氯产生量（t/a）	
2-氯巯基苯甲酰氯（CTBC）	G4-1	反应釜引出	氯化氢产生量（t/a）	3 600 h/a
			SO_2 产生量（t/a）	
	G4-2		亚硫酰氯产生量（t/a）	
	G4-3	集气罩收集	氯气产生量（t/a）	
	G4-4		氯化氢产生量（t/a）	
			DMF 产生量（t/a）	
1,2-苯并异噻唑酮（BIT）	G5-1	集气罩收集	邻二氯苯产生量（t/a）	3 600 h/a
2,4-二乙基噻唑酮（DETX）	G6-1	集气罩收集	氯化氢产生量（t/a）	1 200 h/a
	G6-2	集气罩收集	邻二氯苯产生量（t/a）	
	G6-3	集气罩收集	甲醇产生量（t/a）	
异丙基噻唑酮（ITX）	G7-1	反应釜引出	氯化氢产生量（t/a）	1 800 h/a
	G7-2	反应釜引出	邻二氯苯产生量（t/a）	
	G7-3	反应釜引出	甲醇产生量（t/a）	
	G7-4	末道收尘	粉尘 23（t/a）	1 800 h/a

根据废气是由生产中气态产物还是无组织排放，分别采取从反应釜引出、集气罩捕集等方式，将各废气收集引入到相应的处理设施。

处理设施的设置则依据产生量进行气态产物回收，同类污染物同一装置收集处理，遵循就近汇集的原则，分别设置了 7 套处理设施。各废气的收集、处理设施及排气筒关系见图 4-4。

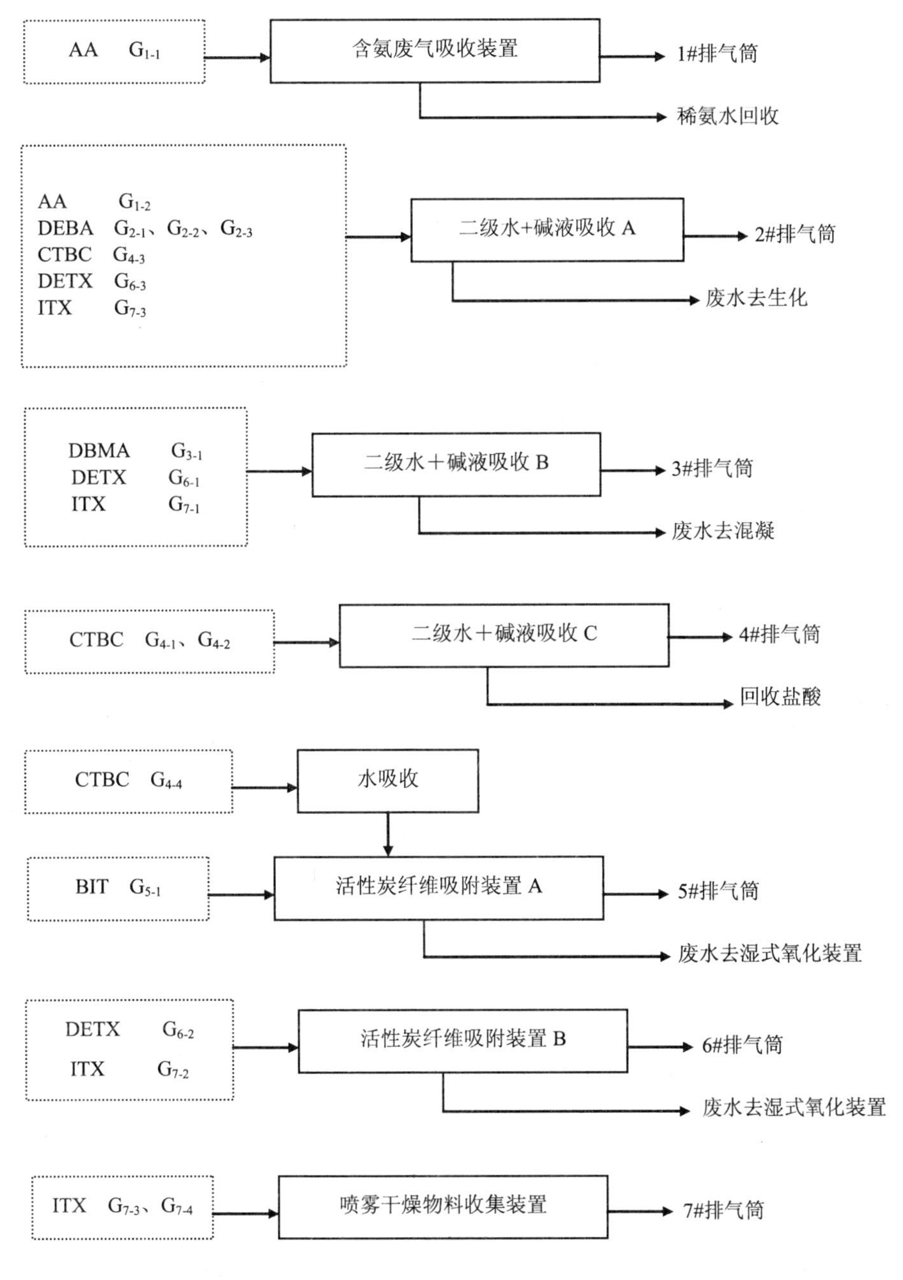

图 4-4　生物防霉剂系列产品全厂废气处理系统

二、氨气回收工艺流程

对氨基苯甲酸（AA）是生物防霉剂系列产品之一，其生产过程中反应生成气态产物氨气，拟将其单独收集，以水为吸收剂吸收成氨水回收。

对氨基苯甲酸氨化单元共有两个反应釜，各釜生产时间相同。含氨尾气总产生量为139 kg/h，产生时间为3 600 h/a。

该反应过程为常温，外接抽风设施，使反应器内压力为−150～−200 Pa。反应观察孔内径为80 mm，盖间隙1 mm；人孔为椭圆，其长半轴 R_1=300 mm，短半轴 R_2=180 mm；手孔直径 D=160 mm，人孔盖、手孔盖与各自基座的间隙1.5 mm，测得空气自外界进入上述间隙时的平均阻力系数 ζ 约为3.75。

（1）设计指标

根据《恶臭污染物排放标准》（GB 14554—1993），15 m 排气筒的排放速率限值为4.9 kg/h，氨产生量为139 kg/h，则吸收总效率要达到

$$\frac{139-4.9}{139}\times 100\% = 96.47\%$$

拟采用填料塔以清水吸收氨气，一般填料塔吸收效率为90%～95%，因此需采用两级吸收。

设一级吸收塔吸收效率为90%，二级吸收塔吸收效率为85%，则总吸收效率为：

$$\eta = 1-(1-\eta_1)(1-\eta_2) = 1-(1-90\%)(1-85\%) = 98.50\% > 96.47\%$$

满足设计要求。

氨气以氨水形式回收，根据排放标准，排气筒高度设为15 m。

（2）回收工艺流程

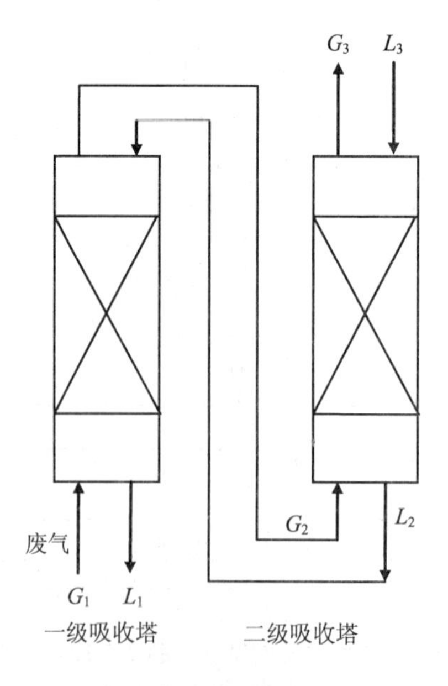

图4-5 两级吸收法处理氨尾气工艺流程

三、工艺计算

1．排气量核算

（1）氨气产生量

产生氨气的摩尔流量 G_{1a} 为：$139\times10^3/17=8.18\times10^3\text{mol/h}$

标况下氨气体积：G'_{1a}=$8.18\times10^3\times22.4\times10^{-3}$=183.23 m^3/h

20℃时，由理想气体状态方程：$\frac{V_1}{V_2}=\frac{T_1}{T_2}$

即 $\frac{183.23}{V_2}=\frac{273.15}{293.15}$ 得氨气体积流量 V_2=196.65 m^3/h。

（2）空气进入量

根据要求，反应器内压力为–150～–200Pa，为确保氨不外逸散，设反应器内压力为–200Pa，根据压力降计算公式

$$\Delta P=\xi\frac{\rho v^2}{2}$$

空气从反应器各缝隙进入反应器内的气体流速为

$$v=\sqrt{\frac{2\Delta P}{\xi\rho}}$$

因 ξ =3.75，空气 $\rho_{空}$=1.29 kg/m^3

可解得 v=9.09 m/s。

根据已知，反应器间隙的总表面积

$$A_0=（A_1+A_2+A_3）\times2=3.42\times10^{-3}\times2\ m^2=6.84\times10^{-3}m^2$$

式中：A_0 ——密闭罩上所有孔口或缝隙的总面积；

A_1 ——反应器搅拌轴缝隙的总面积；

A_2 ——人孔缝隙的总面积；

A_3 ——手孔缝隙的总面积。

则，进入的空气体积流量

$$G'_{1g}=9.09\times6.84\times10^{-3}\times3\ 600=223.83\ m^3/h$$

标准状态下，空气摩尔流量为

$$G_{1g}=223.83\times\frac{273.15}{20+273.15}\times\frac{1}{22.4}=9.31\ \text{kmol/h}$$

（3）系统进气量

$$G_1=G'_{1a}+G'_{1g}=（196.65+223.83）m^3/h=420.48\ m^3/h$$

2. 液沫夹带与物料平衡

在工业吸收操作过程中，需考虑进出口气体因湿含量变化引起的吸收液中含水量的变化，另外还需考虑由于液沫夹带造成的吸收液的损失。

在本例中，氨气的产生过程为常温，反应釜中物料为水相体系，即抽进反应釜的空气亦为水气饱和；塔 1 是高浓度吸收，为放热过程，通过循环冷却水保持恒温，因此，整个吸收过程中可视为气体的湿含量无变化。

考虑两塔的液沫夹带，绘出塔 1、塔 2 中液相的平衡关系见图 4-6。

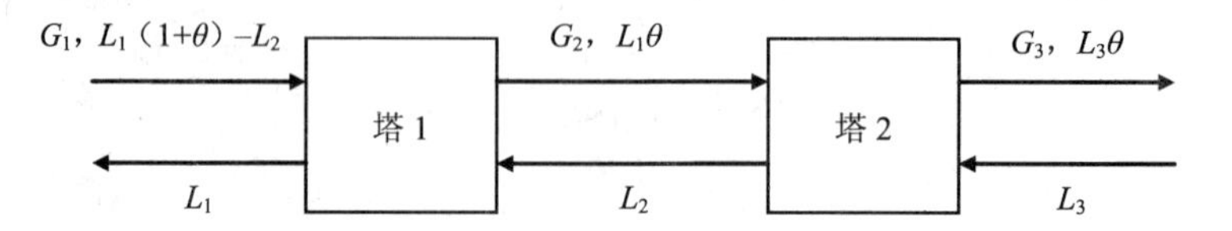

图 4-6 塔 1、塔 2 中液相平衡关系

图 4-6 中，L_1 是塔 1 吸收液流出量；L_2 是塔 2 吸收液流出量；L_3 是塔 2 吸收剂的加入量；G_1 为塔 1 进气量，G_1=G_{1g}（进入空气量）+G_{1a}（进入塔 1 氨气量）；G_2 为塔 2 进气量，G_2=G_{1g}（进入空气量）+G_{2a}（进入塔 2 氨气量）；G_3 为塔 2 排气量，G_3=G_{1g}（进入空气量）+G_{3a}（排出塔 2 氨气量）；θ 为液沫夹带损失率，塔 1 的液沫夹带损失 $L_1\theta$ 经过管道进入至塔 2 底部，和塔 2 底部吸收液混合后，重新回流至塔 1；其中，$L_2=L_3(1-\theta)+L_1\theta$。

3. 第二级吸收塔工艺计算

（1）吸收剂用量及浓度计算

$$Y_1 = G_{1a}/G_{1g}8.18 \div 9.31 = 0.88\ \text{kmol（氨气）/kmol（空气）}$$

由填料塔吸收效率 90%，可得

$$Y_2 = 0.88 \times (1-90\%) = 0.088\,0\ \text{kmol（氨气）/kmol（空气）}$$

二级吸收塔吸收率 85%，可得

$$Y_3 = 0.088\,0 \times (1-85\%) = 0.013\,2\ \text{kmol（氨气）/kmol（空气）}$$

$$X_3 = 0\ \text{kmol（氨气）/kmol（水）}$$

因 Y_2、Y_3 较小，该段的气液平衡关系符合亨利定律，氨水溶液的亨利常数 E 可查表 4-6，则气液平衡常数 m 为

$$m=\frac{E}{P}=\frac{2\,080\ \text{mmHg}}{760\ \text{mmHg}}=2.74$$

表 4-6 氨水溶液的亨利常数 单位：mmHg

气体	温度/℃							
	0	10	20	30	40	50	60	70
NH_3	1 560	1 800	2 080	2 410	—	—	—	—

由 $Y=mX$ 可得，当 Y_2=0.0880 时，与之相平衡的液相浓度 $X_2^*=0.0321$。

最小液气比

$$\left(\frac{L_3}{G_{1g}}\right)_{min}=\frac{Y_1-Y_3}{X_2^*-X_3}=\frac{0.0880-0.0132}{0.0321-0}=2.33$$

吸收剂流量一般取最小液气比的 1.1～1.5，这里取较大值 1.5，可使液沫夹带的吸收液中氨的损失较小

$$L_3'=1.5\times\left(\frac{L_3}{G_{1g}}\right)_{min}\times G_{1g}=1.5\times 2.33\times 9.31\ \text{kmol/h}=32.54\ \text{kmol/h}=586.69\ \text{kg/h}$$

取整，吸收剂流量为 600 kg/h，即 33.33 kmol/h。

（2）塔径计算

填料选用特性数据如下。

表 4-7　填料特性

填料名称	规格（直径/mm）	填料材质及堆积方式	比表面积/（m^2/m^3）	填料因子 φ/（m^{-1}）
鲍尔环	25	瓷质，乱堆	152	241

① 泛点气速。采用埃克特通用关联图计算泛点气速。

塔顶气体质量流量

$$G_3=G_{1g}\times M_{空}+1/3\times G_{1g}\times M_{NH_3}9.31\times 29+0.013\,2\times 9.31\times 17=272.08\ \text{kg/h}$$

吸收剂质量流量 $L_3'=600\ \text{kg/m}^3$

气体密度

$$\rho_G=(Y_3\times M_{NH_3}+1\times M_{空})/[(Y_{3+1})\times 22.4](0.013\,2\times 17+29)/(1.013\,2\times 22.4)=1.29\ \text{kg/m}^3$$

液体密度 $\rho_L=1\,000\ \text{kg/h}$

按埃克特填料塔通用关联图确定泛点气速，该图横坐标为：

$$\frac{L_3'}{G_3}\left(\frac{\rho_G}{\rho_L}\right)^{0.5}=\frac{600}{272.08}\left(\frac{1.29}{1\,000}\right)^{0.5}=0.079\,2$$

查图，得纵坐标 0.15，即

$$\frac{u_f^2\,\phi\psi}{g}\left(\frac{\rho_G}{\rho_L}\right)\mu_L^{0.2}=0.15$$

$\phi=241\ \text{m}^{-1}$，$\psi=\rho_水/\rho_L=1$，20℃溶液黏度取水的黏度 μ_L=1.01 mPa·s

将以上各值代入，可得泛点气速 u_f=2.17 m/s

② 空塔气速。空塔气速一般取泛点气速的 50%～85%，在此取泛点气速的 70%作为操作气速，气速 u_2= 0.7×2.17=0.7×2.17 m/s=1.52 m/s

③ 塔径。常温常压下，空塔体积流量 G'_3：

$$G'_3=G'_{1g}+G'_{3a}=G'_{1g}+G'_{3a}(1-\eta_1)$$
$$=[223.83+183.23(1-90\%)]\times 293.15/273.15=243.51\ \mathrm{m^3/h}$$

填料塔 2 塔径 D_2

$$D_2=\sqrt{\frac{4G'_3}{\pi u_2}}=\sqrt{\frac{243.51}{3\,600\times 0.785\times 1.52}}=0.238\ \mathrm{m}$$

取 D_2=250 mm，校核空塔气速 u_2=1.38 m/s

泛点率校核

$$\frac{u_2}{u_{f2}}=\frac{1.38}{2.17}=0.64\text{（在允许范围内）}$$

填料规格校核

$\frac{D_2}{d}=\frac{250}{25}=10$ 在允许范围内（应大于 8）

液体喷淋密度校核

取最小润湿速率为 $(L_W)_{min}=0.08\ \mathrm{m^3/(m\cdot h)}$

$$U_{min\,2}=(L_W)_{min}\cdot 152=12.16\ \mathrm{m^2/(m\cdot h)}$$

$$U_2=\frac{600/1\,000}{0.785\times 0.25^2}=12.22\ \mathrm{m^2/(m\cdot h)}>U_{min\,2}\text{（符合要求）}$$

④ 塔吸收剂加入量。塔 2 需加入吸收剂量为 600 kg/h[见（1）]。

（3）吸收塔 2 高度计算

$$Z=H_{OG}N_{OG}=\frac{G_{1g}}{K_Y aS}\int_{Y_2}^{Y_1}\frac{\mathrm{d}Y}{Y-Y^*}$$

① 传质单元高度 H_{OG2}

$$G_{1g}=9.31\ \mathrm{kmol/h}$$

$$K_y a=0.088\ \mathrm{kmol/(m^3\cdot s)}=316.8\ \mathrm{kmol/(m^3\cdot h)}$$

塔横截面积 S_2=0.07 m²

$$H_{OG2}=G_{1g}/(K_y a\cdot S_2)=9.31/(316.8\times 0.07)=0.42\ \mathrm{m}$$

② 传质单元数 N_{OG2}。在浓度较低范围内，可认为气液平衡线成直线型关系，即符合

亨利定律 Y=2.74X。

$$N_{OG2}=\frac{Y_2-Y_3}{\Delta Y_2-\Delta Y_3}\ln\left(\frac{\Delta Y_2}{\Delta Y_3}\right)$$

$$\Delta Y_2=Y_2-Y_2^*=0.088\,0-2.74\times0.025\,7=0.017\,6$$

$$\Delta Y_3=Y_3-Y_3^*=0.013\,2-2.74\times0=0.013\,2$$

则传质单元数

$$N_{OG}=\frac{0.088\,0-0.013\,2}{0.017\,6-0.013\,2}\ln\left(\frac{0.017\,6}{0.013\,2}\right)=4.89$$

故得填料层高度为

$$Z=H_{OG}N_{OG}=0.42\times4.89=2.05\text{ m}$$

③ 吸收塔 2 总高度。填料层上下高度取 0.5 m

则填料塔高 H_2=1 m+2.05 m=3.05 m，取整 3 m。

（4）吸收塔压降计算

当 u_2=1.38 m/s 时，

$$\frac{u^2\phi\psi}{g}\left(\frac{\rho_G}{\rho_L}\right)\mu_L^{\ 0.2}=0.060\,4$$

在压降泛点通用关联图上，由横坐标为 0.079 2，纵坐标 0.060 4 确定的交点所对应的压降为 500Pa/m，在允许范围之内。

第二级填料塔总压降 ΔP_1=500 Pa/m×2.05 m=1 025 Pa

4．第一级吸收塔工艺计算

（1）吸收剂用量及浓度计算

进入塔的空气量 G_{1g}=9.31 kmol/h

给定：Y_1=0.88 kmol（氨气）/kmol（空气）

根据去除率得：Y_2=0.088 kmol（氨气）/kmol（空气）

X_2=0.020 8 kmol（氨气）/kmol（水）

设塔 1 中总的吸收剂的量为 1 600 kg/h（88.89 kmol/h），因塔 1 中有 10%的液沫夹带进入塔 2 液体出口处与 L_2 混合，则

$$\begin{aligned}X_2&=\frac{G_{1a}\times\eta_1\times10\%}{L_1'}+\frac{G_{1g}(Y_2-Y_3)}{L_1'}\\&=\frac{8.18\times90\%\times10\%}{88.89}+\frac{9.31\times(0.088\,0-0.013\,2)}{88.89}\\&=0.016\,1\text{ kmol（氨气）/ kmol（水）}\end{aligned}$$

通过氨气气液平衡图（图 4-7），查得当 Y_1=0.88 时，

X_1^*=0.11 kmol（氨气）/kmol（水）；

表 4-8　20℃时氨水溶液气液平衡关系（已考虑氨吸收时温度的变化）

x	0.01	0.02	0.03	0.04	0.05	0.06	0.07	0.08	0.09
y	0.01	0.025	0.045	0.08	0.12	0.17	0.23	0.32	0.42

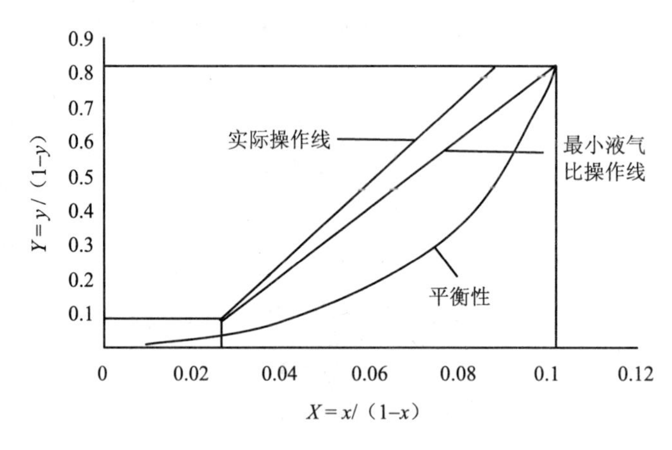

图 4-7　氨气气-液平衡图

最小液气比

$$\left(\frac{L_1}{G_{1g}}\right)_{\min}=\frac{Y_1-Y_2}{X_1^*-X_2}=\frac{0.88-0.088}{0.11-0.0161}=8.43$$

吸收剂流量一般取最小液气比的 1.1～1.5，为提高吸收液氨水浓度，取 1.1

$$L_1'=1.1\times\left(\frac{L_1}{G_{1g}}\right)_{\min}\times G_{1g}=1.1\times 8.43\times 9.31\,\text{kmol/h}=86.38\,\text{kmol/h}=1\,555\,\text{kg/h}$$

取整，吸收剂流量为 1 600 kg/h，即 88.89 kmol/h，假设成立

需额外补充吸收剂量为，（1 600–600×90%）kg/h=1 060 kg/h，即 58.89 kmol/h

$$X_1=G_{1g}(Y_1-Y_2)/L_1'+X_2'=9.31\times(0.88-0.088)/88.89+0.0161$$
$$=0.0091\,\text{kmol（氨气）/kmol（水）}$$

（2）塔径计算

填料特性数据如表 4-9 所示。

表 4-9　填料特性

填料名称	规格（直径/mm）	填料材质及堆积方式	比表面积/（m^2/m^3）	填料因子φ / m^{-1}
拉西环	25	瓷质，乱堆	152	241

① 泛点气速。塔顶气体质量流量

$$G_2=9.31\times29+0.088\times9.31\times17=283.92\ \text{kg/h}$$

吸收剂质量流量 $L_1'=1\,600\ \text{kg/h}$

气体密度ρ_G=（0.088×17+29）/（1.088×22.4）=1.29 kg/m^3

液体密度ρ_L =1 000 kg/m^3

按填料塔泛点和压降的通用关联图确定泛点气速，该图横坐标为：

$$\frac{L_1'}{V_1}\left(\frac{\rho_G}{\rho_L}\right)^{0.5}=\frac{1\,600}{283.92}\left(\frac{1.29}{1\,000}\right)^{0.5}=0.202$$

查图，得纵坐标 0.08，即

$$\frac{u_f^2\,\phi\psi}{g}\left(\frac{\rho_G}{\rho_L}\right)\mu_L^{0.2}=0.08$$

ϕ=241 m^{-1}，$\psi=\rho_{水}/\rho_L=1$，20℃溶液黏度取水的黏度μ_L=1.01 mPa·s

将以上各值代入，可得泛点气速 u_{f1}=1.59 m/s

② 空塔气速。空塔气速一般取泛点气速的 50%～85%，在此取泛点气速的 70%作为操作气速

$$u_1=0.7\times u_{f1}=1.11\ \text{m/s}$$

③ 塔径：

$$D_1=\sqrt{\frac{4G_2}{\pi u_1}}=\sqrt{\frac{283.92}{3\,600\times0.785\times1.11}}=0.301\ \text{m}$$

取整，D_1=300 mm，校核空塔气速 u_1=1.12 m/s

泛点率校核

$$\frac{u_1}{u_{f1}}=\frac{1.12}{1.59}=0.70\ \text{（在允许范围内）}$$

填料规格校核

$$\frac{D_1}{d}=\frac{300}{25}=12\ \text{（在允许范围内）}$$

液体喷淋密度校核

取最小润湿速率为 $(L_W)_{min}=0.08\ \text{m}^3/(\text{m}\cdot\text{h})$

$$U_{min1}=(L_W)_{min}\cdot152=12.16\ \text{m}^2/(\text{m}\cdot\text{h})$$

$$U_1=\frac{2\,000/1\,000}{0.785\times0.3^2}=28.31\ \text{m}^2/(\text{m}\cdot\text{h})>U_{min1}\ \text{（符合要求）}$$

④ 根据核算结果。塔 1 排出吸收液的浓度为：

$$x_1=(0.099\,1\times17)/(1\times18+0.099\,1\times17)=8.56\%$$

塔 1 排出吸收液的量为：1.6 m^3/h

（3）吸收塔高度计算

$$Z=H_{OG}N_{OG}=\frac{V}{K_Y a\Omega}\int_{Y_2}^{Y_1}\frac{dY}{Y-Y^*}$$

① 传质单元高度 H_{OG1}

$$G_{1g}=9.31\ \text{kmol/h}$$

$$K_Y a=0.088\ \text{kmol/(m}^3\cdot\text{s)}=316.8\ \text{kmol/(m}^3\cdot\text{h)}$$

塔横截面积 S_1=0.07 m^2

$$H_{OG1}=G_{1g}/(K_Y a\cdot S_1)=9.31/(316.8\times0.07)=0.42\ \text{m}$$

② 传质单元数 N_{OG}

$$N_{OG1}=\int_{Y_2}^{Y_1}\frac{dY}{Y-Y^*}$$

因气液平衡线不是直线，故应使用图解积分计算传质单元数：

根据（X_1，Y_1）、（X_2，Y_2）在氨气液气平衡图中作操作线，得到图 4-7，从图中读出若干塔截面上的推动力（$Y-Y^*$），并计算相应的 1/（$Y-Y^*$），标绘 Y 与 1/（$Y-Y^*$）的关系曲线，如图 4-8 所示，此关系曲线与 Y 在 Y_1～Y_3 和 1/（$Y-Y^*$）=0 之间的面积为积分值。

由图所得曲线，积分得该面积为 4.14，即

$$N_{OG1}=4.14$$

故得填料层高度为

$$Z=H_{OG1}N_{OG1}=0.42\times4.14=1.74\ \text{m}$$

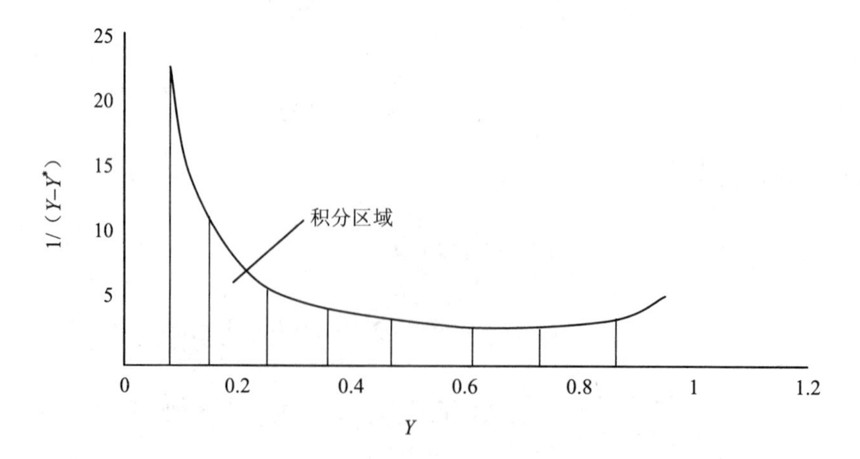

图 4-8　Y 与 1/（$Y-Y^*$）的关系曲线

③ 吸收塔总高度。填料层上下高度取 0.5 m

则填料塔高 H_1=1 m+1.74 m=2.74 m，取整 3 m。

（4）吸收塔压降计算

当 u_1=1.12 m/s 时，

$$\frac{u^2\phi\psi}{g}\left(\frac{\rho_G}{\rho_L}\right)\mu_L^{0.2}=0.039\,8$$

在压降泛点通用关联图上，由横坐标为 0.253，纵坐标 0.039 8 确定的交点所对应的压降为 490 Pa/m，其在 150～500Pa/m 的允许范围之内。

第一级填料塔总压降 ΔP_1=490 Pa/m×1.74 m=852 Pa

（5）两级吸收塔总压降

$$\Delta P=\Delta P_1+\Delta P_2=1\,877\text{ Pa}$$

（6）核算塔 2 氨出口浓度

两塔的工艺参数计算完毕后，需核算出口尾气中氨是否达到排放标准。

塔 2 出口氨的速率为：

$$W_{3a}=139\times(1-90\%)(1-85\%)=2.085\text{ kg/h}$$

塔 2 出口氨的浓度为：

$$c_{3a}=\frac{W_{3a}}{G_3'}=\frac{2.085\times 1\,000}{243.51}=8.56\text{ g/m}^3$$

均符合设计要求。

（7）塔 1 冷却水用量计算

塔 1 进气 Y_1 高达 0.88 kmol（氨气）/kmol（空气），氨气经吸收剂吸收后会产生大量的热，导致塔 1 吸收液温度升高，影响吸收效果，需对塔 1 进行冷却。

塔 1 的氨气吸收产生的热量：

$$q_1=G_{1a}'\times\eta_1\times H_a$$

查得氨气在水中的溶解热为 34 748 kJ/kmol，G'_{1a}=8.18 kmol/h，η_1 为 90%，代入得

$$q_1=8.18\times 90\%\times 34\,748=2.56\times 10^5\text{kJ/h}$$

塔 1 采用夹套循环冷却水冷却。水的比热容为：4.2 kJ/（kg·℃），设冷却水进水温度为 15℃，出水温度为 28℃，则保持塔 1 常温所需冷却水最小用量为

$$\frac{2.56\times 10^5}{4.2\times(28-15)}=4\,689\text{ kg/h}$$

冷却水泵、水池、冷却塔等计算、选型在此不再赘述。

5. 核算氨排放参数，汇总吸收塔结果

根据上述计算，氨气吸收系统工艺计算结果汇总见表 4-10。

表 4-10 氨气吸收塔参数汇总表

项目		数值
氨气产生量/（kg/h）		139
吸入空气量/（m^3/h）		223.83
吸收塔去除效率%	总效率	98.5%
	一级吸收塔	90%
	二级吸收塔	85%
二级塔尾气排放	氨排放速率	2.085 kg/h
	氨排放浓度	8.56 g/m^3
水用量	总用量	1 660 kg/h
	一级吸收塔	1 060 kg/h
	二级吸收塔	600 kg/h
吸收液	氨水产生量	1.6 m^3 /h
	氨水浓度	8.56%
塔填料	一级吸收塔	瓷质乱堆鲍尔环 d=25 mm
	二级吸收塔	瓷质乱堆鲍尔环 d=25 mm
塔径	一级吸收塔	250 mm
	二级吸收塔	300 mm
塔高	一级吸收塔	3 m，填料层高度 1.74 m
	二级吸收塔	3 m，填料层高度 2.05 m
塔压降/Pa	总压降	1 877 Pa
	一级吸收塔	852 Pa
	二级吸收塔	1 025 Pa

第五节 活性炭纤维吸附回收氯仿工艺设计

活性炭纤维（active carbon fiber，ACF）吸附处理有机废气是《我国“十五”有机原料及合成材料工业环保技术和措施》中大力推广使用的一种清洁生产技术措施。活性炭纤维是在单丝直径仅为 8～30 μm 的碳纤维外表面上，采用特殊的工艺，形成密集分布的直径为 20Å（埃）左右的微孔，这些微孔对某些分子具有优异的吸附能力。活性炭纤维与传统的颗粒活性炭相比，具有吸附能力强、速度快、脱附速度快、脱附简单等独特的优点。广泛应用在用于气体净化、气体分离、溶剂回收（特别是腐蚀性的氯化烃类化合物、应用性溶剂、低沸点溶剂）等领域。

某农药厂年产 2 000 t 0,0-二甲基-*N*-乙酰基硫代磷酰胺、600 t 2,6-二甲基-*N*-（2-甲基十二烷基）吗啉。

生产过程中有大量溶剂三氯甲烷（氯仿）以尾气的形式排入大气，对环境造成严重的

影响，拟采用活性炭纤维吸附法回收氯仿，实现清洁生产。

一、设计尾气量及排放标准

尾气产生情况见表 4-11，处理后的尾气浓度要求见表 4-12，三氯甲烷的理化性质见表 4-13。

表 4-11　需处理的尾气量及浓度

尾气种类	产生速率	风量	尾气进口浓度
氯仿	57.9 kg/h	5 400 m^3/h	10.72 g/m^3

表 4-12　尾气排放标准

污染物	浓度/（mg/m^3）	速率/（kg/h）	排气筒高度/m
氯仿	200	—	15

表 4-13　三氯甲烷理化性质

分子量	沸点/℃	溶解度/（g/100 ml）	密度/（g/cm^3）	Antoine 常数			
				范围/℃	A	B	C
119.39	61.2	0.8（20 ℃）	1.48（液） 4.21（蒸汽）	−30～150	6.903	1 163.03	227.4

二、溶剂回收工艺流程

吸附和再生工艺框图分别如图 4-9、图 4-10 所示。

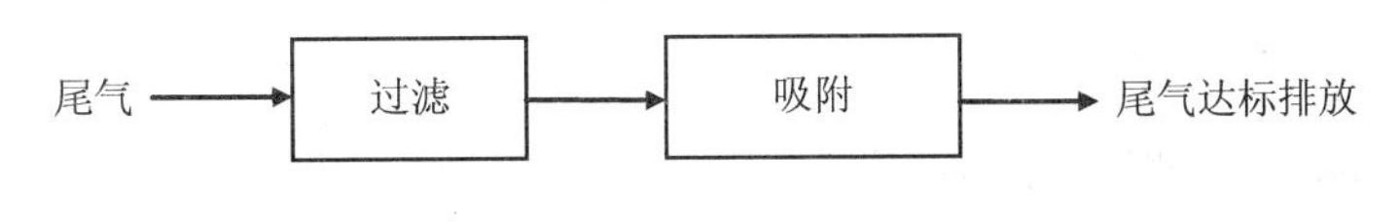

图 4-9　氯仿尾气吸附工艺流程

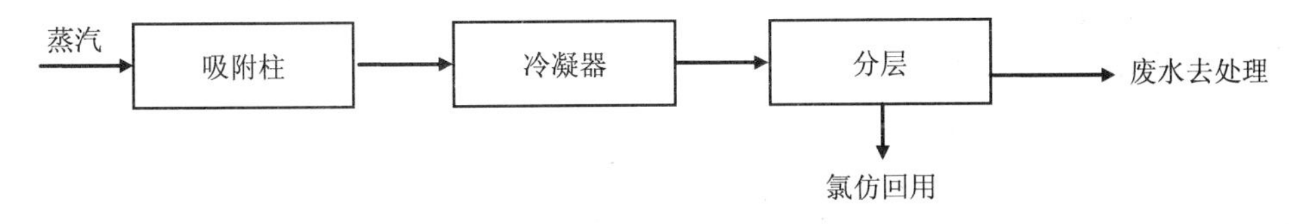

图 4-10　氯仿再生工艺流程

生产装置排出的含氯仿尾气经过滤后送入吸附柱，吸附柱共 4 只，分成两组，每组两只并联吸附，第一组柱饱和后，切换为再生；第二组则切换成吸附，继续工作。吸附后尾气经 15 m 高排气筒排放。吸附饱和后的活性炭纤维，通入 0.15 MPa 饱和水蒸气进行解吸，夹带氯仿的水蒸气进入冷凝器用循环冷却水冷凝，经分层得到氯仿相和水相，氯仿回收，水相送废水处理装置，冷凝过程中会产生少量不凝气无组织排放。

三、工艺及设备选型计算

1. 过滤器

经查《腐蚀数据与选材手册》，氯仿对一般高分子材料有较强的溶解性，仅聚四氟乙烯、陶瓷、金属等可用作接触材料。

过滤介质选聚四氟乙烯滤芯；单根通气量为 18 m^3/min（L = 750 mm）；过滤器壳体材料选不锈钢。

选型结果见表 4-14。

表 4-14 过滤器选型

尾气种类	风量	滤芯规格	滤芯材料	数量/台
氯仿	5 400 m^3/h	L = 750，6 根	聚四氟乙烯	1

2. 吸附柱

（1）基本参数

所选 ACF 的比表面积为 1 200 m^2/g，密度为 0.05 g/cm^3，厚度 3 mm。

设定工艺参数，处理风量 5 400 m^3/h，吸附周期 60 min；工作模式为两只吸附柱并联吸附操作，另两只柱再生；饱和蒸汽再生；查有关文献，常温下，ACF 对氯仿的饱和吸附量为 0.889 kg/kgACF。

（2）吸附率

根据废气进口浓度和出口排放标准，计算所需吸附率：

$$\eta' = \frac{10.72 - 0.2}{10.72} \times 100\% = 98.13\%$$

即吸附率不能低于 98.13%，设 30%裕量，设计吸附率为：

$$\eta = 1 - \left[\frac{1-\eta'}{1+30\%}\right] = 1 - \left[\frac{1-98.13\%}{1+30\%}\right] = 98.60\%$$

按设计吸附率，每一周期吸附的氯仿量为：

$$G_s = 57.9 \times 98.6\% = 57.09 \text{ kg/h}$$

（3）微型柱实验测定穿透时间

以微型柱进行了穿透时间测定，得到吸附床层高度 z 与穿透时间 τ_B 的数据见表 4-15。

表 4-15 不同吸附床层高度下 ACF 对氯仿的吸附穿透时间

床层高度 z / m	0.1	0.15	0.2	0.25	0.3	0.35
穿透时间 τ_B / min	5	10	13	19	23	27

把上表数据用最小二乘法拟合，得到吸附床层高度 z 与穿透时间 τ_B 的关系方程：

$$y = 88.57x - 3.76$$

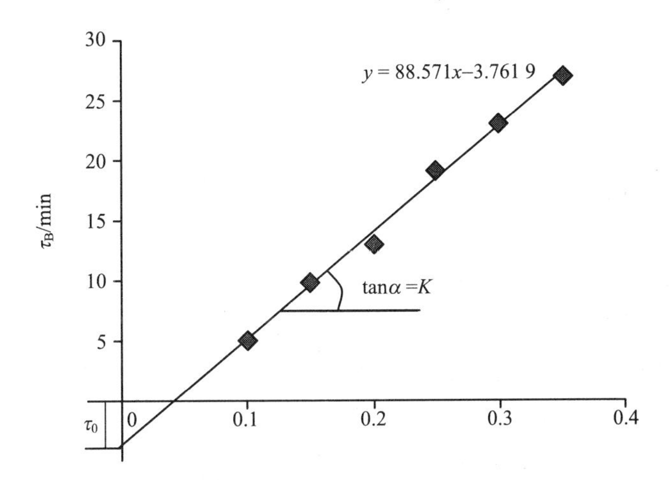

图 4-11　ACF 吸附氯仿的吸附床层高度 z 与穿透时间 τ_B 关系

根据图 4-11 可得：K=88.57，τ_0=3.76 min。

（4）床层高度 z

根据工艺要求，吸附周期为 60 min，计算 τ_B=60 min 时的床层高度：

$$z = \frac{\tau_B + \tau_0}{K} = \frac{60 + 3.76}{88.57} = 0.72\ \text{m}$$

初选空塔气速 v = 40 m/min，废气量为 5 400 m³/h，两只吸附柱并联进行吸附，单柱直径为：

$$D = \left(\frac{4Q}{\pi v}\right)^{1/2} = \left(\frac{4 \times 5\ 400 \times 0.5}{\pi \times 40 \times 60}\right)^{1/2}\ \text{m} = 1.20\ \text{m}$$

（5）吸附剂用量 M

$$M = Az\rho_s = \frac{\pi}{4} \times 1.2^2 \times 0.72 \times 0.05 \times 10^3 = 40.69\ \text{kg}$$

（6）核算可吸附量

按该吸附剂用量及查得的 ACF 对氯仿饱和吸附量 0.889 kg/kg ACF，计算得吸附量 G'

$$G' = 40.69 \times 2 \times 0.889 = 72.35\ \text{kg/h}$$

远大于每一周期废气中氯仿产生量 57.9 kg，吸附剂用量满足。

因每个周期两只吸附柱吸附，两只吸附柱再生，共四只柱，吸附剂总用量为 162.76 kg。

3. 冷凝计算

（1）再生蒸汽用量

每一周期氯仿的吸附量 G_s 为 57.09 kg/h，采用 0.15 MPa 饱和蒸汽进行再生，再生率不低于 96%，再生液中的氯仿量不少于 54.81 kg/h。

按下式，床层再生耗蒸汽量 $m_{水}$为

$$\frac{m_{水}}{m_B}=\frac{M_{水}P_{水}}{M_B P_B}$$

式中：$m_{水}$ ——再生水蒸气量（冷凝液中水的质量），kg；

m_B ——再生液中组分 B 的量，kg；

$M_{水}$——水的摩尔质量，$M_{水}$=18 kg/kmol；

M_B ——组分 A 的摩尔质量，kg/kmol；

$P_{水}$——再生用蒸汽温度下水的分压，kPa；

P_B ——再生用蒸汽温度下组分 B 的分压，kPa。

0.15MPa 饱和蒸汽的温度为 111℃，采用 Antoine 公式计算氯仿在 111℃时的饱和蒸汽压为 393 kPa，代入计算再生水蒸气量为：

$$m_{水}=\frac{M_{水}P_{水}}{M_B P_B}\cdot m_B=\frac{18\times150}{119.39\times393}\times54.81=3.15\ \text{kg/h}$$

工程实践中，由于床层加热、损耗等原因，实际蒸汽消耗约 2～4 倍于计算值。

（2）冷凝器后不凝气浓度核算

冷凝器出口将有不凝气排放，需核算其排放浓度和速率是否达到排放标准。

冷凝器后不凝气通过排气筒排大气，基本已处于常温常压状态，不凝气可视为理想气体。

① 核算氯仿和水的 K_i。根据氯仿的沸点，设定冷凝温度为 10℃，与沸点差为 51℃；采用 Antoine 公式计算氯仿在 10℃时的饱和蒸汽压：

$$\log P_B=6.90328-\frac{1163.03}{10+227.4}=2.004$$

$$P_B=100.92\ \text{mmHg}=13.45\ \text{kPa}$$

查得水在 10℃时的饱和蒸汽压为 1.227 kPa。

根据双组分的 K_i 计算公式

$$K_B=\frac{y_B}{x_B}=\frac{P_B^*}{P_B^*x+P_A^*(1-x)}$$

氯仿摩尔流量为 Y_B=54.81/119.35=0.459 kmol/h，水摩尔流量为 Y_A=3.15×2/18=0.35 kmol/h，

总摩尔流量为 $G=\sum Y_i=Y_A+Y_B=0.809$ kmol/h， $x=\frac{Y_B}{G}=0.567\,4$，代入，得

$$K_{氯仿}=\frac{P_B^*}{P_B^*x+P_A^*(1-x)}=\frac{13.45}{13.45\times0.567\,4+1.277\times(1-0.567\,4)}=1.8211$$

$$K_{水}=\frac{P_A^*}{P_B^* x+P_A^*(1-x)}=\frac{1.227}{13.45\times 0.567\,4+1.227\times(1-0.567\,4)}=0.166\,1$$

② 假定冷凝后的气/液比。根据经验或实验数据，估计冷凝后的气液比$(G/L)_j$，现设$(G/L)_j=2$

③ 计算冷凝液量$\sum L_i$。按给定冷凝温度下的K_i值，计算冷凝液量L：

$$L=\sum_{i=1}^{2}L_i=\sum_{i=1}^{2}\frac{Y_i}{1+K_i(G/L)_j}$$

式中：L ——冷凝液量，kmol/h；

Y_i ——组分i的冷凝前气相摩尔流量，kmol/h；

$(G/L)_j$ ——假定的冷凝后气液比；

L_i ——组分i的冷凝液量。

当$(G/L)_j=2$时

$$L=\sum_{i=1}^{2}L_i=L_A+L_B=\frac{Y_A}{1+2K_{水}}+\frac{Y_B}{1+2K_{氯仿}}=\frac{0.35}{1+2\times 0.166\,1}+\frac{0.459}{1+2\times 1.821\,1}=0.361\,6\ \text{kmol/h}$$

④ 计算剩余气相量G'，核实气/液比。

剩余气相量G'为

$$G'=G-\sum L_i=\sum Y_i'$$

$$G'=G-\sum L_i=0.809-0.361\,6=0.447\,4\ \text{kmol/h}$$

⑤ 计算实际气液比G'/L。

$$G'/L=\frac{0.447\,4}{0.361\,6}=1.237\,3$$

与假设气液比的误差为

$$\frac{G/L-G'/L}{G/L}=\frac{2-1.237\,3}{2}=38.24\%>1\%$$

需重新假设气液比，将计算结果列于表4-16。

表4-16　冷凝器回流比计算

假设气液比 G/L	冷凝液量 L/（kmol/h）	剩余气相量G'/（kmol/h）	实际气液比 G'/L	实际与假设气液比的误差/%
2	0.361 6	0.447 4	1.237 3	38.24
1	0.462 8	0.346 2	0.748 1	25.19
0.5	0.563 3	0.245 7	0.436 2	22.56
0.2	0.675 4	0.133 7	0.198 0	1

从上表可得，当假设气液比为 0.2 时，符合要求

此时，氯仿的冷凝量为：

$$L_B=\frac{Y_B}{1+0.2K_B}=\frac{0.459}{1+0.2\times 1.8211}=0.336\ 5\ \text{kmol/h}$$

气相中剩余氯仿量为：

$$G_B=Y_B-L_B=0.459-0.336\ 5=0.122\ 5\ \text{kmol/h}$$

气相中氯仿质量为：

$$m_{\text{氯仿}}=G_B\times M_{\text{氯仿}}=0.122\ 5\times 119.39=14.625\ \text{kg/h}$$

氯仿的冷凝率为：

$$\frac{0.336\ 5}{0.459}\times 100\%=73.31\%$$

水的冷凝量为：

$$L_A=\frac{Y_A}{1+0.2K_A}=\frac{0.35}{1+0.2\times 0.166\ 1}=0.338\ 8\ \text{kmol/h}$$

气相中剩余水蒸气量为：

$$G_A=Y_A-L_A=0.35-0.338\ 8=0.011\ 2\ \text{kmol/h}$$

气相中总剩余气体量为：

$$G_{\text{剩余气}}=G_A+G_B=0.011\ 2+0.122\ 5=0.133\ 7\ \text{kmol/h}$$

理想状态下，剩余气体总体积：

$$V_{\text{剩余气}}=G_{\text{剩余气}}\times 22.4\times 10^{-3}=0.133\ 7\times 10^3\times 22.4\times 10^{-3}=2.995\ \text{m}^3/\text{h}$$

则剩余气体中氯仿的浓度为：

$$c_{\text{剩余氯仿}}=\frac{m_{\text{氯仿}}}{V_{\text{剩余气}}}=\frac{14.625}{2.995}=4.88\ \text{kg/m}^3$$

查得氯仿蒸汽对空气（密度为 1.28 kg/m^3）的相对密度为 4.12，即常压下气相中全部为氯仿蒸汽时，其密度应为：4.12×1.29=5.31 kg/m^3，符合实际情况。

⑥ 强化冷凝，将冷凝温度降为−10℃，与沸点差为 71℃；采用 Antoine 公式计算氯仿在−10℃时的饱和蒸汽压为 4.73 kPa，水在−10℃时的饱和蒸汽压为 0.259 kPa，计算可得

$$K'_{\text{氯仿}}=\frac{P_B^*}{P_B^*x+P_A^*(1-x)}=\frac{4.73}{4.73\times 0.567\ 4+0.259\times(1-0.567\ 4)}=1.691\ 8$$

$$K'_{\text{水}}=\frac{P_A^*}{P_B^*x+P_A^*(1-x)}=\frac{0.259}{4.73\times 0.567\ 4+0.259\times(1-0.567\ 4)}=0.092\ 6$$

假设 $(G'/L')_j=0.2$

冷凝液量 L' 为

$$L'=\sum_{i=1}^{2}L_i=L'_A+L'_B=\frac{Y_A}{1+2K'_{水}}+\frac{Y_B}{1+2K'_{氯仿}}=\frac{0.35}{1+0.2\times0.0926}+\frac{0.459}{1+0.2\times1.6918}=0.6866\ \text{kmol/h}$$

剩余气相量 G'' 为

$$G''=G'-\sum L'_i=0.809-0.6866=0.1224\ \text{kmol/h}$$

计算实际气液比 G''/L'。

$$G''/L'=\frac{0.1224}{0.6866}=0.1783$$

与假设气液比的误差为

$$\frac{G'/L'-G''/L'}{G'/L'}=\frac{0.2-0.1783}{0.2}=10.85\%>1\%$$

需重新假设气液比，将计算结果列于表 4-17。

表 4-17　强化冷凝回流比计算

假设气液比 G'/L'	冷凝液量 L'/（kmol/h）	剩余气相量 G''/（kmol/h）	实际气液比 G''/L'	实际与假设气液比的误差/%
0.2	0.688 6	0.122 4	0.178 3	10.85
0.1	0.739 4	0.069 6	0.094 2	5.8
0.05	0.771 6	0.037 4	0.048 5	3
0.02	0.793 3	0.015 7	0.019 8	1

从上表可得，当假设气液比为 0.02 时，符合要求

此时，氯仿的冷凝量为：

$$L'_B=\frac{Y_B}{1+0.02K'_{氯仿}}=\frac{0.459}{1+0.02\times1.6918}=0.4440\ \text{kmol/h}$$

氯仿的冷凝率为：

$$\frac{0.4440}{0.459}\times100\%=96.73\%$$

气相中剩余氯仿量为：

$$G'_B=Y_B-L'_B=0.459-0.4440=0.0150\ \text{kmol/h}$$

气相中氯仿质量为：

$$m'_{氯仿}=G'_B\times M_{氯仿}=0.0150\times119.39=1.7909\ \text{kg/h}$$

水的冷凝量为：

$$L'_A=\frac{Y_A}{1+0.02K'_水}=\frac{0.35}{1+0.02\times0.0926}=0.3494\ \text{kmol/h}$$

气相中剩余水蒸气量为：

$$G'_A=Y_A-L'_A=0.35-0.3494=0.0006\ \text{kmol/h}$$

气相中总剩余气体量为：

$$G'_{剩余气}=G'_A+G'_B=0.0006+0.0150=0.0156\ \text{kmol/h}$$

理想状态下，剩余气体总体积：

$$V'_{剩余气}=G'_{剩余气}\times22.4\times10^{-3}=0.0156\times10^{3}\times22.4\times10^{-3}=0.3494\ \text{m}^3/\text{h}$$

则剩余气体中氯仿的浓度为：

$$c'_{剩余氯仿}=\frac{m'_{氯仿}}{V'_{剩余气}}=\frac{1.7909}{0.3494}=5.13\ \text{kg/m}^3$$

因氯仿对空气的相对蒸汽密度为 4.12，即常压下气相中全部为氯仿蒸汽时，其密度应为：$4.12\times1.29=5.31\ \text{kg/m}^3$，符合实际情况。

对比该计算结果，其结论为，冷凝温度越低，氯仿冷凝率提高，气相中氯仿剩余量减少，但水较氯仿更易被冷凝，因此不凝气中氯仿的浓度增加。

根据该计算结果，冷凝器后不宜接空气动力设备抽气，而可采用带冷却夹套、与大气连通的回流管，在保证安全操作的前提下，尽可能减少冷凝时氯仿损失。

另一种减少冷凝不凝气损失的方法是加大冷凝器换热面积，使冷凝时间延长至 10～25 min，将提高其冷凝效果。

（3）回收氯仿后废水量及浓度

冷凝、分层回收氯仿后，蒸汽冷凝水量按最大损耗，以一工作日操作 6 周期计：

$$3.15\times2\times6=37.8\ \text{kg/班}$$

根据氯仿溶解度（0.8 g/100mL），其废水中氯仿浓度约 8 000 mg/L。

第五章　粉体净化工程工艺设计

第一节　概　述

粉体工学（powder engineering）是研究粉体制造、加工、使用及后处理技术、工艺和设备的技术科学，粉体净化工程是研究如何消除或减少在上述过程中粉尘对环境和人体健康的影响的技术科学。

固体物质的细小颗粒体叫做粉体，生产过程中产生并能较长时间悬浮于气体中的固体粒子称为粉尘。

几乎各行各业都可产生粉尘。例如冶金、机械、水泥、石棉、玻璃陶瓷、纺织、电力、化工、塑料橡胶、粮食加工等行业在生产过程中均产生大量粉尘。产生粉尘的主要生产过程包括如下几个。

（1）固体物质的机械破碎过程

如矿石的、砂石的破碎过程；球磨机等机械破碎过程等，各种粉状化工、轻工采用机械法粉碎得到各种粒径产品的过程。

（2）固体表面的加工过程

如金属及非金属原料的磨、车、铣、刨等加工过程，喷丸式表面清理过程等。

（3）粉状物料的储运、装卸、混合、筛分、包装过程

如各种粉料库的进库、出库过程，皮带输送机、提升机运输粉料过程，粉状产品的筛分、包装过程等。

（4）物料的成型加工过程

如铸造型砂的成型加工、粉状物料的成球加工过程、纤维加工、纺织过程等。

（5）物质的加热、燃烧过程，金属的冶炼、焊接过程

如各种粉状物料的高温煅烧过程、锅炉中煤燃烧产生的烟尘、高炉炼铁烟尘、焦炉烟尘、熔化金属炉以及电焊过程等。

上述生产过程中的粉尘产生点称为尘源。

表 5-1　尘源类型

运动形式	作用力	类型	特征
自由逸散状态	重力沉降	开放式尘源	无组织排放
	外力+重力	机械作用尘源	抛物线沉降
受控管道内运动	空气或其他惰性气体	气力输送、气流干燥、沸腾床干燥	所有物料经气固分离系统分类

生产过程中产生的粉尘，由于空气流动而引起的飞扬过程，称为“尘化”作用或扩散机理。它分为如下两种基本情况。

（1）一次尘化过程

在处理散状物料时，由于诱导空气的流动，使处理物料中细小颗粒物带起形成扬尘。一次尘化有如下几种情况。

① 诱导空气造成的尘化作用。物料在空气中高速运动时，能带动周围空气随其运动，这部分空气称为诱导空气。例如物料沿着溜管运动时，周围的空气由于同物料摩擦等原因，随着物料而流动（诱导作用），使粉尘飞扬和扩散。

② 剪切作用造成的尘化。其明显例子是从高处落入存仓的细粉料，由于空气迎面阻力而引起剪切作用，使粉料悬浮起来。又如振动筛在作往复运动时，使疏松的物料不断地受到挤压，从而把物料间隙中的空气猛烈地挤压出来。当这些空气受力向外运动时，由于气流和粉尘的剪切作用，带动粉尘一起逸出。将物料装入一定容积的存仓时，必然要排挤出和装入物料相同体积的空气量，这些空气将由装料口携带粉尘逸出。

（2）二次尘化过程

由于车间内空气的流动和设备的振动所造成的气流，把沉落在设备、地坪和建筑结构上的粉尘再次扬起。这种气流同一次尘化气流不同，称为二次尘化气流。

二次尘化气流主要指室内的无规则气流和通风射流，但设备的振动、人的行走等也都可能形成二次气流。0.1～0.2 m/s 的细小风速即能把 10μm 以下的石英尘粒吹散满屋。所以二次气流可以说是粉尘大面积扩散的主要因素。而实际上，一次尘化气流和二次尘化气流多为同时、连续作用，最终造成整个车间粉尘弥漫。

第二节　粉尘特性

1. 粉尘分类方法

从胶体化学的观点来看，粉尘是一种分散系，其分散相是固体粒子，分散介质是空气，这种分散系又称气溶胶。

分散于空气中的粉尘，一般以一种不均质、不规则和不平衡的复杂运动状态存在。

粉尘的分类有如下几种方法。

（1）按粉尘生成的特征可分为

① 粉尘——悬浮于空气中的微小颗粒体，是由于破碎和输送等工艺过程产生的，即在粉尘的形成过程中没有任何物理的或化学的变化。尘粒的直径一般小于 0.25 μm。

② 烟尘——粉尘在生成过程中，伴随着物理或化学变化，例如由于氧化、升华、蒸发和冷凝过程而形成悬浮于空气中的固体颗粒，各种炉烟中的粉尘即属此类。

（2）按在静止空气中，粉尘的沉降性质可分为

① 尘埃——在静止空气中，能够呈加速度沉降的尘粒，粒子直径为 10～100 μm；

② 尘雾——在静止空气中，能够呈等速沉降的尘粒，其直径为 0.25～10 μm；

③ 尘云——在静止空气中，不能沉降的浮尘而只能随空气分子作布朗运动，其直径小

于 0.1 μm。

（3）按理化性质可分为

① 无机粉尘——矿物质和金属粉尘；

② 有机粉尘——植物性和动物性粉尘；

③ 混合粉尘——无机和有机粉尘同时悬浮于空气中。

（4）按卫生要求可分为

按卫生要求可分为：有毒粉尘、无毒粉尘和放射性粉尘等。按粉尘的爆炸性质还可分为易燃、易爆和非燃、非爆性粉尘。

粮食加工厂、仓库的粉尘大多数是可燃的有机物质，具有一定爆炸危险性。在面粉厂的制粉车间，粉尘的形成过程一般没有化学变化，因而其化学成分同所处理物料的成分基本相同，一般只有 0.7%～1.3%的差别。但是，悬浮在空气中的粉尘，其在密实状态下的各种物理性质，同所处理的固体物料相差很大。

工业生产中常见粉尘的分类见表 5-2。

表 5-2　粉尘分类

分类方法	粉尘名称	特点
粉尘起因	工业粉尘	在工艺过程中散发出，人工可以控制
	自然飘尘	由风吹起的，人工难以控制
工业粉尘按其生成特性分	生产性粉尘	由生产过程中产生而飘浮于空气中的各种粉尘，形成时无物理、化学变化，多为常温下粉尘
	烟尘	粉尘生成过程中伴随着物理、化学变化，如由于氧化、还原、升华、蒸发、冷凝等过程而形成的固体微粒，多为高温烟气中的粉尘
颗粒大小	尘埃	粒径 10～100 μm，在静止空气中呈加速度沉降，肉眼可见
	尘雾	粒径 0.25～10 μm，在静止空气中等速沉降，用显微镜可见
	尘云	粒径在 0.25 μm 以下，在静止空气中不沉降（或非常缓慢曲折地降落），受空气分子的冲撞而作布朗运动，有相当强的扩散能力，只能用超倍显微镜观察
理化性质	无机粉尘	矿物性粉尘（石英、石棉、滑石、石灰石、黏土粉尘等），金属性粉尘（金属粉尘、金属氧化物、其他无机化学品粉尘等）和人工无机性粉尘（如金刚砂、水泥、石墨、玻璃等）
	有机粉尘	植物性粉尘（煤炭、棉、麻、谷物、烟草、茶叶粉尘等），动物性（如兽毛、毛发、骨质、角质粉尘等）和人工有机性粉尘（如各种有机化学品粉尘等）
	混合性粉尘	上述两种或多种粉尘的混合物。混合性粉尘在生产过程中常常遇到，如磨床磨削过程既有金刚砂粉尘又有金属粉尘
卫生学性质	有毒粉尘	重金属粉尘、化学品粉尘、有毒矿物粉尘，5 μm 以下的呼吸性粉尘等
	无毒粉尘	如铁矿石粉尘、棉尘等
	放射性粉尘	如铀矿物粉尘等
燃烧和爆炸性	易燃易爆粉尘	如煤粉、硫黄粉、可燃化学品粉尘、活泼金属粉尘、有机纤维粉尘等
	非燃非爆粉尘	如石灰石粉尘等

2. 粉尘的性质

粉尘的性质包括密度、安息角、湿润性与水硬性、黏附性、粉尘的含湿率、磨损性、粉尘的荷电与导电性等。

(1) 密度

粉尘密度分为尘粒密度（真密度）和堆积密度。密实状态下单位体积粉尘的质量称为粉尘的尘粒密度，自然堆积状态下单位体积粉尘的质量称为堆积密度。

对于一定种类的粉尘，其真密度为一定值，堆积密度则随空隙率ε而变化。空隙率ε与粉尘的形状、粒径大小、充填方式等有关。粉尘粒径越小，吸附的空气越多，空隙率越大；充填过程加压或进行振动，空隙率减小。

对重力除尘器、惯性除尘器、旋风除尘器来说，其除尘效率与粉尘的真密度有较大关系，真密度小的粉尘分离效果较差。由于粉尘在储仓或除尘器灰斗中主要以自然堆积方式存在，因此其容积计算时需考虑堆积密度。表 5-3 为一些工业粉尘的真密度和堆积密度。

表 5-3　一些工业粉尘的真密度和堆积密度

粉尘名称	真密度/ (g/cm^3)	堆积密度/ (g/cm^3)	粉尘名称	真密度/ (g/cm^3)	堆积密度/ (g/cm^3)
滑石粉 (1.5～45 μm)	2.70	0.70	氧化铜 (0.9～42 μm)	6.4	2.62
滑石粉 (2.7 μm)	2.75	0.56～0.66	铸造砂尘	2.70	1.0
硅砂粉 (30 μm)	2.63	1.45	烧结矿粉	3.8～4.2	0.5～2.6
电炉尘	4.50	0.6～1.5	炼钢转炉尘	5.0	1.36
水泥生料粉	2.76	0.29	炼铁高炉尘	3.31	1.4～1.5
硅酸盐水泥 (0.7～91 μm)	3.12	1.50	石墨	2	0.3
煤粉锅炉	2.15	1.20	重油锅炉	1.98	0.2
炭黑	1.85	0.04	铅精炼烟尘	6	1.2
焦炭	—	0.36～0.53	铁粉	—	2.21～2.43

(2) 安息角和滑动角

安息角也称自然堆积角，是粉尘在水平面上自然堆积成圆锥体，圆锥体的母线与水平面的夹角，一般为 35°～50°。

物质在静态时的堆积角称静态（自然）堆积角；在动态时（如运动中皮带运输机上的矿石）形成的堆积角称为动态堆积角。一般动态角为静态堆积角的 70%左右。

将粉尘置于一块光滑的平板上，使该板倾斜到粉尘开始滑动的角度称为滑动角，一般为 30°～40°。

粉尘的安息角和滑动角是评价粉尘流动特性的一个重要指标，与粉尘粒径、含湿率、颗粒形状、表面光滑程度和粉尘黏性等因素有关。对于某种粉尘，粒径越小，安息角越大；粉尘含湿率增大，安息角随之增大；表面越光滑、形状越接近于球形的粉尘，安息角越小。

表 5-4 是几种工业粉尘的安息角和滑动角。

表 5-4　几种工业粉尘的安息角和滑动角

粉尘名称	安息角/（°）	滑动角/（°）
无烟煤粉	30	37～45
烟煤粉	—	37～45
飞灰	—	15～20
焦炭	35	50
铁粉	—	40～42
烧结混合料	35～40	—
粉状镁砂	—	45～50
铜精矿	—	40
高炉炉灰	25	—
水泥	35	40～45

粉尘的安息角和滑动角是设计除尘器灰斗或料仓锥度、除尘管道倾斜度的主要依据，当除尘器灰斗的锥角小于粉尘的安息角，灰斗中积存的粉尘易形成"架桥"现象，难以排出，使除尘器不能正常工作。

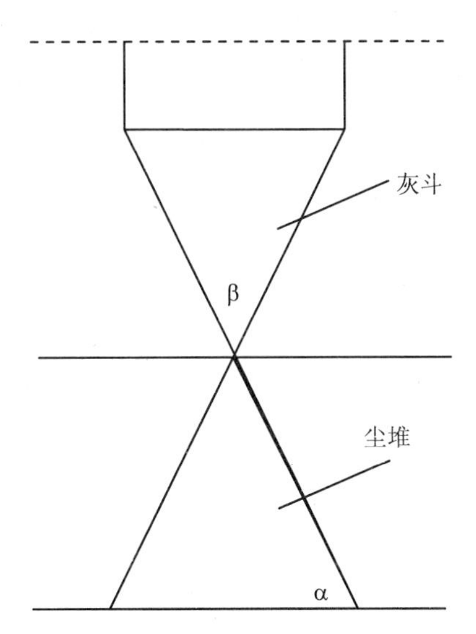

图 5-1　除尘器灰斗与粉尘安息角关系

如图 5-1，很显然，设计时，除尘器灰斗锥角β与粉尘安息角α间应存在下列关系：

$$\beta \leqslant 180 - 2\alpha \tag{5-1}$$

式中：β ——灰斗锥角，（°）；

α ——粉尘安息角，（°）。

但由于影响粉尘安息角的因素太多，同一种粉尘随粒度、湿含量的变化其安息角也会变化。受安装高度、灰斗容积等制约，除尘器灰斗的锥角不能过小，因此，防止灰斗内粉尘形成“架桥”的措施，可以采用“橡胶减震垫+软管+仓壁振动器”的方案解决。即除尘器安装支架上加橡胶减震垫，风管与除尘器的连接采用软管，灰斗外壁对称安装两台仓壁振动器，定时开启，通过振动，消除粉尘“架桥”。

（3）湿润性与水硬性

粉尘被水或其他液体润湿的难易程度称为湿润性。

有的粉尘（如石英砂）易被水湿润，与水接触后会发生凝聚、增重有利于粉尘从气流中分离，称为亲水性粉尘；有的粉尘（如炭黑）很难被水湿润，称为憎水性粉尘有的粉尘（如水泥、石灰）与水接触后，会发生黏结和变硬，称为水硬性粉尘。

水硬性粉尘与水接触后，生成的硬块可能堵塞除尘器，因此，不宜用湿式除尘器；憎水性用湿式除尘器处理，除尘效率不高。

（4）黏附性

尘粒互相贴附凝聚成粒子团的性质称为凝聚性。粉尘在器壁、管壁、水膜附着的性质称为附着性。凝聚性和附着性统称为粉尘的黏附性。

粉尘的黏附性主要取决于粉尘的粒度、湿度、荷电性以及外界条件如空气的温度、湿度、电场力与磁场力、尘粒的运动状态等。

凝聚性会使尘粒增大，有利于分离而提高除尘效率；附着性会使除尘设备或风管内部黏尘而堵塞。

（5）粉尘的湿含量

各类粉尘随着产生方式的不同，一般均会含有一定的液体，主要是水也有可能是其他液体。

粉尘的湿含量与其产生方式有关，如干热过程（高炉烟尘、金属冶炼过程、电焊过程等）、湿热过程（高湿含量粉尘的干燥过程）、机械过程（机械破碎、磨削、自由下落等）；粉尘的湿含量还与其吸湿性有关，可溶于水的粉尘和不溶于水的粉尘的吸湿过程不同，但均可通过吸湿过程最终达到气体的相对湿度与粉尘的含水率之间的平衡。

粉尘湿含量的高低，将影响到粉尘的其他物理性质，如导电性、黏附性、流动性等。

某些化工粉尘所含的液体是有机溶剂时，在其净化系统中还要考虑有机溶剂的毒性、易燃易爆性等，并应根据其性质采取必要的防护措施。

（6）磨损性

粉尘的磨损性指粉尘在流动过程中对器壁、管壁的磨损程度。

粉尘的磨损性与气流速度的 2～3 次方成正比，与粉尘本身的硬度有关。

（7）粉尘的荷电与导电性

粉尘在形成过程中或由于电离辐射、电晕放电和相互摩擦碰撞而带一定电荷。若空气中的尘粒带有同性电荷，则互相排斥而不易凝聚，造成粉尘弥漫，不利于捕集；反之，尘粒带有异性电荷，则互相吸引凝聚成更大的颗粒，加速沉降，从空气中分离。可见，粉尘的荷电可以改变其某些物理特性如凝聚性、附着性及其在气体中的稳定性等。

粉尘的荷电量与其化学组成有关，导电性强的粉尘，得电与失电都快，故不稳定；温度增高，带电能力增加；随其表面积增大、含水量减小，荷电量增大。

通过调节粉尘或液滴的荷电，可以提高电除尘器、袋式除尘器和湿式除尘器等对粉尘的捕集性能。

在粉体工程中用比电阻表示粉尘的导电性。比电阻是选择电除尘器的主要依据。

$$\rho_{\mathrm{d}} = \frac{U}{I\delta} \tag{5-2}$$

式中：ρ_{d} ——比电阻，Ω·cm；

U ——通过粉尘层的电压，V；

I ——通过粉尘层的电流密度，A/cm^2；

δ ——粉尘层的厚度，cm。

粉尘比电阻指的是单位面积、单位厚度上灰层的电阻值。

粉尘化学成分对比电阻的影响为：粉尘中硅、铝、钙含量上升，比电阻上升；钾、钠等碱金属以及铁（Fe_3O_4）含量增加，比电阻下降。烟气湿度主要通过影响粉尘比电阻和火花放电、电压和伏安特性这两种途径来影响除尘效率，烟气中水含量上升，露点上升，粉尘的比电阻下降，除尘器的效率上升；在相同电晕电压下，电晕电流随着烟气含湿量的增加而减小。烟气温度的影响：粉尘在 180℃左右时比电阻最大，温度太高或太低粉尘的比电阻将会下降，高于 250℃时比电阻将会随着温度上升急剧下降，低于 100℃时比电阻将会随着温度下降急剧下降。

粉尘比电阻低于 10^4Ω·cm 称为低阻型。这类粉尘有较好的导电能力，荷电尘粒到达集尘极后，会很快放出所带的负电荷，同时由于静电感应获得与集尘极同性的正电荷。如果正电荷形成的斥力大于粉尘的黏附力，沉积的尘粒将离开集尘重返气流。尘粒在空间受到负离子碰撞后又重新获得负电荷，再向集尘极移动。这样很多粉尘沿极板表面跳动前进，最后被气流带出除尘器。用电除尘器处理金属粉尘、炭墨粉尘、石墨粉尘都可以看到这一现象。

粉尘比电阻位于 10^4～10^{11}Ω·cm 的称为正常型。这类粉尘到达集尘极后，会以正常速度放出电荷。对这类粉尘（如锅炉飞灰、水泥尘、平炉粉尘、石灰石粉尘等）使用电除尘器一般都能获得较好的效果。

粉尘比电阻超过 10^{11}～10^{12}Ω·cm 的称为高阻型。高比电阻粉尘到达集尘极后，电荷释放很慢，这样集尘极表面逐渐积聚了一层荷负电的粉尘层。由于同性相斥，使随后尘粒的驱进速度减慢；同时，随粉尘层厚度的增加，粉尘层内部包含着许多松散的空隙，形成了许多微电场。随 ΔU 的增大，局部微电场击穿，空隙中的空气被电离，产生正、负离子。ΔU 继续增高，这种现象会从粉尘层内部空隙发展到粉尘层表面，大量正离子被排斥，穿透粉尘层流向电晕极。在电场内它们与负离子或荷负电的尘粒接触，产生电中和。大量中性尘粒由气流带出除尘器，使除尘器效果急剧恶化，这种现象称为反电晕。

克服高比电阻影响的方法有：加强振打，使极板表面可能保持清洁；改进供电系统，包括采用脉冲供电和有效的自控系统；增加烟气湿度，或向烟气中加入 SO_3、NH_3 及 Na_2CO_3 等化合物使尘粒导电性增加（烟气调质）。

表 5-5 粉尘在各种温度下的比电阻

粉尘种类	在各种温度下的比电阻/（Ω·cm）				
	21℃	66℃	121℃	177℃	232℃
三氧化二铁	3×10^{7}	2×10^{9}	9×10^{10}	1×10^{11}	1×10^{10}
碳酸钙	3×10^{8}	2×10^{11}	1×10^{12}	8×10^{11}	1×10^{12}
二氧化钛	2×10^{7}	5×10^{7}	1×10^{9}	5×10^{9}	4×10^{9}
氧化镍	2×10^{8}	1×10^{6}	4×10^{5}	2×10^{5}	6×10^{4}
氧化铅	2×10^{11}	4×10^{12}	2×10^{12}	1×10^{11}	7×10^{9}
三氧化二铝	1×10^{8}	3×10^{8}	2×10^{10}	1×10^{12}	2×10^{12}
硫	1×10^{14}	—	—	—	—
石灰	1×10^{8}	1×10^{9}	1×10^{11}	3×10^{11}	1×10^{11}
水泥粉尘	8×10^{7}	7×10^{8}	7×10^{10}	3×10^{11}	9×10^{9}
氧化铬粉尘	2×10^{8}	4×10^{8}	2×10^{10}	9×10^{10}	3×10^{10}

废气的温度和湿度是影响粉法比电阻的两个重要因素。图 5-2 是不同温度和含湿量下，烧结机烟尘的比电阻。从该图可以看出，温度较低时，粉尘的比电阻是随温度升高而增加的，比电阻达到某一最大值后，又随温度的增加而下降。这是因为在低温的范围内，粉尘导电是在表面进行的，电子沿尘粒表面的吸附层（如水蒸气或其他吸附层）传送。温度低，尘粒表面吸附的水蒸气多，因此，表面导电性好，比电阻低。随着温度的升高，尘粒表面吸附的水蒸气因受热蒸发，比电阻逐渐增加。在低温的范围内，如果在烟气中加入 SO_3、NH_3 等，它们也会吸附在尘粒表面，使比电阻下降，这些物质称为比电阻调节剂。温度较高时，粉尘的导电是在内部进行的，随温度升高，尘粒内部会发生电子热激发作用，使比电阻下降。

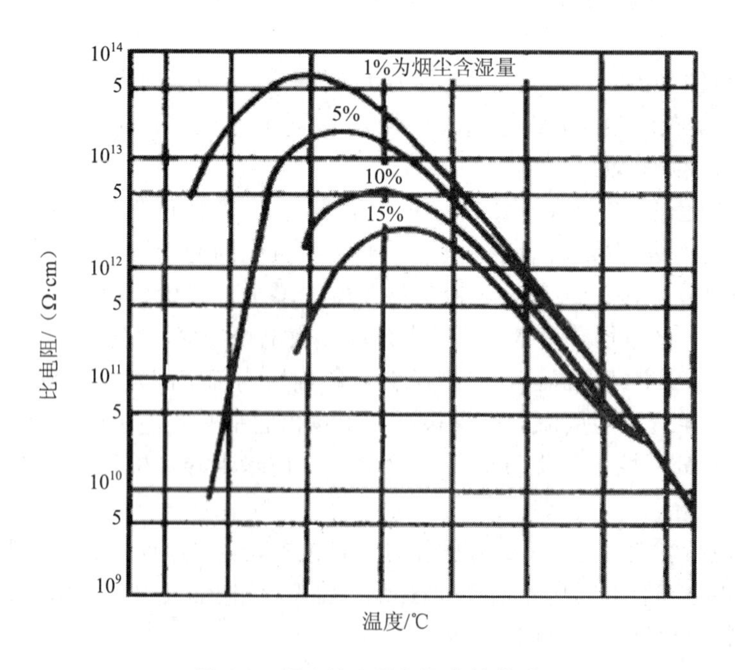

图 5-2 烟尘比电阻与温度的关系

从图 5-2 还可以看出，在低温的范围内，粉尘的比电阻是随烟气湿含量的增加而下降的，温度较高时，烟气的湿含量对比电阻基本上没有影响。

从以上的分析可以看出，可以通过如下途径降低粉尘比电阻。

① 选择适当的操作温度；

② 增加烟气的湿含量；

③ 在烟气中加入调节剂（SO_2、NH_3 等）。

（8）自燃性与爆炸性

凡是能与空气中氧或其他氧化剂发生剧烈反应的粉尘，都称为可燃粉尘。

燃点是可燃物质受热发生自燃的最低温度。达到这一温度，可燃物质与空气接触，不需要明火的作用，就能自行燃烧。物质的自燃点不是固定的，而是随着压力、温度和散热等条件的不同有相应改变的。

可燃粉尘的燃烧主要取决于粉尘的干燥程度和粒度大小两个因素，粉尘越干燥、粒度越小，则越容易产生燃烧和爆炸。例如沉积在加热表面上的粉尘，由于高温作用，经过一段时间后会发生阴燃，而且最易发生阴燃的粉尘层厚为 10～20 mm，沉积的阴燃粉尘甚至在极轻微的震动下也能引起着火和爆炸。某些可燃粉尘在沉积状态下具有自燃的特性是由于某些物质在微粒粉碎状态下与空气接触时会吸附氧，并在一定条件下其粉层内温度上升，当热量不能充分散发时，其温度即可继续升高而引起自燃。粉尘的自燃性不仅取决于粉层的厚度、气流方向及其风力、空气温度，而且还与粉尘颗粒的细度和结构、细孔的内外表面积等因素有关。各种不同的混杂物能对粉尘的自燃性产生极大的影响。例如，含油和含脂物质的掺和料，就能促进粉尘的自燃。

固体物料粉碎后，其表面积大大增加，化学活泼性随之提高。因此，一些可燃物质形成粉尘后，在空气中达到一定浓度时，在外界的高温、火花、摩擦、碰撞、振动等作用下，有引起爆炸的可能。这类粉尘称为具有爆炸危险性的粉尘。

可燃性粉尘爆炸要具备三个条件：① 粉尘本身具有爆炸性；② 粉尘须悬浮在空气中与空气混合达到爆炸极限；③ 有足以引起粉尘爆炸的热源或能源。

有爆炸危险性的粉尘，只有其浓度在空气中达到一定浓度时才能发生爆炸，这一界限浓度称为爆炸下限，可以发生爆炸的最高界限浓度称为爆炸上限。

设计该类粉尘的除尘系统时，必须遵守有关设计防火规范。同时，这类粉尘如使用袋式除尘器，需采用经特殊防静电处理的滤袋，在风管中也需采取导电棒等措施，以免由于静电积累引起粉尘燃爆。

（9）粒度和分散度

粉尘颗粒的大小和形状是不规则的，其大小只能用某一个代表性的尺寸（粒径）来表示。对于球形尘粒，粒度就是指它的直径；对于非球形尘粒，粒度是以某一个最佳的代表形尺寸作为粒径。粒径根据测定方法的不同而有不同的定义。不同的测定方法和不同的定义所得到的粒径数值不同。

一般，粉尘颗粒群是由各种大小的颗粒以不同的比例组成的，这种粉尘粒度的分布称为分散度或粒径分布。

分散度是以样品中不同粒径（根据粒径大小、测定方法和要求不同进行适当分组）的粉尘重量占样品总重量的百分比来表示的，称为重量分散度。

表 5-6 某些粉尘的重量分散度

	粒径					
	0～5 μm	5～10 μm	10～20 μm	20～30 μm	30～40 μm	＞40 μm
粒度重量分布/%	6.2	27.8	42.3	15.4	5.9	2.4
累计/%	6.2	34.0	76.3	91.7	97.6	100

粉尘分散度对于确定除尘器的分级除尘效率、设计选择除尘装置以及考察粉尘对人体的危害程度都是非常重要的条件。过滤式除尘器对于粉尘的粒径很敏感，选用时必须根据实测得到的粉尘粒径分布和除尘器的分级除尘效率进行选型计算。

第三节 粉体净化系统

一、粉体净化系统构成

工业上产生粉尘的设备、装置或场所被称为尘源，在尘源处或其近旁设置吸尘罩，以风机提供气体运动动力，将生产过程中产生的粉尘连带运载粉尘的气体捕集吸入罩内，经风管送至除尘器气固分离，达到排放标准后再经一定高度的排气筒排入大气，为了保证系统的正常运行，还配有压力、流量、温度、湿度等测量和控制仪表，由此可见，一套完整的粉体净化系统由如下部分组成。

（1）吸尘罩

吸尘罩是将尘源所散发的粉尘捕集进粉体净化系统的装置，可以是单独的（外部罩）或直接接于产尘设备。吸尘罩设计水平的高低，将直接影响整个系统对粉尘的净化效果。

（2）风管

风管将净化系统的各设备、附件连成一个整体。风管包括管道以及弯头、三通、大小头等管件。

（3）除尘器

除尘器作为气固分离设备，担当了系统中粉体分离、净化的重担，视粉尘进口浓度和排放标准的不同，除可以选择不同除尘效率的除尘器外，还可以采用多台除尘器串接成多级除尘系统。

（4）空气动力设备

空气动力设备为整个系统提供空气动力，通常为各类风机或空气压缩机。空气压缩机可以提供很高的风压，但流量较小，多用于气力输送系统，粉体净化系统多采用各类风机特别是风量大、风压适中的离心式通风机。

（5）排气筒

一般来说，经净化的气体中仍含有一定浓度的污染物，因此，在大多情况下，净化后气体均通过具有一定高度的排气筒排放。工业粉尘的最终排放标准包括排放浓度和速率两个指标，其中，排放速率与排气筒高度有关，排气筒越高，相应地排放速率值越大。

（6）控制系统

控制系统通过风压、风速、温度、湿度等参数测量、控制仪表以及调节、控制阀门等保证整个系统能够正常运行。

（7）附件

附件主要包括高温气体冷却及热量回收装置、防止风管内粉尘堵塞的清扫装置、消除管道热胀冷缩的管道补偿器、输送易燃易爆粉尘及气体时的静电消除装置、采样孔和测孔、管道保温和噪声消除装置、管道支架和吊架等。

二、粉体净化系统设计步骤及基本要求

1．尘源调查

① 了解工艺过程，摸清尘源及其散发状况，含尘气体温度，工艺设备运行情况，操作人员的操作方式、时间、位置等。

② 采样并根据拟选用的除尘器类别测试粉尘性质；通常情况下、堆积密度、安息角、粒径分布等为必测项目；如果拟用电除尘器，则需测试粉尘比电阻；如拟用湿式除尘器，需测试黏附性、水硬性等；易燃粉尘需调查其爆炸极限范围等。

③ 确定产尘设备的密闭方式、抽风部位等，应注意不能妨碍工艺设备的运行和操作。

2．吸尘罩设计

根据现场生产设备的工艺特点和操作要求，选择吸尘罩的形式、材质，参照设计手册或根据有关测定数据确定各吸尘罩的排风量，并确定系统的总处理风量。

所谓工艺特点，应注意生产设备的进出料方式，吸尘罩的设置不能妨碍进出料；应注意含尘气体的工作温度和化学特征（腐蚀性），以便选择适宜的吸尘罩材质。所谓操作要求，是指吸尘罩的设置不能妨碍操作人员的正常操作，不能影响操作人员的视野、对紧急情况的处置等。从总体上讲，在可能的情况下，应尽量采用密闭罩，以提高对于粉尘的捕集效率。

如果是工艺设备直接产生的含尘废气，需根据工艺的压力和排气量要求，确定系统的总处理风量。

3．除尘器选择

根据尘源的粉尘性质、浓度和产生速率、气体温度、腐蚀性、要求达到的排放浓度和排放速率限值，核算系统的总除尘效率，选择除尘器的形式、级数，并综合考虑造价、运行费用等，最终完成选型。

4．净化系统设计

净化系统的设计包括划分服务范围及系统形式、确定除尘器及风机的布置形式、位置、确定管道布置方案、系统中各种构件的安装部位和结构等，绘制工艺图纸。

（1）服务范围及系统形式

按尘源与除尘器的对应关系情况，净化系统可分为单机式和集中式两种形式。

单机式系统是将除尘器和风机安装在产尘设备附近，有的就直接设置在产尘设备上，就地捕集和回收粉尘，净化后气体排入车间，对于余压高的设备甚至可省却风机。当粉尘具有某些特殊性质时，吸出的含尘空气必须单独处理。吸风量要求准确而且需经常调节，需要风量较大，机器本身需自带风机。附近没有可以合并的尘源点时，可以采用单机式系统。这种系统多用于机械加工车间、粉体混合设备、粉体料仓等。由于净化后气体中仍含有一定浓度的粉尘，因此有毒、易燃易爆粉尘不易采用该种系统。

集中式粉体净化系统是将多个尘源点或整个车间的尘源点全部集中为一个系统。这种系统的一般处理风量大、自动化程度高，便于粉尘后处理；但管线长，阻力不易平衡，适用于尘源较集中的大型车间。集中式净化系统的服务的尘源点不宜过多，一般不应超过 6 个，以利于个支管间的压力平衡。

采用集中式粉体净化系统时，同一净化系统中的粉尘性质应相似，首先便于收集后再利用；其次，可防止不同粉尘间的化学反应引起安全事故。另一方面，集中式粉体净化系统内尘源点工作规律应基本相同。如果系统中尘源点频繁关、启，会造成系统压力变化频繁，将影响其他风管中的风速，进而影响粉尘捕集效果。

风管配管设计要简单、合理。同一管网中尘源点尽量靠近；为防止粉尘在管道内沉积，风管尽可能垂直敷设，尽量减少弯曲和水平部分。

采用何种形式，应根据工艺设备、尘源情况、粉尘特性和厂房结构等条件综合考虑。

（2）风机布置位置

根据系统中尘源、除尘器与风机的位置关系，净化系统可分为风机前置或后置两种方式，可以根据粉尘性质、车间或场所空气质量要求来确定。当粉尘具有较高硬度、黏附性、水硬性、有毒有害、易燃易爆等性质，不宜采用风机前置方式。如采用风机前置，需选用专门的粉尘输送风机。

（3）管道布置

风管应力求顺直，风机进出口处应有相当于 5 倍管径的长度的直管段，风机出口处不应接成 S 形弯头，以减少涡流的产生。

通常风管的布置有架空、地沟布置等形式。架空布置工程量小、造价低、方便检修，地沟布置较美观，对车间生产设备影响和干扰小，但地沟布置只能是水平布设，因此对防风管中粉尘沉积的要求较高。

风管的布置应力求简单，少占用空间；风管和吸尘罩的布置不应妨碍生产操作，便于安装维护。

（4）工艺图纸设计

粉体净化系统图工艺图纸包括工艺流程图、系统图（图 5-3）和设备布置图等类。

工艺流程图的绘制要求类似于工业废气处理流程图。

系统图以轴侧图方式绘制，可以直观地看到整个系统布置的立体状态。系统图要求标出系统中所有吸尘罩、除尘器、各管段、管件、阀门、控制仪表等，并应标明各管段的长度、规格。

设备布置图则按照一般三视图要求绘制，是系统安装、调试的工程依据。

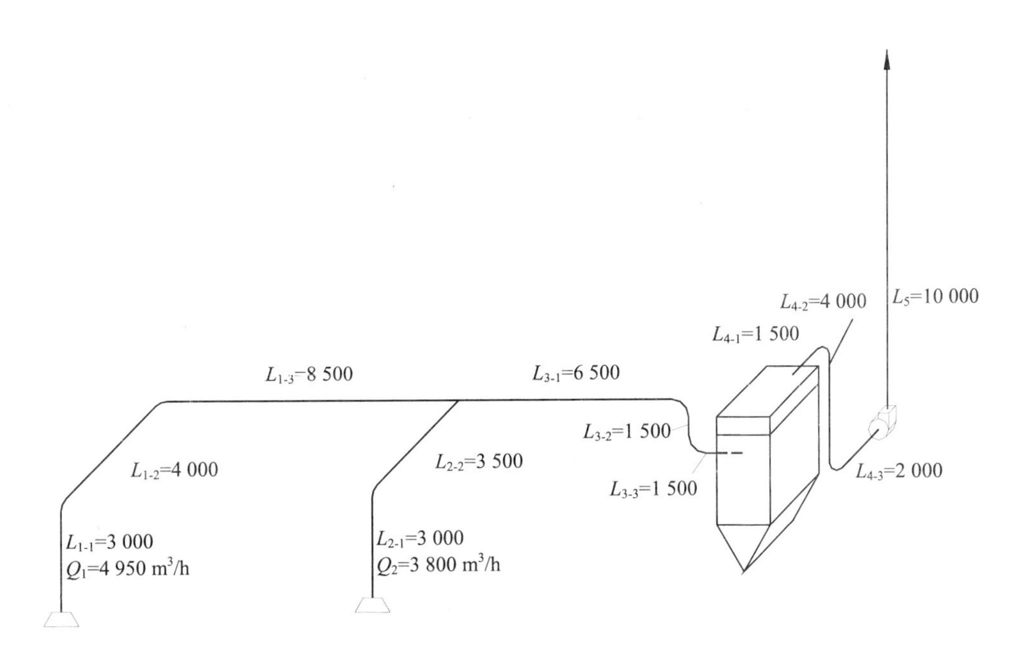

图 5-3　粉体净化系统

5. 管网计算

包括管道材料、管径、管道阻力计算；管件附件局部阻力计算、风量核算等。

6. 管网附件设计

管网附件设计包括保温设计、防火防爆、噪声控制、管道积尘清扫装置、管道补偿器、静电消除装置、采样孔和测孔等。

净化系统中含有可燃气体或可燃粉尘时，设计时应避免可燃物在系统中局部积累。不允许在管道上设置端头和袋状管，排气口不允许采用伞形罩或其他能使可燃气体聚集的装置。

高浓度粉体净化系统和气力输送系统常采用高压风机、罗茨风机等高噪声空气动力设备，需采取隔声、减震等布置；对风机进口采取软管连接，必要时安装吸声器；对管道采用间歇式软管、阻尼涂层等方法减少噪声。

管道积尘清扫装置常采用压缩空气进行清扫。

采样孔是根据环境监测要求，在风管的适当部位预留的快开式监测采样口；较长的水平管道应当每隔一段距离留一个清扫孔。

7. 风机选型

根据系统的总处理风量、粉尘的性质、风机的布置位置、除尘器选择、管网布置及附件设计等确定的系统总阻力压降，选择风机形式、材质和规格。

第四节 除尘器类别与性能

除尘器是通风除尘系统重要设备之一。由产生粉尘的步骤抽出的含尘气体，在除尘器中进行净化，将粉尘分离出来，而把净化后的空气排入大气。除尘器工作的好坏将直接影响到车间、厂区，甚至居民区的环境卫生。此外，如果除尘器的效率不高，会导致风机叶轮的严重磨损，影响生产的正常进行。因此，必须正确地选择和使用除尘器。

除尘器（dust collector）从本质上讲是一种气固分离设备，可按在工艺单元中所起的作用区分，如在气力输送系统中常设置多级气固分离设备，前级常称为分离器，而末级则称为除尘器；按除尘器作用原理可分为重力除尘器、惯性除尘器、旋风除尘器、过滤式除尘器、电除尘器等；按是否对含尘气体或分离的尘粒进行润湿，可分为干式除尘器（dry dust separator）和湿式除尘器（wet dust collector）两大类。

选择哪一种除尘器与粉尘的性质和要求净化程度有直接的关系。过高的净化要求会造成经济上的过大负担，而且常常不是必要的。所以，我们要根据当时的工厂生产情况和环境保护部门所颁布的标准，对不同的含尘气体分别用不同的除尘器加以净化。

一、净化程度及除尘器分类

1. 净化标准

在通风工程中含尘气体的净化控制标准大致可分为三类：

（1）粗净化

要求把直径 100 μm 以上的粉尘收集下来。

（2）中净化

要求把 10～100 μm 范围内的粉尘都收集下来，并使排入大气中的气体含尘浓度控制在 200 mg/m^3 左右。

（3）精净化

要求收集 10 μm 以下的粉尘，使排出的空气的含尘浓度达到排放标准甚至更低的特定要求。

2. 除尘器的分类

目前采用的除尘器种类形式繁多，根据除尘器原理和除尘方法通常有如下几种：

① 利用尘粒的重力或惯性离心力的作用，例如降尘室、旋风除尘器等；

② 利用过滤的作用，例如简易布袋除尘器，脉冲除尘器等；

③ 利用水膜作用，例如水浴除尘器等；

④ 利用静电作用，例如电除尘器等。

为了提高除尘器的效率，在同一类除尘器中常综合几个除尘原理，如旋风水膜除尘器，它既有离心力的作用，又有洗涤作用。因此，在分类时吸应按其起主要作用的原理进行。

二、沉降室

沉降室（gravity separator）是一种使含尘气体中的粉尘借重力作用自然沉降来达到净化气体目的的装置。沉降室的断面面积远大于管道断面面积，当含尘气流由管道进入沉降室后，气流速度骤然降低，小于尘粒的悬浮速度，尘粒便在重力作用下沉降。沉降室结构简单、阻力小，但体积大、除尘效率低，通常在多级除尘系统中用于前级分离较大粒径的粉尘。

沉降室分降尘室和吸风分离器。

（1）降尘室

降尘室亦称灰房，它是一种最简单的空气除尘设备，目的在于除去粗大尘粒，它的除尘效率主要决定于尘粒大小，比重和室内空气速度。

普通的降尘室即为一大型容器或房屋。当含尘空气流入时，由于截面突然扩大，气流速度大大降低，灰尘因自身重力的作用而降落到降尘室的底部，空气则从出口排出，降尘室空气阻力一般为 50～100 Pa。

为了延长含尘空气在降尘室内通行的过程，并使尘粒的动能加快消耗，常在降尘室内装设许多隔板。这种设有隔板的降尘室，叫做迷宫式降尘室在迷宫式降尘室各个隔板间形成的空气涡流，可以帮助尘粒在离心力作用下互相黏附而结成尘絮，这样就可加快它的沉降，除尘效率也可以提高。当然，这种除尘器对于空气通过的阻力，显然要比上述那种简单的降尘室大得多，一般为 200～400 Pa。

降尘室中，尘粒既以沉降速度 v_c 下降，又以气流速度 v 继续向前运动，要使沉降速度使尘粒被捕集，含尘气流在降尘室的停留时间应大于或等于尘粒从顶部沉降到灰斗所需的时间为：

$$\frac{AH}{Q} \geqslant \frac{H}{v_c} \tag{5-3}$$

式中：A ——降尘室底面积，m^2，A=降尘室宽度 $B\times$降尘室长度 L；

H ——降尘室高度，m；

Q ——含尘气体流量，m^3/s；

v_c ——尘粒沉降速度，m/s。

空气中的尘粒沉降速度 v_c 为：

$$v_c = \frac{g\rho d^2}{18\mu} \tag{5-4}$$

式中：g ——重力加速度，m/s^2；

v_c ——尘粒沉降速度，m/s；

ρ ——粉尘容重，kg/m^3；

d ——拟分离的最小尘粒直径，m

μ ——空气动力黏度，标准状态下（温度 20℃，压力 101.3 kPa），$\mu=1.79\times10^{-5}$ Pa•s。

由式（5-3）可知，对一定含尘气流，v_c 一定，降尘室的处理能力只取决于降尘室的底面积 A，而与高度 H 无关，故降尘室应设计成扁平形状，或在室内设置多层水平隔板。

为了提高降尘效率，在设计降尘室时，进入降尘室的含尘空气风速 $v_{进}\leqslant4.5$ m/s，降尘室内风速 $v_{内}\leqslant0.15$ m/s，降尘室出口风速 $v_{出}\leqslant2.5$ m/s。

（2）吸风分离器

吸风分离器实质是一种垂直气流沉降设备，一般用在生产工艺单元中，沉降的是物料粉体。在垂直风道内，物料被沉降，而空气携带着轻杂和粉尘进入沉降室，在沉降室中空气与；轻杂、粉尘进一步分离，从而达到净化空气的作用。

吸风分离器是目前国内轻工、粮油、饲料加工等使用较多的一种风选设备。吸风分离器进口风速为 4～6 m/s，风道内风速为 4～4.5 m/s，吸风口风速为 9～11 m/s。

三、惯性除尘器

惯性除尘器（inertial dust separator）是利用粉尘在运动中惯性力大于气体惯性力的作用，将粉尘从含尘气体中分离的设备。结构简单、阻力较小，但除尘效率较低，适用作前级分离设备。

惯性除尘器是使含尘气体与挡板撞击或者急剧改变气流方向，利用惯性力分离并捕集粉尘的除尘设备。惯性除尘器亦称惰性除尘器。由于运动气流中尘粒与气体具有不同的惯性力，含尘气体急转弯或者与某种障碍物碰撞时，尘粒的运动轨迹将分离出来使气体得以净化的设备称为惯性除尘器或惰性除尘器。

惯性除尘器分为碰撞式和回转式两种。前者是沿气流方向装设一道或多道挡板，含尘气体碰撞到挡板上使尘粒从气体中分离出来。显然，气体在撞到挡板之前速度越高，碰撞后速度越低，则携带的粉尘越少，除尘效率越高。后者是使含尘气体多次改变方向，在转向过程中把粉尘分离出来。气体转向的曲率半径越小。转向速度越快，则除尘效率越高。

惯性除尘器的性能因结构不同而异。当气体在设备内的流速为 10 m/s 以下时，压力损失在 200～1 000Pa，除尘效率为 50%～70%。在实际应用中，惯性除尘器一般放在多级除尘系统的第一级，用来分离大颗粒（20 μm 以上）的粉尘，不适宜于清除黏结性粉尘和纤维性粉尘。惯性除尘器还可以用来分离雾滴，此时要求气体在设备内的流速为 1～2 m/s。

四、旋风除尘器

旋风除尘器（cyclone dust separator）利用其结构使含尘气体高速旋转产生离心力，将粉尘从气流中分离出。

旋风除尘器于 1885 年开始使用，已发展成为多种形式。

按旋风除尘器的构造，可分为普通旋风除尘器、异形旋风除尘器、双旋风除尘器和组合式旋风除尘器。

按旋风除尘器的效率不同，可分为通用旋风除尘器（包括普通旋风除尘器和大流量旋风除尘器）和高效旋风除尘器。高效除尘器一般制成小直径筒体，因而消耗钢材较多、造价也高，如内燃机进气用除尘器。大流量旋风除尘器，其筒体较大，单个除尘器所处理的风量较大，因而处理同样风量所消耗的钢材量较少。

按清灰方式可分为干式和湿式两种。在旋风除尘器中，粉尘被分离到除尘器筒体内壁上后直接依靠重力而落于灰斗中，称为干式清灰。如果通过喷淋水或喷蒸汽的方法使内壁上的粉尘落到灰斗中，则称为湿式清灰。属于湿式清灰的旋风除尘有水膜除尘器和中心喷水旋风除尘器等。由于采用湿式清灰，消除了反弹、冲刷等二次扬尘，因而除尘效率可显著提高，但增加了尘泥处理工序。

按进气方式和排灰方式，旋风除尘器可分为以下四类。

① 切向进气，轴向排灰。采用切向进气获得较大的离心力，清除下来的粉尘由下部排出。这种除尘器是应用最多的旋风除尘器。

② 切向进气，周边排灰。采用切向进气周边排灰，需要抽出少量气体另行净化。但这部分气量通常小于总气流的 10%。这种旋风除尘器的特点是允许入口含尘浓度高，净化较为容易，总除尘效率高。

③ 轴向进气，轴向排灰。这种形式的离心力较切向进气要小，但多个除尘器并联时（多管除尘器）布置方便，因而多用于处理风量大的场合。在相同压力损失下，轴向进入式能处理的气体约为切向进入式的 3 倍，且气流分布均匀。

④ 轴向进气，周边排灰。这种除尘器有采用了轴向进气便于除尘器关联，以及周边排灰可提高除尘效率这两方面的优点，通常用于卧式多管除尘器中。

旋风除尘器是利用含尘气流旋转运动时产生的离心力来分离气体中的粉尘，这种分离粉尘的设备也叫做离心式除尘器。这种运动使粉尘产生的离心力较重力大许多倍，因此除尘效率较沉降室高得多。在圆周运动（或曲线运动）中，粉尘所受到的离心力：

$$F = Ma = \frac{Mv_{\mathrm{T}}^{2}}{R} \tag{5-5}$$

式中：F ——离心力，kg；

M ——粉尘的质量，$\mathrm{kg \cdot s^2/m}$；

a ——粉尘的离心加速度，$\mathrm{m/s^2}$。

$$a = \frac{v_{\mathrm{T}}^{2}}{R} \tag{5-6}$$

v_{T} ——尘粒的切向速度，m/s；

R ——气流的旋转半径，m。

v_{T}也是含尘气流的入口速度，同一台除尘器，处理风量愈大，即入口风速愈高产生的离心力愈大，除尘效果就愈好。

旋风除尘器是一种应用非常广泛的气固分离设备，用于工业领域已有一百多年历史。旋风除尘器结构简单、占地面积小、价格低、操作维护简单、操作弹性大、不受含尘气体的浓度、温度限制、可用不同材料或内衬不同材料提高其防腐耐磨性，旋风除尘器阻力压降中等，但运转维护费用较低。

旋风除尘器适用于非黏性及非纤维性粉尘的去除，大多用来去除 5 μm 以上的粒子，并联的多管旋风除尘器装置对 3 μm 的粒子也具有 80%～85%的除尘效率，属于中效除尘器。选用耐高温、耐磨蚀和腐蚀的特种金属或陶瓷材料构造的旋风除尘器，可在温度高达 1 000℃，压力达 500×10^5 Pa 的条件下操作。旋风除尘器压力损失控制范围一般为 500～2 000Pa。

进入旋风除尘器的气体温度应高于露点 15～20℃，以避免水汽从气体中冷凝出在筒壁形成泥浆。

旋风除尘器有多种改进形式，高效旋风除尘器对粒径 5 μm 以上的粉尘有很高的分离效率。

当风量较大时，可以使用一组小直径的旋风除尘器并联代替一台大的旋风除尘器，以提高除尘效率。并联使用时，其所能处理的风量为各个旋风除尘器风量之和，而阻力则为单个旋风除尘器在处理它所承担的那部分风量的阻力。

旋风除尘器要尽量避免串联使用。当两个旋风除尘器串联使用时，即含尘空气经一个旋风除尘器处理后再进入一个旋风除尘器时，它所能处理的风量即为单个旋风除尘器所能处理的风量，除尘效率提高不多，而阻力则为两个旋风除尘器阻力之和。

旋风除尘器可以单独使用，也用于多级除尘系统的前级以大幅度降低后续高效除尘器的负荷。

五、湿式除尘器

湿式除尘器（wet dust collector）利用水或其他液体与含尘气体相接触，产生的惯性碰撞及其他作用分离气体和固体的设备。

以净化效率分类，湿式除尘器可分为低能和高能两类。低能湿式除尘器的压力损失为0.2～1.5 kPa，包括喷雾塔和旋风洗涤器等，在一般运行条件下的耗水量（液气比）为0.5～3.0 L/m^3，对10 μm以上颗粒的净化效率可达到90%～95%；高能湿式除尘器的压力损失为2.5～9.0 kPa，净化效率可达99.5%以上，如文丘里洗涤器等。

按其结构可以分为以下几种：

① 重力喷雾湿式除尘器，如喷洗条塔。

② 旋风式湿式除尘器，如旋风水膜式除尘器、水膜式除尘器。

③ 自激式湿式除尘器，如冲激式除尘器、水浴式除尘器。

④ 填料式湿式除尘器，如填料塔、湍球塔。

⑤ 泡沫式湿式除尘器，如泡沫除尘器、旋流式除尘器漏板塔。

⑥ 文丘里湿式除尘器，如文丘里除尘器。

⑦ 机械诱导除尘器，如拨水轮除尘器。

湿式除尘器投资较低、结构简单，操作和维修方便，占地面积小，可以有效地将直径为0.1～20 μm的液态或固态粒子从气流中除去，可同时进行有害气体的净化、烟气冷却和增湿等操作，因此适合处理高温、高湿、有爆炸危险、能受冷且与水不发生化学反应的气体、含非纤维性粉尘的气体。

但湿式除尘器不适用于黏性、水硬性粉尘；使用时要特别注意设备和管道腐蚀及污水和污泥的处理等问题。湿式除尘过程也不利于副产品的回收。如果设备安装在室外，还必须考虑设备在冬天可能冻结的问题。而且如果提高对微细颗粒的去除率，则需使液相更好地分散，能耗亦增大。

主要湿式除尘装置的性能、操作范围摘要见表5-7。

表5-7 主要湿式除尘装置的性能、操作范围

名称	气体流速	液气比/（L/m^3）	压力损失/Pa	分割直径/μm
喷淋塔	0.1～2 m/s	2～3	100～500	3.0
填料塔	0.5～1 m/s	2～3	1 000～2 500	1.0
旋风洗涤器	15～45 m/s	0.5～1.5	1 200～1 500	1.0
转筒洗涤器	300～750 r/min	0.7～2	500～1 500	0.2
冲击式洗涤器	10～20 m/s	10～50	0～150	0.2
文丘里洗涤器	60～90 m/s	0.3～1.5	4 000～10 000	0.1

水浴除尘器（water bath dust collector）是湿式除尘器的一种，含尘气体在喷头处以较高速度喷出，对水层产生冲击后，改变了运动方向从四周逸出水层，净化气体经挡水板分离水滴后从排气管排出；而尘粒由于惯性仍按原方向运动，大部分尘粒与水黏附后便留在水中，另一部分尘粒随气体运动与大量的冲击水滴和泡沫混合形成气固液共存区并在此区内被进一步净化。

六、电除尘器

电除尘器（electric precipitator）是使含尘气体在通过高压电场时发生电离，使尘粒带电，在电场的作用下沉积于电极而从气体中分离的一种除尘设备。

1906 年，F. G. Cottrell 第一次将电除尘器用于工业生产，数十年来，电除尘器得到了飞速发展，广泛应用于电厂、锅炉、水泥厂、钢铁厂和一些特殊粉尘的除尘净化方面。

电除尘器由供电装置和本体两部分组成，供电装置包括升压变压器、整流器和控制系统；本体包括电晕极、集尘极、清灰装置、气流分布装置等。电除尘器中，产生电晕的电极称为电晕极，吸附粉尘的电极成为集尘极。电除尘器除尘效率高，几乎不受粉尘粒径的影响，处理风量大、阻力低、能处理高温烟气。但电除尘器一次投资较大，钢材消耗大，占地面积大，结构复杂，制造和安装要求高。

电除尘器对粉尘的比电阻适宜范围是 $1\times10^4\sim5\times10^{10}\Omega\cdot cm$，对于一些高比电阻的粉尘可以通过增湿等手段降低比电阻以适应电除尘器的要求。

进入电除尘器的粉尘浓度过高，粉尘会阻挡离子运动，降低电晕电流（严重时甚至为零），出现电晕闭塞，除尘效果急剧恶化。

电除尘器内同时存在着两种电荷，一种是离子的电荷，一种是带电尘粒的电荷。离子的运动速度较高，为 60～100 m/s，而带电尘粒的运动速度却是较低的，一般在 60 cm/s 以下。因此含尘气体通过电除尘器时，单位时间转移的电荷量要比通过清洁空气时少，即这时的电晕电流小。如果气体的含尘浓度很高，电场内悬浮大量的微小尘粒，会使电除尘器电晕电流急剧下降，严重时可能会趋近于零，这种情况称为电晕闭塞。为了防止电晕闭塞的产生，处理含尘浓度较高的气体时，必须采取措施，如提高工作电压，采用放电强烈的电晕极，增设预净化设备等。气体的含尘浓度超过 30 g/m^3 时，必须设预净化设备。

电场风速的大小对除尘效率有较大影响，风速过大，粉尘在除尘器内停留的时间缩短，荷电的机会降低；且容易产生二次扬尘，除尘效率下降。但是风速过低，电除尘器体积大，投资增加。一般来说，电场风速最高不宜超过 1.5～2.0 m/s，除尘效率要求高的除尘器不宜超过 1.0～1.5 m/s。

七、袋式除尘器

1. 概述

袋式除尘器（bag filter）是一种典型的干式过滤式除尘器，依靠编织或毡织的滤料作为过滤材料来分离含尘气体中的粉尘。袋式除尘器在 18 世纪 80 年代起开始应用于工业领域，正压操作，人工清灰；1890 年后普遍采用机械振打清灰；1950 年开始出现气环反吹式袋式除尘器，实现连续操作，处理气量成倍提高；1957 年出现的脉冲袋式除尘器，不但操作和清灰（ash-remove）可连续进行，滤袋压力损失稳定，处理气量大，而且内部无运动部件，滤袋寿命长结构简单，得到了广泛的使用。袋式除尘器对 0.5 μm 以上粒径的粉尘，除尘效率高达 98%～99%。滤袋通常做成圆柱形（直径为 120～500 mm），有时也做成扁长方形，滤袋长度一般为 2～6 m。

2．除尘机理

袋式除尘器的除尘机理是当粉尘通过滤料时产生筛分、惯性、黏附、扩散和静电作用而被捕集。含尘气体通过滤料时，滤料纤维间的空隙和吸附在滤料表面上的粉尘之间的空隙把大于空隙直径的粉尘分离下来，称为筛分作用。新滤料纤维间的空隙很大，筛分作用不明显，除尘效率较低，使用一定时间后，由于筛滤、碰撞、滞留、扩散、静电等原理，滤袋表面积聚了一层粉尘（这层粉尘称为初层）。在以后的运行过程中，初层成了滤袋的主要的过滤层，依靠初层的作用，除尘效率大幅度提高。清灰后，滤料表面及内部还残留一定量的粉尘，仍可保持较好的筛分作用和较高的除尘效率。含尘气体通过滤料纤维时，气流绕过纤维，而直径 1 μm 以上的粉尘由于惯性而保持直线运动撞击到纤维上而被捕集，粉尘粒径越大，过滤气速越高，惯性作用越明显；但气速过高，含尘气流会从滤料薄弱处穿破造成除尘效率下降。扩散作用是当粉尘粒径极为细小（0.2 μm 以下）时产生如气体的热运动的布朗运动，增加了粉尘与滤料表面的接触机会而被捕集；扩散作用与惯性作用相反，过滤速度越低、粉尘粒径越小而越强。黏附作用是当细小的粉尘随气流接近滤料时，若粉尘的半径大于粉尘中心到滤料边缘的距离时，粉尘被滤料黏附而被捕集，滤料的纤维空隙越小，黏附作用越明显。粉尘颗粒运动时互相撞击而产生静电，若滤料为绝缘体，则会使滤料带电，当粉尘与滤料所带电荷相反时，粉尘就会被吸附在滤料上，提高了除尘效率，但这种机理不利于清灰；反之，粉尘与滤料间可因电荷相同而互相排斥降低除尘效率，为了保证除尘效率，应根据粉尘性质选择滤料。通常静电作用在粉尘粒径小于 1 μm 且过滤气速很低时才显现出。

3．操作温度

袋式除尘器的操作温度上限取决于废气露点，为了防止水分从气体中冷凝出润湿滤布并使粉尘呈泥浆黏结滤布使其无法正常工作，气体的下限温度至少要比露点高 10℃；除尘器的上限操作温度则取决于滤布的耐热性。

4．阻力压降

初次使用的滤袋，阻力较小，为 150～250Pa。随着粉尘在滤袋上的积聚，形成滤袋表面粉尘层，阻力不断增加。粉尘层的阻力取决于过滤风速、气体的含尘浓度和连续运行的时间。处理含尘浓度低的气体时，清灰时间间隔（即滤袋连续的过滤时间）可以适当加长；处理含尘深度高的气体时，清灰时间间隔应尽量缩短；进口含尘浓度低，清灰时间间隔短，不同的清灰方式要选用不同的过滤风速。

常用袋式除尘器的过滤风速为：

① 简易式除尘器：0.3～0.5 m/min；

② 反吹风除尘器：1～2.5 m/min；

③ 脉冲除尘器：2.5～4 m/min。

清灰不应破坏初层，初层的阻力称为残留阻力，在一般情况下其阻力为700～1 000Pa。

常用袋式除尘器阻力一般为：

① 简易式除尘器：100～200 Pa；

② 反吹风除尘器：1 000～1 200 Pa；

③ 脉冲式压缩空气反吹除尘器：1 000～1 200 Pa。

5. 清灰方法

清灰是袋式除尘器运行中十分重要的一环，目前常用的方法分为机械清灰和气流反吹清灰两大类。机械清灰包括手工清打，是滤袋在振打机构的作用下，上下或左右运动，这种清灰方式容易使滤袋产生局部的损坏；也有是滤袋在振动器的作用下产生微振，从而使粉尘从滤袋上脱落。气流反吹清灰是反吹气流从相反方向通过滤袋和粉尘层，利用气流使粉尘从滤袋脱落。采用气流清灰时，滤袋内必须有支撑结构，如撑环或网架，避免把滤袋压扁。反吹气流均匀通过整个滤袋，又称为逆向气流清灰。

反吹空气可以有专门的风机供给，反吹空气经中心管送到设在滤袋上部的旋臂内，电动机带动旋臂旋转，使所有滤袋都得到均匀反吹。每只滤袋的反吹时间约为0.5 s，反吹的时间间隔约为15 min，反吹风机的风压约为5 000 Pa。也可利用除尘器本身的负压从外部吸入，采用后者，除尘器本身的负压值不得小于5 000 Pa。利用喷嘴喷出的压缩空气进行反吹的是脉冲喷吹袋式除尘器，含尘空气通过滤袋时粉尘阻留在滤袋外表面，净化后的气体经文丘里管从上部排出。每排滤袋上方设一根喷吹管，喷吹管上设有与每个滤袋相对应的喷嘴，喷吹管前端装设脉冲阀，通过程序控制构件控制脉冲阀的启闭。脉冲阀开启时，压缩空气从喷嘴高速喷出。带着比自身的体积大5～7倍的诱导空气一起经文丘里管进入滤袋。滤袋急剧膨胀引起冲击振动，使附在滤袋外的粉尘脱落。

压缩空气的喷吹压力为6～7 kg/cm^2，脉冲周期（喷吹的时间间隔）为60 s左右，脉冲宽度（喷吹一次的时间）为0.1～0.2 s。采用脉冲袋式除尘器必须要有压缩空气源，因此使用上有一定局限性。目前常用的脉冲控制仪有无触点脉冲控制仪（采用晶体管逻辑电路和可控硅无触点开关组成）、气体脉冲控制仪和机械脉冲控制仪三种。

6. 滤料

滤料（filter material）的性能对袋式除尘器的作用具有很大的影响，选择滤料时必须考虑含尘气体的特性如粉尘和气体性质、温度、湿度以及粉尘、粒径等。性能良好的滤料应具备耐温、耐腐、耐磨、效率高、阻力小、使用寿命长、成本低等优点。滤料的特性除了与纤维本身的性质（耐温、耐腐、机械强度等）有关外，还与滤料的表面结构有很大的关系。表面光滑的滤料容尘量小、清灰方便，适用于含尘浓度低、黏性大的粉尘，采用的过滤风速不宜太高。表面化起毛的滤料（如羊毛毡）容尘量大，粉尘能深入滤料内部，可以采用较高的过滤风速，但是必须及时清灰。

近年来，由于化学工业的发展，出现了许多耐高温的新型滤料，如芳香族聚酰胺（长期使用温度220℃、聚四氟乙烯使用温度240℃）等，这些新型滤料的出现，扩大了袋式除尘器的应用领域。

常用滤料性质如下：

① 棉毛织物一般适用于没有腐蚀性、温度在 80～90℃的含尘气体。

② 尼龙织布最高使用温度为 80℃，它的耐酸性不如毛织物，它的耐磨性很好，适合过滤磨损性强的粉尘如黏土、水泥熟料、石灰石等。

③ 奥纶的耐酸性好、耐磨性差，最高使用温度在 130℃左右，可用于有色金属冶炼中含 SO_2 烟气的净化。

④ 涤纶的耐热、耐酸性能较好，耐磨性仅次于尼龙，长期使用温度为 140℃。涤纶绒布是国内性能较好的一种滤料。针刺呢是国内最近研制成的一种新型滤料，它以涤纶、锦纶为原料织成底布，然后再在底布上针刺短纤维，使表面起绒。这种滤料具有容尘量大、除尘效率高、阻力小、清灰效果好等特点。

滤料的处理方法有：

（1）烧毛及压光处理

尘粒具有附着在其他尘粒或与其他物体表面相互接触的特性。当悬浮尘粒彼此接触时，就相互吸附而凝聚在一起。粉尘的凝聚力与尘粒的种类、形状、粒径分布、含湿量表面特征等多种因素有关，可用安息角表征，一般为 30°～45°。安息角小于 30°称为低附着力，流动性好，对于此类粉尘必须使用表面经烧毛处理的滤料，以提高滤料的表面积，增加滤料对粉尘的捕集率，同时也有利于清灰时将此类粉尘从滤料深部吹出；安息角大于 45°称为高附着力，流动性差，对于此类粉尘必须使用表面经压光处理的滤料，以提高滤料的表面光滑度，增加滤料表面对粉尘的捕集率，防止此类粉尘钻入滤料深部后清灰困难。

（2）抗静电处理

分散在空气（或可燃气）中的某些粉尘在特定的浓度状态下，遇火花会发生燃烧。所以对于易燃易爆粉尘宜选用经抗静电处理的滤布。抗静电滤布是指在滤布纤维中混入导电纤维，使其在三维都具有导电性能（体电阻小于 $10^7\Omega$）。常用的导电纤维有不锈钢纤维和改性（渗碳）化学纤维。不锈钢纤维导电性能稳定可靠，改性化纤在经过一定时间后导电性能容易衰退。

（3）防水防油处理

湿含尘气体（尤其对吸水性、潮解性粉尘）会使滤袋表面捕集的粉尘润湿黏结，甚至引起糊袋。这是袋式除尘器最忌讳的。为此应对滤布进行防水防油处理，使其每根单纤维都具有憎水憎油性，增大滤料的表面张力，可有效地使结露的水珠与灰结合成珠状，不会渗透至滤料内部，堵塞过滤毛细通道，从而避免因结露而产生的糊袋现象。

（4）易清灰处理

粉尘的磨琢性与尘粒的性质、形态以及携带尘粒的气流速度、粉尘浓度等因素有关。表面粗糙呈尖棱形不规则的粒子比表面光滑粒子的磨损性大 10 倍。粒径为 90 μm 左右的尘粒的磨损性最大，而当粒径减小到 5～10 μm 时磨损性十分微弱。铝粉、硅粉、碳粉、烧结矿粉等属于高磨损性粉尘。对于磨琢性粉尘必须选用耐磨性好的经易灰处理的滤布。表面进行硅油石墨、聚四氟烯树脂等易清灰处理，可以改善滤料的耐磨耐折性。

（5）覆膜处理

当粉尘的粒径小于 1 μm、粉尘具有很大的黏性或含气体湿度较大时，普通滤料无法有效地过滤。以聚四氟乙烯为原料的微孔薄膜复合滤料，具有过滤精度极高，表面光滑，不会黏附粉尘，容易清灰粉尘不会渗透到滤料内部等优点，能实现表面过滤。

表 5-8 滤袋材料特性

滤料名称	耐温性/℃		吸湿率/%	耐酸性	耐碱性	比强度
	长期	最高				
棉织品	75～85	95	8	差	稍好	1
羊毛	80～90	100	10～15	稍好	差	0.4
蚕丝	80～90	100	16～18	好	好	
麻	80					1～2
尼龙	75～85	95	4～4.5	稍好	好	2.5
奥纶	125～135	140～150	6	好	差	1.6
涤纶	140	160	6.5	好	差	1.6
维尼龙	40～50	65	5	好	好	1.5
玻璃纤维（有机硅处理）	250		0	好	差	1
聚酰胺	220	260	4.5～5	差	好	2.5
聚四氟乙烯	220～250		0	很好	很好	2.5

7. 袋式除尘器的应用和选择

使用袋式除尘器时，应注意下列问题：

袋式除尘器主要用于 1 μm 以下的微粒。气体的含尘浓度超过 5 g/m^3 时，最好采用两级除尘。

由于滤料使用温度的限制，不宜处理温度较高的高温烟气。

不适用于含有纤维性、油雾、凝结水和粉尘黏性大的含尘气体。

不能用于有爆炸性或带有火花的烟气。

选择或设计袋式除尘器时，首先应根据含尘空气的物理、化学性质及经济指标选择合适的滤料和清灰方式。然后根据清灰方式的不同，确定过滤风速、计算必需的过滤面积。最后确定除尘器的形式、滤袋的尺寸和个数。

表 5-9 袋式除尘器的过滤风速

粉尘种类	推荐过滤风速/（m/min）		
	振打清灰	脉冲喷吹	反吹风（缩袋型）
炭黑	0.46～0.6	1.5～1.8	0.34～0.45
煤	0.76～0.9	2.4～3.0	
黏土	0.76～0.98	2.7～3.0	0.46～0.6
水泥	0.6～0.9	2.4～3.0	0.37～0.46
氧化铅	0.6～0.76	1.8～2.44	0.46～0.55
氧化钙	0.76～0.9	3.0～3.66	0.49～0.6
砂子	0.76～0.9	3.0～3.66	
滑石	2.5～3.0	10～12	
氧化锌	0.6～0.76	1.5～1.83	0.46～0.55

八、微孔除尘器

微孔除尘器属于过滤式除尘器的一种，以各种多孔性材料如微孔高分子材料、微孔金属材料、微孔陶瓷材料等作为过滤介质，其除尘机理类似于袋式除尘器。由于多孔材料的孔径范围、开孔率、孔的形状等参数可由人工精确控制，因此微孔除尘器对各种粒径分布的粉尘均有很高的除尘效率，最高除尘效率可达99.99%以上；微孔材料的外表面光滑，孔径一致性好。对纤维状粉尘和湿含量较高的粉尘仍有很高的清灰率。

微孔高分子材料、微孔钛材、微孔不锈钢材料、微孔陶瓷材料等耐腐蚀性好，可用于各种腐蚀性气体的除尘；微孔金属材料、微孔陶瓷材料耐高温，可用于高温烟气的除尘。

微孔除尘器清灰方式一般采用0.4～0.6 MPa压缩空气喷吹，采用脉冲空气喷吹仪进行控制，喷吹周期约60～120 min。

近年来出现的塑烧板除尘器亦属于微孔除尘器。其除尘介质为波浪式塑烧板过滤芯，采用高分子材料通过特殊烧结工艺形成的多孔刚性滤料，基板为开放的多向微孔结构并保持均孔，基板的表面采用特殊工艺涂覆了更小孔径的PTFE涂层。不会变形，又无骨架磨损，使用寿命长。塑烧板孔径细小均匀，具有疏水性，且表面有PTFE涂层，不易黏附含水量较高的粉尘，所以可以处理。此外，由于塑烧板的高精度工艺制造保持了均匀的微米级孔径，所以还可以处理超细粉尘和高浓度粉尘。

塑烧板除可耐高温外，还有耐酸型、防爆型、抗静电型及抗油气型等系列产品；在高浓度除尘系统中，由于塑烧板的表面经过深度处理，孔径细小均匀，非常光滑，因而使粉尘极难透过与停留，能保持相当好的清灰效果；设备阻力压降非常稳定，压力损失与运行时间几乎保持不变。

表5-10　塑烧板除尘器主要技术性能

序号	指标	数值	备注
1	进口粉尘浓度/（g/m^3）	500	
	有效过滤粉尘粒径/μm	≥0.1	
2	最高允许工作温度/℃	160	
3	除尘效率/%	99.99	对0.2 μm的粉尘
4	阻力压降/ Pa	105（过滤速度0.8 m/min）； 135（过滤速度1.0 m/min）； 190（过滤速度1.3 m/min）	碳酸钙粉尘，平均粒径15 μm，1 000 h
5	高湿含量及纤维性粉尘	可适用	

狭缝型的非圆形截面孔道的微孔除尘器的过滤介质是另一项技术进步（如图5-4所示），在同等孔隙率、孔道总截面积时，狭缝型截面孔道的过滤介质可以阻塞更微细的粉尘，亦更不易堵塞。

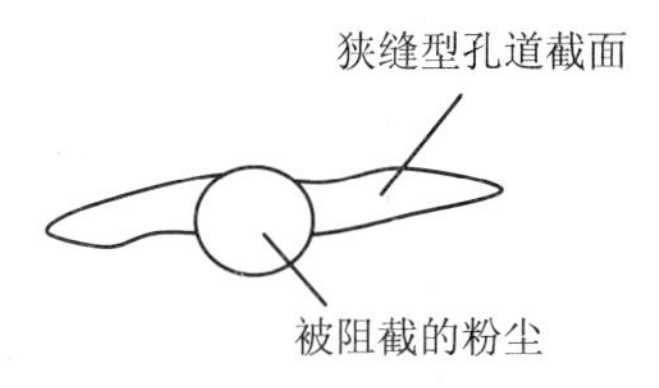

图 5-4　狭缝型截面孔道的过滤介质阻塞粉尘

九、其他类型除尘器

除以上这些类型的除尘器外，还有如颗粒层除尘器（granular bed filter）、冲激式除尘器（impact dust collector）、文丘里除尘器（venturi scrubber）、水膜除尘器（water-film separator）等。

各种除尘器的性能和适用范围见表 5-11。

表 5-11　除尘器性能比较

除尘器名称	适用的粒径范围/μm	除尘效率/%	阻力压降/Pa	设备费	运行费
重力沉降室	≥50、非纤维性	<50	50～130	低	低
惯性除尘器	20～50、非纤维性	50～70	300～800	低	低
旋风除尘器	5～15、非纤维性	60～90	800～1 500	低	中低
水浴除尘器	1～10	80～95	600～1 200	低	中
旋风水膜除尘器	≥5	95～98	800～1 200	中	中
自激湿式除尘器	≥5	95	1 000～1 600	中	中上
电除尘器	0.5～1	90～98	50～130	高	中上
袋式除尘器	0.5～1、非纤维性	95～99	1 000～1 500	中上	高
微孔除尘器	0.5～1	95～99	1 200～2 000	高	中上
文丘里除尘器	0.5～1	90～98	4 000～10 000	低	高

第五节　除尘器的技术经济指标

除尘器的技术经济指标有除尘效率、透过率、阻力、处理风量、漏风率、耗钢材量、一次投资、运行费用、占地面积或占用空间、使用寿命及粉尘的回收能力等，其中最主要的是除尘效率、阻力、漏风率和运行费用等。

一、除尘效率

1. 除尘器全效率

评价除尘器的除尘效果，常用该除尘器所收集下的粉尘重量，占时入除尘器的粉尘重量的百分数来表示，在除尘技术上称为除尘器的全效率，通称除尘效率（collection efficiency），指含尘气体在通过除尘器时捕集下的粉尘量占进入除尘器的粉尘量的百分数：

$$\eta = \frac{G'}{G_1} \times 100\% \tag{5-7}$$

式中：G_1 ——进入除尘器的粉尘量，mg/h；

G' ——被除尘器捕集的粉尘量，mg/h。

上式可改写为：

$$\eta = \left(1 - \frac{Q_2 C_2}{Q_1 C_1}\right) \times 100\% \tag{5-8}$$

式中：Q_1 ——除尘器进口风量，m^3/h；

Q_2 ——除尘器出口风量，m^3/h；

C_1 ——除尘器进口气体粉尘浓度，mg/m^3；

C_2 ——除尘器出口气体粉尘浓度，mg/m^3。

2．分级除尘效率

事实上，除尘器的除尘效率与粉尘的分散度有密切关系。同一除尘器当用来收集大颗粒粉尘时，除尘效率较高；而用来收集小颗粒粉尘时，除尘效率往往降低。因此，在说明除尘效率时，必须同时说明是指哪一类型分散度的粉尘，既要说明被收集的粉尘量，还要说明其所能收集的粉尘颗粒大小，才能说明该除尘器的真实效果。

$$\eta_d = \eta \frac{M'_d}{M_{d1}} \tag{5-9}$$

或

$$\eta_d = \frac{M_{d1} C_1 - M_{d2} C_2}{M_{d1} C_1} \times 100\% \tag{5-10}$$

式中：η_d ——除尘器对粒径为 d 的粉尘的除尘效率，%；

M_d' ——被除尘器捕集的粉尘中，粒径为 d 的粉尘的质量分数；

M_{d1} ——除尘器进口粒径为 d 的粉尘质量分数；

M_{d2} ——除尘器出口粒径为 d 的粉尘质量分数；

C_1 ——除尘器进口粒径为 d 的粉尘浓度，mg/m^3；

C_2 ——除尘器出口粒径为 d 的粉尘浓度，mg/m^3。

以分级效率表示的除尘效率如下：

$$\eta = (\sum M_{di} \eta_{di}) \times 100\% \tag{5-11}$$

但分级除尘效率难以测定，使用不方便；另一方面，无法表征除尘器对高密度粉尘增效作用。因此，可以下列方法近似处理：

$$\eta_s = 1 - k(1 - \eta) \tag{5-12}$$

式中：η_s ——除尘器关于大粒度、高密度粉尘的修正除尘效率，%；

η ——除尘器常规除尘效率，%；

k ——除尘效率修正系数。

表 5-12 各种除尘器对不同粒径粉尘的除尘效率

除尘器名称	除尘效率/%		
	50 μm	5 μm	1 μm
惯性除尘器	95	26	3
中效旋风除尘器	94	27	8
高效旋风除尘器	96	73	27
水浴除尘器	98	85	38
自激湿式除尘器	100	93	40
空心喷淋塔	99	94	55
干式电除尘器	>99	99	86
湿式电除尘器	>99	98	92
中阻文丘里除尘器	100	>99	97
高阻文丘里除尘器	100	>99	99
机械振打袋式除尘器	>99	>99	99
喷吹袋式除尘器	100	>99	99

k 的意义相当于除尘器在处理大粒度、高密度粉尘增加了一台附加的重力沉降器，使除尘系统的总除尘效率得以提高。这种现象，在大粒度粉体的气力输送、高密度化工粉体（如氧化铅尘）的净化系统中均得以验证。

一般，对于密度大于 2 000 kg/m^3 的粉体，k 0.6～0.8，密度越大，k 值越小；对于粒度大于 50 μm 的粉体，k 0.5～0.7，粒度越大，k 值越小。

3．多级除尘的总效率

当进口粉尘浓度很高或排放标准要求很严格时，一级除尘往往达不到净化要求，就必须采用多级除尘，即在除尘系统中将两台或多台不同类型的除尘器串联使用，此时，系统的总除尘效率可以下式表示：

$$\eta = 1 - [(1-\eta_1)\quad(1-\eta_2)\cdots(1-\eta_n)] \tag{5-13}$$

式中：η_1 ——第一级除尘器效率，%；

η_2 ——第二级除尘器效率，%；

η_n ——第 n 级除尘器效率，%。

二、透过率

透过率（penetration rate）指未被捕集的粉尘量占进入除尘器的粉尘量的百分数。对于高效除尘器而言，透过率是比除尘效率更能明确说明其高效性的一个指标。

$$P = (1-\eta) \tag{5-14}$$

如两台除尘器，其除尘效率一台为 99%，一台为 98%，相差仅 1%，但其透过率则相差一倍，意味着除尘效率 99%的除尘器排放的粉尘量仅为除尘效率 99%的除尘器排放量的 50%。

三、阻力

含尘气体在经过除尘器时与其经过管道时一样，会由于阻力（resistance）而产生能量损失，这种损失常称为阻力或压损。压损就是气体经过除尘器入口与出口时的能量差，它以这两处的全压差来表示。这个全压差就是除尘器的阻力。

除尘器的阻力一般为几十到期几百毫米水柱。这个值越小，动力的消耗也越少。目前，工厂常用的除尘器空气阻力大小，可在手册中查阅。对于旋风除尘器也可用下列公式计算。

$$\Delta P=\zeta P_{动} \tag{5-15}$$

式中：ΔP ——旋风除尘器的空气阻力，Pa；

ζ——旋风除尘器的阻力系数；

$P_{动}$ ——对应于旋风除尘器进口风速的动压力，Pa。

含尘气体经过除尘器后的阻力压降称为除尘器阻力。除尘器阻力压降越大，所需的空气动力设备的压力越大，运行时动力消耗越大。除尘器阻力通常以除尘器进口动压的倍数来表示：

$$\Delta P=\zeta\left(\frac{\rho v^2}{2}\right) \tag{5-16}$$

式中：ΔP ——除尘器阻力，Pa；

ζ ——阻力系数，通常通过实验确定；

ρ ——气体密度，kg/m^3；

v ——除尘器进口风速，m/s。

四、漏风率

除尘器外壳通常由薄钢板或其他较薄材料制成，其进、出气口、检修孔、人孔、排灰口等静密封点多、长度长，在空气动力设备的风压下会有一定的泄漏，为此，以进、出口风量差占进口风量的比率表示除尘器的漏风率（air leakage rate）。

排灰口的严密程度是保证除尘效率的重要因素。排灰口处的负压较大，稍不严密，都会产生较大的漏风，已沉积下来的粉尘必被上升气流带出排气管。漏风率为 5%，可使除尘效率降低 50%；漏风 5%～10%，效率降至零。

除尘器的漏风率较大时，风机前置会造成除尘器周围的粉尘无组织排放；风机后置时，风机需要输送的风量增大，使系统的动力消耗加大。

在进、出气温度基本不变时，漏风率η_f可以下式表示：

$$\eta_f=\left(\frac{Q_2-Q_1}{Q_1}\right)\times 100\% \tag{5-17}$$

式中：η_f ——漏风率，%；

Q_1 ——除尘器进口风量，m^3/h；

Q_2 ——除尘器出口风量，m^3/h。

五、运行费用

对于一套粉体净化系统而言，运行费用（running expense）不仅仅是指除尘器的，而是包括整个粉体净化系统的。

粉体净化系统的运行费用包括动力消耗费、易损件更换费、维护保养费、设备折旧费、收下粉尘处置费、人工费等。

动力消耗包括空气动力设备耗电、除尘器清灰及仪表耗电。

易损件更换费包括袋式除尘器的除尘袋、微孔除尘器的微孔管等除尘组件及其他易损件的更换费用。如果用于净化有毒有害粉尘时，更换下的除尘组件夹带了大量有毒有害物质，成为危险固废，应核算其处置费用。

维护保养费指粉体净化系统保持其正常技术经济指标所需要的防腐、清洁、零配件更换等常规费用。

一般粉体净化系统的折旧费比例与常规设备相同，但处理特殊粉尘或含尘气体时折旧期可能缩短。如在高温、强腐蚀等工况下运行的粉体净化系统的折旧期常较短。

粉体净化系统收集的粉尘有的可以回收利用，有的只能作为固废并进行妥善的安全处置。不管是哪种处置，其包装、转移、处置过程都需要一定的动力和资源消耗，产生相应的费用。

通常粉体净化系统不需要人工值守，只是在收集粉尘处置、维护保养时需要人工。因此其人工费用可以根据具体情况进行核算。

第六节　除尘系统设计

一、吸尘罩设计

1. 罩口气流运动方式

集气罩汇集污染物，是一种流体动力学捕集，集气罩罩口气流运动方式有两种：一种是吸气口气流的吸入流动；一种是吹气流的吹出流动。了解吸入、吹出气流的运动规律，是合理设计集气罩及粉体净化系统的基本依据。

（1）吸入气流运动规律

一个敞开的管口是最简单的吸气口，当吸气时，在吸气口附近形成负压，周围空气从四周流向吸气口，形成吸入气流或汇流。当吸气口面积较小时可视为“点汇”，等速面是以该点为球心的球面，假定流动没有阻力，点汇吸风量为 Q，在吸气口外气流流动的流线是以吸气口为中心的径向线，若等速面的半径为 r_1、r_2，相应气流速度为 u_1、u_2，由于通过每个等速面的风量相等，见图 5-6（a）。

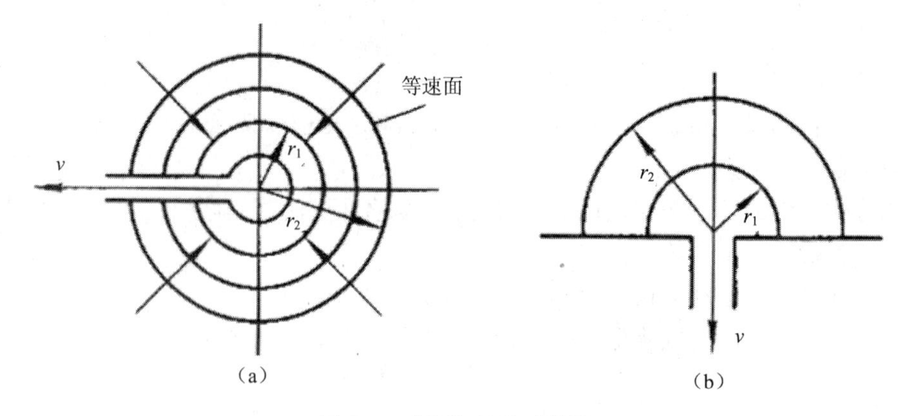

图 5-5 点汇气流流动情况

根据流体力学，位于自由空间的点汇吸气口的吸气量 Q 的计算公式为：

$$Q = 4\pi r_1^2 v_1 = 4\pi r_2^2 v_2 \tag{5-18}$$

$$\frac{v_1}{v_2} = \left(\frac{r_2}{r_1}\right)^2 \tag{5-19}$$

式中：v_1，v_2 ——点 1 和 2 的空气流速，m/s；

r_1，r_2 ——点 1 和 2 至吸气口的距离，m。

v 与 r 的平方成反比，表明吸气口外气流速度衰减很快，应尽量减少罩口至污染源的距离。

如吸气口四周加上挡板，吸气气流受到限制，吸气范围仅半个等速球面，它的吸气量计算公式为：

$$Q = 2\pi r_1^2 v_1 = 2\pi r_2^2 v_2 \tag{5-20}$$

点汇吸气口外某一点的空气流速与该点至吸气口距离的平方成正比，并随吸气范围的减小而增大。即在吸气量相同的情况下，在相同的距离上，有挡板的吸气口的吸气速度比无挡板的大一倍。

气速 v 与 x 关系为：

对于四周无法兰边的圆形吸气口有：

$$\frac{v_0}{v_x} = \frac{10x^2 + A}{A} \tag{5-21}$$

对于四周有法兰边的圆形吸气口有：

$$\frac{v_0}{v_x} = 0.75\left(\frac{10x^2 + A}{A}\right) \tag{5-22}$$

式中：v_0 ——吸气口的平均流速，m/s；

v_x ——控制点上的控制风速，m/s；

x ——控制点至吸气口的距离，m；

A ——吸气口面积，m^2。

“$10x^2+A$”的物理意义是，当吸气口面积为 A 的无法兰边的圆形吸气口吸气时，在距吸气口 x 处形成的等速面面积；v_x 是空气从各个方向流过该等速面的速度。

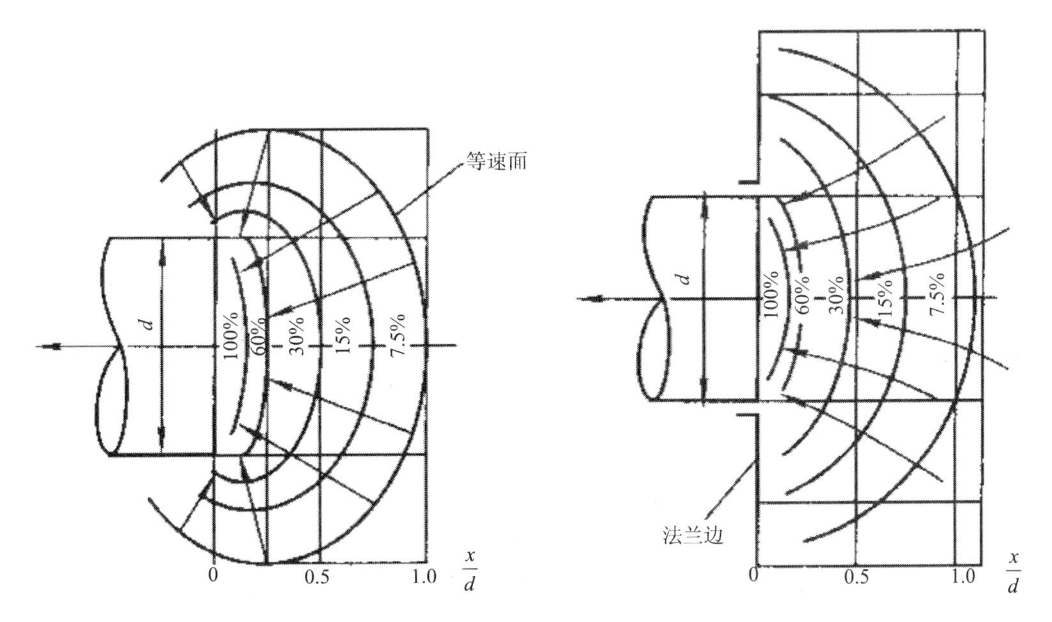

图 5-6 四周无边、有边圆形吸气口气速分布

根据实验，吸气口气流具有以下特点：

① 吸气口附近的等速面近似与吸气口平行，随与吸气口距离的增大，逐渐变成椭圆面，而在 1 倍吸气口直径 d 处，已接近球面。因此，式（5-21）、式（5-22）仅适用于 $x \leqslant 1.5d$ 的场合。当 $x>1.5d$ 时，实际的速度衰减要比计算值大；吸入气流的等速面为椭球面，通过各等速面的流量相等，并等于吸入口的流量。

② 吸气区内气流速度与到吸气口的距离的平方成反比，吸气口气流速度衰减较快，$x/d=1$ 处气流速度已约降至吸气口流速的 7.5%。

③ $x/d<1$ 时，吸气量采用有关衰减公式计算；$x/d>1$ 时，吸气量采用等球面公式计算。

（2）吹出气流运动规律

空气从管口喷出，在空间形成的气流称为射流。喷吹孔可以是圆形、矩形和扁矩形（长短边之比大于 10∶1）。按孔口形状可以将射流分为圆射流、矩形射流和扁射流（条缝射流）；据空间界壁对射流的约束条件，射流可分为自由射流（吹向无限空间）和受限射流（吹向有限空间）；按射流温度与周围空气温度是否相等，可分为等温射流和非等温射流；根据射流产生的动力，还可将射流分为机械射流和热射流。

圆射流可向上下左右扩散，扁射流只能向条缝吹出口两侧方向扩散，方形吹出口及长宽比接近 1 的矩形风口喷出的矩形射流，在距离大于 10 倍吹出口直径（面积的平方根）后，射流断面几乎成圆形。非等温射流，由于热浮力的作用，射流轴线将产生弯曲。射流温度高于室内空气温度时，轴线向上弯曲，反之轴线将向下弯曲。在设计热设备上方集气罩和吹吸式集气罩时，均要应用空气射流的基本理论。

等温圆射流和等温扁射流是自由射流中的常见流型。等温圆射流结构示意如图 5-7 所示。图中 R_0 为圆形吹气口的半径。假设吹气口速度是完全均匀的，从孔口吹出的射流范围不断扩大，其边界面是圆锥面。圆锥的顶点 M 称为极点，圆锥的半顶角 α 称为射流的扩散角，射流内的轴线速度 v_m 保持不变并等于吹出速度 v_0 的一段，称为射流核心段（图 5-7 的 AOD 椎体）。由吹气口至核心被吹散的这一段称为射流起始段 S_0。以起始段的端点 O 为顶点，吹气口为底边的椎体中，射流的基本性质（速度、温度、浓度等）均保持其原有特性。射流核心消失的断面 BOE 称为过渡断面。过渡断面以后称为射流主体段。

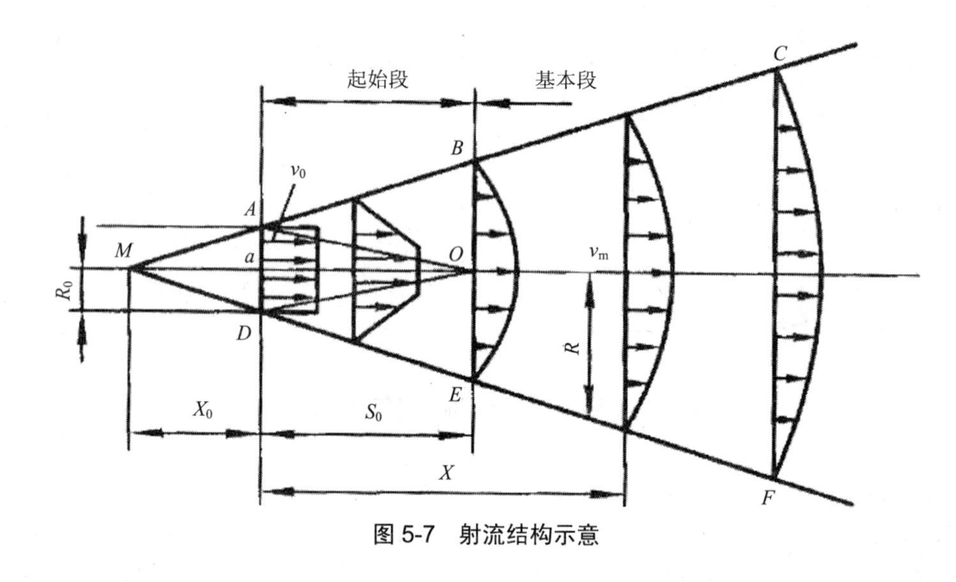

图 5-7 射流结构示意

图 5-7 也可用以表示扁射流的断面结构，一般采用 b_0 代替 R_0 表示扁矩形吹气口半高度，采用 b 表示射流断面的半高度。射流起始段是比较短的，在工程设计中实际意义不大，在集气罩设计中常用到的等温圆射流和扁射流主题端的参数计算公式列于表 5-13 中。

等温自由圆射流的一般特性为：

① 射流边缘有卷吸周围空气的作用，流量随距离增加，这主要是由于紊流动量交换引起的。

② 由于射流边缘的卷吸作用，射流断面不断扩大，其扩散角 a 为 15°～20°。射流流量随射流长度增加而增大。

③ 射流核心段呈锥形不断缩小。对于扁射流，$x/2\ b_0$=2.5 以前为核心段。

④ 气速与离吹口距离成反比，核心段以后，射流速度逐渐下降。射流各断面的速度值虽不同，但其无因次速度分布相似。

⑤ 射流中的静压与周围静止空气的压强相同。

⑥ 射流各断面动量相等。

表 5-13 等温圆射流和扁射流主体段的参数计算公式

参数	符号	圆射流	扁射流	备注
扩散角α	度	$\text{tg}\alpha=3.4a$	$\text{tg}\alpha=2.44a$	a为吹气口的湍流系数，对圆柱形吹气口$a\approx0.11\sim0.12$；角标0 表示射流起始段的有关参数；角标x 表示离吹气口距离 x 处断面上的有关参数
起始段长度 S_0	m	$S_0=0.672\dfrac{R_0}{a}$	$S_0=1.03\dfrac{b_0}{a}$	
轴心速度 v_m	m/s	$\dfrac{v_m}{v_0}=\dfrac{0.996}{\dfrac{ax}{R_0}+0.294}$	$\dfrac{v_m}{v_0}=\dfrac{1.2}{\sqrt{\dfrac{ax}{b_0}+0.41}}$	
断面流量 Q_x	m^3/s	$\dfrac{Q_x}{Q_0}=2.2\left(\dfrac{ax}{R_0}+0.294\right)$	$\dfrac{v_x}{v_0}=\dfrac{0.492}{\sqrt{\dfrac{ax}{b_0}+0.41}}$	
断面平均速度 v_x	m/s	$\dfrac{v_x}{v_0}=\dfrac{0.1915}{\dfrac{ax}{R_0}+0.294}$	$\dfrac{Q_x}{Q_0}=1.2\sqrt{\dfrac{ax}{b_0}+0.41}$	
射流半径 R 或半高度 b	m	$\dfrac{R}{R_0}=3.4\left(\dfrac{ax}{R_0}+0.294\right)$	$\dfrac{b}{b_0}=2.44\left(\dfrac{ax}{b_0}+0.41\right)$	

2. 吸尘罩气流匀化措施

图 5-5 和图 5-6 及相关气速衰减公式给出的均是理想状态情况，实际应用的吸气口，一般都有一定的几何形状和尺寸，很难用简单的数值计算给出流速分布，只能借助实验测得各种吸气口的流速分布图。

实际工程中，罩口面积远大于吸气口。如果将吸气口看做是点汇的话，罩口处各点到吸气口的距离不一样，造成罩口各点的气速不一致，捕集效果受影响。实际上，罩口半径与吸气口半径之比（R/r）大于 2 时，罩口各点气速差异就很大。

由于罩口气速对捕集效果起到决定性的作用，不管何种形式的外部吸尘罩，都将追求整个罩口有着均匀一致的控制风速。

当罩口平面尺寸较大时，可采取一些措施改善吸入特性，如把一个大排风罩分割成几个小排风罩、把罩内设挡板、在罩口上设条缝口，要求条缝口风速在 10 m/s 以上；静压箱内控制速度不超过条缝口速度的二分之一，在罩口设气流分布板等。

还可以采取一些改善吸口吸入特性的措施。

（1）加挡板

为了减少横向气流的影响和罩口的吸气范围，工艺条件允许时在罩口四周设固定或知动挡板。

（2）优化排风罩的结构参数

罩口上的速度分布对排风罩性能有较大影响。扩张角α 直接影响罩口速度分布和阻力，综合结构、速度分布、阻力三方面的因素，α 角应尽可能小于或等于 60°。

（3）设置整流板

改善罩口吸入特性的最有效措施是在罩内设置整流板。

① 整流板结构。整流板结构件见图 5-8 和图 5-9。

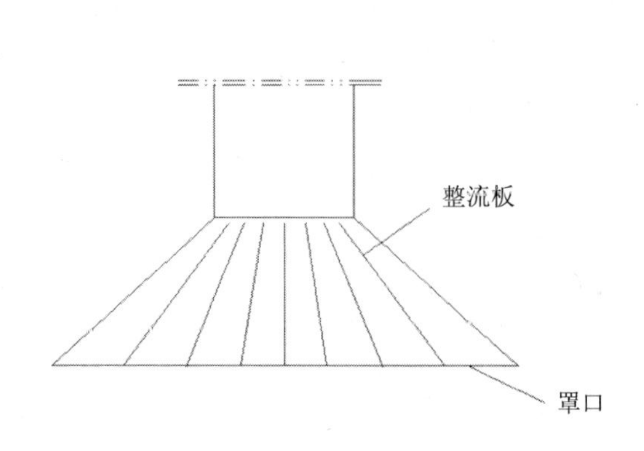

图 5-8 伞形罩的整流板结构

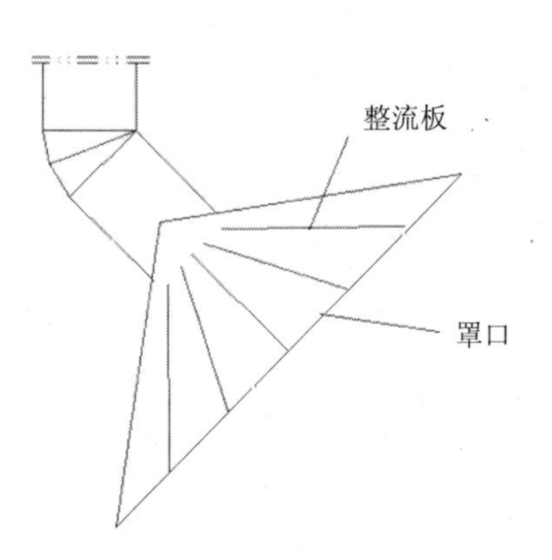

图 5-9 斜侧罩的整流板结构

整流板的长度需从吸气口平面延伸至罩口平面；对于矩形罩，整流板为片状；对于圆形罩，整流板为若干等轴的锥筒（整流圈）。

② 整流板的设计。一般来说，整流板在吸气管口的间距 L_1 可取 50～80 mm，吸气管口直径 d 越大，间距越大；对于罩口直径与吸气口直径 $D/d \leqslant 3$ 的外部罩，其整流板（对圆形罩为整流圈）数 n 为

$$n = \frac{d}{L_1} \tag{5-23}$$

罩口整流板间距为

$$L_2 = \frac{D}{n}$$

式中：n ——整流板（整流圈）数；

D ——罩口直径（长度），m；

d ——吸气管口直径（长度），m；

L_1、L_2 ——分别为吸气管口、罩口的整流板间距，m。

对于 $D/d \leqslant 3$ 的外部罩，整流板（整流圈）可在 d、D 上均匀布设，先设定和计算 L_1、n 并圆整，然后计算 L_2 并圆整，再在罩的正投影图以 L_1、L_2 作图并按钣金几何下料法绘制整流板（整流圈）图纸。

整流板（整流圈）的材质选取需考虑气流的腐蚀性、温度等因素，一般采用 1～2 mm 薄板制作。

3. 吸尘罩分类及工作原理

吸尘罩（dust hood）是除尘系统中的一个重要部件，其作用是将尘源散发的粉尘予以捕集，不使其扩散到环境中。

局部吸尘罩的作用是依靠通风机的抽力使吸气罩内部形成一定负压，防止罩内有害

物从不严密处外逸，使罩口附近的气流形成一定的速度场，以控制有害物扩散并将它吸入罩内。由于工业企业种类繁多，它们的工艺性质和工艺流程是各式各样的，在生产过程中所形成的有害物的理化性质及扩散规律也有很大差别。例如，转动的磨床磨轮因惯性作用会产生夹带粉尘的气流，沿着转动磨轮的切向投射；工件刷漆时，蒸发出来的溶剂气体以紊乱对流形式向四面八方扩散；工业炉烟气则形成一股热射流向上运动。这些有害物的扩散，往往又与自身的比重、浓度及周围气流的紊动程度等因素有关。所以吸气罩的形式及其安装部位，必须根据工艺特点、操作方式、有害物性质及其散发情况，予以综合的考虑。

吸尘罩的种类很多，按原理可分为四种基本类型：密闭罩（enclosed hood）、外部罩（capture velocity）、接受罩（receiving hood）和吹吸罩（push-pull hood）。

密闭罩是将尘源包围在罩内，并尽可能地密封起来，使粉尘的扩散被限制在一个较小的空间里。

当受到生产设备或工艺条件限制，不能将尘源全部或局部密闭时，常将吸尘罩设在尘源近旁（上部、下部或侧面），依靠罩内吸气气流的运动把从尘源散发出的粉尘吸入罩内，这类吸尘罩统称外部吸风罩。

有些生产过程或设备本身会产生或诱导一定的气流，对这些设备常将吸尘罩设置在含尘气流的上方或前方，罩口迎着含尘气流的运动方向，让该气流直接进入罩内，这种吸尘罩称为接收罩，接收罩罩口外气流的运动是生产过程产生的。

吹吸罩由吹风口和排风罩组成，吹风口吹出的射流将尘源散发出的含尘气体吹向排风罩，在吸风口前汇流的作用下被吸入罩内，吹吸罩具有风量小、控制效果好、抗干扰能力强、不妨碍操作的优点。

吸尘罩设计水平将直接影响到整个系统的运行效率。设计计算时应当注意下列基本原则：

① 在不影响生产操作和设备检修的情况下，应尽量采取密闭罩，可以最小的排风量获得最佳的捕集效果，同时可防止横向气流的干扰。

② 吸气罩尽可能布置在靠近有害物源处，有条件时应加围挡，把有害物包围起来，尽量减少开口面积，使有害物的扩散控制在最小范围内。

③ 吸气罩的形状和大小应有利于有害物的捕集。一般伞形罩的罩口面积应不小于有害物扩散区的水平面积；侧吸罩的罩口长度应不小于有害物扩散区的边长，当有害物扩散区很大时，则可在它的两面或三面以至四面分别设置侧吸罩。

④ 吸风方向应尽可能同含尘空气的运动方向一致，充分利用污染气流的初始动能，并应考虑车间内部横向气流的干扰；避免含污染物的吸入气流通过人的呼吸区。

⑤ 为使吸气罩的排气均匀，应按具体情况改进罩子结构形式（详见“本章节 2.吸尘罩气流匀化措施”）。

⑥ 外部罩罩口应保持一定的控制风速，一般为 0.5～1.5 m/s。

⑦ 不宜靠近敞开的孔口，如观察孔、操作孔，以免吸入同除尘无关的空气。

⑧ 集气罩的结构不应妨碍人工操作和设备检修。

4. 吸尘罩性能指标

吸尘罩的主要技术经济指标是排风量和压降。

排风量 Q 通过实测罩口上的平均吸气速度 v_0 和罩口面积 A 确定。该方法因直接测定罩口实际风速，具有最基本的考察吸尘罩性能的作用。

$$Q = Av \tag{5-24}$$

也可以通过实测连接集气罩直管中的平均速度 v、气流动压 p_d 或气体静压 p_s 及其管道断面积 A_1 按下式计算排风量：

$$Q = A_1 v = \sqrt{\frac{2}{\rho} p_d} \tag{5-25}$$

或

$$Q = \varphi A_1 \sqrt{\frac{2}{\rho} |p_s|} \tag{5-26}$$

式中：ρ ——气体密度，kg/m^3；

p_d、p_s ——气流动压、静压，Pa；

A ——罩口面积，m^2；

φ ——集气罩的流量系数，$\varphi = \sqrt{\frac{p_d}{p_s}}$ 或 $\varphi = \frac{1}{\sqrt{1+\zeta}}$。

5. 密闭罩排风量

常用的密闭罩排风量的计算方法有最小负压法和最小缝隙法。

（1）最小负压法

密闭罩设计时，在不影响设备运行的条件下尽量严密，尽可能减少缝隙和孔洞面积；设置必要的操作、检修、观察、清扫用的快开式门，避免与有振动和往复运动的机件相接触；抽气口与风管尽量软连接；对拆卸、维护较频繁的密闭罩，采用装配式结构。为了抵消罩内空气由于物料溅落、设备运转等造成扰动气流产生的正压，密闭罩内必须由风机形成一定的负压，在各种工艺设备上配置的密闭罩所须保持的最小负压值见表 5-14。

表 5-14 各种工艺设备所必须保持的最小负压值

工艺设备	最小负压值/Pa	工艺设备	最小负压值/Pa
混碾机	1.5～2.0	摆式加料器	1.0
破碎机	0.8～1.0	储料槽	10～15
球磨机	2.0	皮带机	2.0
双轴搅拌机	1.0	提升机	2.0
机械筛	1.0～2.0	螺旋输送机	1.0
盘式加料器	0.8～1.0	锤式破碎机	20～30

由

$$\Delta p_{\min} = \zeta \left(\frac{\rho u^2}{2} \right) \tag{5-27}$$

得到罩内最小风速

$$u_{\min} = \sqrt{\frac{2\Delta p_{\min}}{\zeta \rho}} \tag{5-28}$$

式中：$\Delta p_{\min}$ ——罩内最小负压，Pa；

ζ ——系数，通常通过实测确定；

ρ ——气体密度，kg/m^3；

u ——除尘器进口风速，m/s。

（2）最小缝隙法

当密闭罩内保持一定负压时，由密闭罩抽排出的风量应等于从其缝隙中进入罩内的风量：

$$Q = Q_1 + Q_2 + Q_3 + Q_4 + Q_5 - Q_6 \tag{5-29}$$

式中：Q ——密闭罩排风量，m^3/h；

Q_1 ——物料进入密闭罩时所诱导的空气量，m^3/h；

Q_2 ——通过密闭罩孔口或缝隙吸入的空气量，m^3/h；

Q_3 ——由于设备运转带入密闭罩的空气量，m^3/h；

Q_4 ——因物料和机械加工散热而使空气膨胀或水分蒸发增加的空气量，m^3/h；

Q_5 ——被压实的物料容积排挤出的空气量，m^3/h；

Q_6 ——从设备排出的物料所带走的空气量，m^3/h。

大多数情况下，Q_3、Q_4、Q_5和 Q_6都较小，可忽略不计，而影响 Q_1的因素很多，要想精确计算 Q_1很困难，因此采取加大 Q_2的方法处理，即密闭罩的排风量转为用下式计算：

$$Q = 3\,600Av \tag{5-30}$$

式中：A ——密闭罩上所有孔口或缝隙的总面积，m^2；

v ——孔口或缝隙处空气的吸入速度，m/s，一般取 0.75～1.5 m/s。

6. 外部罩排风量

外部罩排风量的计算。通过对尘源和操作情况的分析。确定罩型、罩口尺寸、尘源控制点至罩口的距离 x，根据罩型选用适当的排风量经验公式计算排风量。

常用控制速度法和流量比法来计算吸尘罩的排风量。

（1）控制速度法

从尘源散发出的粉尘具有一定的扩散速度，该速度随其扩散而逐渐减小。所谓控制速度是指在罩口前粉尘扩散方向的任意点上均能使粉尘随吸入气流流入罩内并将其捕集所必需的最小吸气速度。吸气气流有效作用范围内的最远点称为控制点。

计算吸尘罩排风量时，首先应根据工艺设备及操作要求，确定罩形状及罩口面积 A_0；其次根据控制要求安排罩口与污染源相对位置，确定罩口几何中心与控制点的距离 x。

在工程设计中，当确定控制风速 v_x（face velocity）后，即可根据不同形式集气罩罩口的气流衰减规律求得罩口气流速度 v_0，在已知罩口面积 A_0 时，即可按下式求得吸尘罩的排风量。

$$Q = 3\,600 A_0 v_0 \tag{5-31}$$

式中：Q ——吸尘罩排风量，m^3/h；

A_0 ——罩口面积，m^2；

v_0 ——罩口气流速度，m/s。

采用控制速度法计算集气罩的排风量，关键在于确定控制速度 v_x 和集气罩结构、安设位置及周围气流运动情况，一般通过现场实测确定。如果缺乏现场实测数据，设计时可参考表 5-15、表 5-16 确定。

控制速度法一般适用于污染物发生量较小的冷过程的外部集气罩设计。各类粉尘散发情况下罩口控制风速见表 5-15，考虑周围气流情况及污染物危害性的控制风速见表 5-16。

表 5-15　罩口控制风速选择表

粉尘散发条件	示例	最小控制风速/（m/s）
以极小的速度进入静止的空气中	—	0.25～0.5
低速进入较稳定的空气流中	皮带机、间断粉料装袋、装卸、焊接	0.5～1.0
以相当大的速度放散出来或放散到空气运动迅速的区域	翻砂、脱模、高速（大于 1 m/s）皮带运输机的转运点、混合、装袋或装箱	1.0～2.5
高速进入极不稳定的空气流中或是放散到空气运动迅速的区域	砂轮机、喷砂、磨床、破碎等	2.5～10

表 5-16　考虑周围气流情况及污染物危害性的控制风速

周围气流运动情况	控制速度/（m/s）	
	危害性小时	危害性大时
无气流或容易安装挡板的地方	0.20～0.25	0.25～0.30
中等程度气流的地方	0.25～0.30	0.30～0. 35
较强气流或不安挡板的地方	0.35～0.40	0.38～0.50
强气流的地方	0.5	1.0
非常强气流的地方	1.0	2.5

（2）流量比法

为了准确地计吸气气罩的气罩的排风量，日本学者研究了吸气罩罩口上同时有污染气流和吸气气流的气流运动规律，提出了将罩口污染气流与吸气气流的流线合成来求取排风量的流量比法。

流量比法的基本思路是，把吸气罩排风量 Q_3 看做是含尘气流量 Q_1 和从罩口周围吸入室内空气量 Q_2 之和，即

$$Q_3 = Q_1 + Q_2 = Q_1\left(1+\frac{Q_2}{Q_1}\right) = Q_1(1+K) \tag{5-32}$$

式中：Q_3 ——吸尘罩排风量，m^3/s；

Q_1 ——含尘气流量，m^3/s；

Q_2 ——罩口周围吸入室内空气量，m^3/s。

比值 Q_2/Q_1 称为流量比 K。显然，K 值越大，污染物越不易溢出罩外，但集气罩排风量 Q_3 也随之增大。考虑到设计的经济合理性，把能保证污染物不溢出罩外的最小 K 值称为临界流量比或极限流量比，用 K_v 表示。

$$K_v = \left(\frac{Q_2}{Q_1}\right)_{min} \tag{5-33}$$

工程设计中采用的 K_v 是通过实验求出的，使用时应注意适用范围。研究结果表明，K_v 与粉尘发生量无关，只与尘源与吸尘罩的相对尺寸有关。

① 上部伞形罩。设 F_3 为罩口法兰边全宽，如不设法兰边则为罩口宽度。K_v 随 F_3/E 的增加而减小，即增大 F_3 可以减少吸气范围，提高控制效果；当 $F_3/E \geqslant 2.0$ 时，对 K_v 不再有明显影响。

对于长方形污染源，且污染气流运动方向与吸气方向一致的上部伞形罩（$D_3/E \geqslant 0.3$，$H/E \leqslant 0.7$，$1.0 \leqslant F_3/E \leqslant 1.5$，$0.2 \leqslant E/L \leqslant 1.0$），$K_v$ 可按下式计算：

$$K_v = \left[1.4\left(\frac{H}{E}\right)^{1.5} + 0.3\right]\left[0.4\left(\frac{F_3}{E}\right)^{-3.4} + 1\right]\left(\frac{E}{L_1} + 1\right) \tag{5-34}$$

式中：L_3 ——罩口法兰边全长，如无法兰边则为罩口长度；

D_3 ——集气罩连接风管直径或短边尺寸；

G_3 ——长边；

H ——罩口至尘源离。K_v 值随 H/E 的增加而增大。工程设计中一般要求上部伞形罩 $H/E < 0.7$；当 $H/E > 0.7$ 时，可考虑选用吹吸式集气罩；

E ——尘源直径或短边尺寸；

L_1 ——尘源长边尺寸；

U ——侧吸罩（三维集气罩）法兰边至尘源距离。

② 对于侧吸罩。影响 K_v 值的主要因素是 F_3/E 和 F_3/D_3。当 $F_3/D_3 < 2$ 时，K_v 急剧增大；而当 $F_3/D_3 \geqslant 2$ 时，K_v 趋于常数。设计时应取 $F_3/D_3 \geqslant 2$，并应保证 $0.7 \leqslant F_3/E \leqslant 2.5$。

对于长方形污染源，且污染气流运动方向与吸气方向垂直的侧吸罩（$F_3/D_3 \geqslant 2.0$，$0.7 \leqslant F_3/E \leqslant 2.5$，$0 < E/L_1 \leqslant 2.0$，$0 \leqslant H/E \leqslant 1.0$，$0 \leqslant U/E \leqslant 2.5$），$K_v$ 可按下式计算：

$$K_v = \left[1.5\left(\frac{F_3}{E}\right)^{-1.4} + 2.5\right]\left[\left(\frac{E}{L_1}\right)^{1.7} + 0.2\right]\left[\left(\frac{H}{E}\right)^{1.5} + 0.2\right]\left[0.3\left(\frac{U}{E}\right)^{2.0} + 1.0\right]$$

当污染气流与周围空气有一定温差时，K_v 值会相应增大，当 $\Delta t < 200$℃时，按下式计算：

$$K_{v(\Delta t)} = K_{v(\Delta t=0)} + 0.001\,2\Delta t$$

式中：Δt ——含尘气流与周围空气的温差，℃。

考虑到室内横向气流的影响，在设计时应增加适当的安全系数，则式（5-32）可写成如下形式：

$$Q_3 = Q_1(1 + mK_{v(\Delta t)}) \tag{5-35}$$

式中：Q_3 ——吸尘罩排风量，m^3/s；

Q_1 ——含尘气流量，m^3/s；

m ——考虑干扰气流影响的安全系数，按表 5-17 确定。

表 5-17 流量比法的安全系数

横向干扰气流速度/（m/s）	安全系数/m	横向干扰气流速度/（m/s）	安全系数/m
0～0.15	5	0.30～0.45	10
0.15～0.30	8	0.45～0.60	15

由上表可知，横向干扰气流对排风量影响很大，设计吸尘罩时应尽可能减弱其影响。

（3）圆形或矩形侧吸罩

对于罩口为圆形或矩形（宽长比 $W/L \geqslant 0.2$）的侧吸罩，沿罩口轴线的气流速度衰减公式为

$$\frac{v_0}{v_x} = \frac{C(10x^2 + A_0)}{A_0} \tag{5-36}$$

式中：x ——控制距离，m；

C ——与集气罩的结构形状和设置情况有关的系数。前面无障碍，四周无边的侧吸罩取 C=1；操作台上的侧吸罩取 C=0.75；前面无障碍，有边的侧吸罩取 C=0.75。

上式仅适用于控制距离 $x \leqslant 1.5\,d_t$（d_t 是吸气口直径或矩形罩口的当量直径）的情况。当 $x > 1.5\,d_t$ 时，实际的速度衰减值要比计算值大。因此，一般把 $x \leqslant 1.5\,d_t$ 作为侧吸罩的设计基准。

侧吸罩排风量计算公式：

$$Q = C(10x^2 + A_0)\ v_x \tag{5-37}$$

式中：Q ——侧吸罩排风量，m^3/s。

（4）条缝罩

条缝罩系指宽长比 $W/L<0.2$ 的矩形侧吸罩。由于罩口形状和尺寸的特殊性，决定其罩口气流流谱与上述罩型的差别，条缝罩罩口附近等速面不是球形面，不能按点汇流公式计算，一般按实测流场所归纳的经验公式计算。条缝罩沿罩口轴线的气流速度衰减公式和排风量计算公式见下式：

$$\frac{v_0}{v_x} = \frac{CxL}{A_0} \tag{5-38}$$

$$Q = Cxv_xL \tag{5-39}$$

式中：Q ——排风量，m^3/s；

x ——控制距离，m；

L ——条缝罩开口长度，m；

A_0 ——条缝罩罩口面积，m^2；

C ——与条缝罩结构形式和设置情况有关的系数。四周无边条缝罩取 C=3.7，四周有边条缝罩取 C=2.8，操作平台上的条缝罩取 C=2。

（5）槽边集气罩

槽边集气罩主要应用于各工业槽，罩设置在槽的侧旁，从侧面吸取槽面散发出的粉尘。槽边集气罩不影响工艺操作，有害物不经过人的呼吸区，故是工业操作中一种常用的集气罩形式。

槽边集气罩分条缝式、平口式及周边型集气罩等形式。

① 条缝式槽边集气罩。适用于槽宽小于 500 mm 时。汇合排气管通常设于槽的中部，如设在槽的一端，则应特别注意罩口全长上吸气的均匀性。排气管可以向上作架空管道，也可向下走地下管道，通向室外排出。

② 平口式槽边集气罩。适用于槽宽为 500～1 200 mm 时。此时吸气罩的控制点为槽中心线。两侧设立各自的排气管，然后汇合至总排气管排出。

③ 周边型槽边集气罩。适用于槽的平面接近于方形或圆形，且边长（或直径）大于 500 mm 时。即在槽子的各边长上均设吸气罩，排气管的数量及位置应根据槽面大小及厂房条件确定。

槽边集气罩的罩口形式通常分为条缝式、平口式和倒置式三种，见表 5-18。

表 5-18　槽边集气罩的罩口形式

类型	罩口形式	优点	缺点
条缝式	窄长条缝	所需排风量小，结构简单	占用空间大、阻力较大
平口式	水平状	结构简单、占地少、阻力小、不影响工艺操作	吸口较大，所需排风量较大
倒置式	罩口向下	所需排风量小	罩头伸入槽内会影响操作，有可能把液体吸入罩内

各种形式的条缝式槽边集气罩排风量计算公式见表 5-19。

表 5-19 条缝式槽边集气罩排风量计算公式

罩的形式	排风量公式	备注
高截面单侧排风量	$Q=2v_xLB\left(\frac{B}{L}\right)^{0.2}$	式中：Q ——排风量，m^3/s L ——槽长，m； B ——槽宽，m； D ——圆槽直径，m； v_x ——控制速度，m/s
低截面单侧排风	$Q=3v_xLB\left(\frac{B}{L}\right)^{0.2}$	
高截面双侧排风总风量	$Q=2v_xLB\left(\frac{B}{2L}\right)^{0.2}$	
低截面双侧排风总风量	$Q=2v_xLB\left(\frac{B}{2L}\right)^{0.2}$	
高截面周边环型排风	$Q=1.57v_xD^2$	
低截面周边环型排风	$Q=2.36v_xD^2$	

7. 接收罩排风量

（1）热射流流量计算

热射流在上升过程中，由于不断混入周围空气，其流量和横断面积会不断增大。一般将 $H\leqslant1.5\sqrt{A}$ 的热源上部接收罩称为“低悬罩”，而将 $H>1.5\sqrt{A}$ 的接受罩称为“高悬罩”。

当 $H\leqslant1.5\sqrt{A}$ 时，其热射流起始流量 Q_0 可按下式计算：

$$Q_0=0.381(qHA^2)^{\frac{1}{3}} \tag{5-40}$$

式中：Q_0 ——热射流起始流量，m^3/s；

q ——热源水平表面对流散热量，kW；

H ——罩口离热源水平面的距离，m；

A ——热源水平面投影面积，m^2。

热源水平表面对流散热量可按下式计算：

$$q=0.002\,5\Delta t^{1.25}A$$

式中：Δt ——热源水平表面与周围空气温度差，K。

当热射流的上升高度 $H>1.5\sqrt{A}$ 时，其流量和横断面积会显著增大。则热射流不同上升高度上的流量 Q_z、流速 v_z 及其断面直径 D_z 可按下列公式计算：

$$Q_z=8.07\times10^{-2}Z^{1.5}q^{\frac{1}{3}} \tag{5-41}$$

$$D_z=0.45Z^{0.88} \tag{5-42}$$

$$v_z = 0.51Z^{-0.29}q^{\frac{1}{3}} \tag{5-43}$$

式中：Q_z ——计算断面上热射流流量，m^3/s；

D_z ——计算断面上热射流横面断面直径，m；

v_z ——计算断面上热射流平均流速，m/s；

Z ——极点至计算断面的有效距离，m。

上述公式是以点热源为基础按热射流极点计算而得出的，当热源具有一定尺寸时，必须先用外延法求得热射流极点。热射流极点位于热射流轴线上，在热源下面 2 d_0 处，热射流的大致界限的确定方法，是自极点引两条经过热源两侧边缘的辐射线。极点至计算断面的有效距离 Z 可按下式计算：

$$Z = H + 2d_0 \tag{5-44}$$

式中：d_0 ——热源的当量直径，m；

H ——热源至计算断面的距离，m。

（2）热源上部接收罩的设计

低悬罩罩口每边尺寸需比热设备尺寸增加 150～200 mm。高悬罩罩口尺寸按下式确定：

$$D = D_Z + 0.8H \tag{5-45}$$

低悬罩排风量按下式计算：

$$Q = Q_0 + v'F' \tag{5-46}$$

高悬罩排风量按下式计算：

$$Q = Q_Z + v'F' \tag{5-47}$$

式中：Q ——考虑横向气流影响的接收罩排风量，m^3/s；

F' ——考虑横向气流影响，罩口扩大的面积，即罩口面积减去热射流的断面积，m；

v' ——罩口扩大面积上空气的吸入速度，通常取 v'=0.5～0.75 m/s。

（3）冷过程上部集气罩

在污染设备上方设置集气罩，由于设备的限制，气流只能从侧面流入罩内。为避免横向气流干扰，要求 H 尽可能≤0.3L（罩口长边尺寸），其排风量按下式计算：

$$Q = KLHv_x \tag{5-48}$$

式中：L ——罩口敞开面周长，m；

H ——罩口至尘源距离，m；

v_x ——控制速度，m/s；

K ——考虑沿高度速度分布不均匀的安全系数，通常取 K=1.4。

8．吹吸罩排风量

常用的吹吸罩排风量计算方法为临界断面法。吹风射流速度随着距吹风口的距离渐减，吸入气流速度则随距吸风口的距离渐近而急剧增加，所以吹吸风口间总有一个吹吸气流共同作用的断面，其气流作用强度最小，称为“临界断面”，该断面上的气流强度（单位面积上的气流作用力）称为“临界强度”，与其对应的速度称为“临界速度”v_L。

设计吹吸罩时，须使临界强度大于上升到含尘气流强度或周围干扰气流的强度。

根据临界断面的概念，经数学推导可得：

临界断面位置：$x = KH$

吹气口吹风量：$Q_1 = K_1 L_1 H \dfrac{v_L^2}{v_1}$

吹气口宽度：$D_1 = K_1 H \left(\dfrac{v_L}{v_1} \right)^2$

吸气口排风量：$Q_3 = K_2 L_3 H v_L$

吸气口宽度：$D_3 = K_3 H$

式中：Q_1 ——吹气口吹风量，m^3/s；

Q_3 ——吸气口排风量，m^3/s；

H ——吹气口至吸气口的距离，m；

L_1、D_1 ——吹气口长度、宽度，m；

L_3、D_3 ——吸气口长度、宽度，m；

v_L ——临界速度，m/s；

v_1 ——吹气口气流平均速度，一般取 8～10 m/s；

K、K_1、K_2、K_3 ——均为系数，由表 5-20 查得，表中数值是在湍流系数 a=0.2 的条件下得出的。

表 5-20 临界断面法有关系数

扁平射流	吸入气流夹角φ	K	K_1	K_2	K_3
两面扩张	3π/2	0.803	1.162	0.736	0.304
	π	0.760	1.073	0.686	0.283
	5π/6	0.735	1.022	0.657	0.272
	2π/3	0.706	0.955	0.626	0.258
	π/2	0.672	0.878	0.260	0.107
一面扩张	π/2	0.760	0.537	0.345	0.142
	3π/2	0.870	0.660	0.400	0.165
	π	0.832	0.614	0.386	0.158

二、除尘器选择

根据粉尘性质、粉尘浓度、气体温度、腐蚀性、要求的排放标准、造价限度、运行费用限度等，确定除尘器的类型和级数。在选择除尘器时，应关注以下问题：

（1）排放标准和粉尘进口浓度

根据粉尘进口浓度和排放标准要求，可以计算所需的系统总除尘效率，根据该总除尘效率确定除尘器的级数。对于进口浓度高或排放标准要求严格时可设置多级除尘器。

通常高效除尘器的运行费用和维护技术要求较高，因此在满足排放标准的前提下，尽量选择适用的除尘器；但对于有毒有害物质粉尘，则应从尽量减少排放量的角度出发，选择高效除尘器。

（2）粉尘性质

粉尘性质对于选择除尘器的类型有很大关系。

黏附性大的粉尘易黏结在除尘器内表面，不宜选用干式除尘器。水硬性和疏水性粉尘不宜选用湿式除尘器。对于比电阻过高或过低的粉尘，不宜使用电除尘器，但特殊情况下可以采样增湿等手段调节后采用。微孔除尘器外，其他大部分除尘器均不适用于纤维性粉尘。对于高温气流，通常选择电除尘器、湿式除尘器或选用高温滤料的袋式除尘器等。当尘源的粉尘粒径分步较广、细微粉尘比例较大时，必须以分级效率考察拟选除尘器的除尘效率。

除尘器类型确定后，根据系统设计风量。

三、管网计算

风管（air duct）是除尘系统不可缺少的一部分，也是除尘系统设计中最复杂的一部分。需要净化的气体沿着风管进入除尘器，净化后的气体经风管排出。因此，风管的设计对除尘系统的能量消耗、工作能力和除尘效率有重大的影响。

管道计算的内容包括管道内气速、管径计算、管道材料的选择、管壁厚度、管道的倾角、管道的压力损失、各支管的阻力平衡等，现分述如下：

1. 管道内气速的确定

管道内的气速应合理地确定。气速太小，气体中的粉尘易沉积，严重的会破坏除尘系统的正常运转。气速太大，压力损失会成平方增长，粉尘对管壁的磨损加剧，使管道的使用寿命缩短。

垂直管道内的气速，应大于抽气口的气速。水平和倾斜管道内的气速应大于小最大尘粒的悬浮速度，同时，还应能够吹走风机前次停时沉积于管道内的粉尘。在工业生产中，进气口处各截面的气速是不等的，气体在管道内分布也是不均匀的，并且存在着涡流现象。因此，一般实际采用的气速比理论计算的气速大2～4倍。除尘管道内的气速可参考表5-21。

除尘器后的排气管道内气速一般取8～12 m/s。

大型除尘系统采用砖或混凝土制管道时，管道内的气速常采用6～8 m/s，垂直管道如排气筒出口气速取10～20 m/s。

含尘气体在管道内的速度也可采用下述的经验方法求得。在垂直管道内，气速应大于管道内粉尘粒子的悬浮速度 v_x，考虑到管道内的气流速度分布得不均匀性和能够带走贴近管壁的尘粒，管道内的气速 v_g 应为尘粒悬浮速度的1.3～1.7倍。对于管路比较复杂和管壁粗糙度较大的取上限，反之取下限。倾斜管道内的气速，介于垂直管道和水平管道之间，倾斜角大者取小值，倾斜角小者取大值。

表 5-21 除尘系统管道内气流最低速度 单位：m/s

粉尘性质	垂直管	水平管	粉尘性质	垂直管	水平管
粉尘黏土、砂	11	13	干细粉	11	13
耐火泥	14	17	煤粉尘	10	12
黏土	13	16	湿土（20%以下）	15	18
重矿粉尘	16～18	18～23	铁、钢尘末	15	18
轻矿粉尘	12	14	水泥粉尘	8～12	18～22
铁、钢（屑）	19	23	石棉粉尘	8～12	16～18
灰土、砂尘	16	18	锯屑、刨屑	12	14
干微尘	8	10	大块湿木屑	18	20
染料粉尘	14～16	16～18	大块干木屑	14	15
砂子、铸模用干土	17	20			

2. 管径计算

管道内风速确定后，再根据已知的风量即可算出风管管径（内径），但通常除尘系统管径不宜小于表 5-22 所示规格。

表 5-22 除尘系统最小管径

粉尘种类	最小直径/mm
细粒粉尘	$\phi 80$
较粗粒粉尘	$\phi 100$
可能含有大块物料的混合物粉尘	$\phi 200$

3. 管道材料的选择

管道材料的选择应根据输送介质（conveying medium）的特性确定。常用的除尘风管材料有薄钢板风管、玻璃钢风管和复合玻纤板风管等。

薄钢板风管是最早使用的风管之一，有镀锌和普通薄钢板两种，从加工方法上分有热轧无缝钢管、卷制钢管等，适合含湿量小的一般性气体的输送。薄钢板风管易生锈，无保温和消声功能，制作安装周期较长。

玻璃钢风管采用玻璃纤维增强无机材料制作，有阻燃性、耐腐蚀、分量重、硬度大且较脆、易变形酥裂、无保温和消声性能、制作安装周期长。

复合玻纤板风管是近年新出现的风管材料。以离心玻纤板为基材，内复玻璃丝布，外复防潮铝箔布，用专用防火黏合剂复合干燥后，再经切割、开槽、黏结加固等工艺制成，采用特种密封胶、压敏胶带、热敏胶带连接密封，根据风管断面尺寸、风压大小再采用适当的加固措施。具有消声、保温、防火、防潮、漏风量小、材质轻、易施工、节省安装空间、使用寿命长、经济适用等优点。

表 5-23　三种材料管道性能对比

	薄钢板风管	无机玻璃钢风管	复合玻纤板风管
消声性能	无	无	对中、高频声波具有良好的吸声效果
保温性能	导热系数大，无	导热系数大，无	导热系数小，有
防火性能	不燃	加阻燃剂阻燃	加阻燃剂阻燃
防潮性能	易受潮腐蚀生锈	与原料有关，其防潮性能不稳定	防锈蚀能力强，但要防止端口等被水长期浸泡
漏风率	一般 8%～10%	一般 6%～8%	不大于 1%
强度	较高	较高，但较脆	能满足一般要求
密度	密度为 7 870 kg/m^3	密度为 2 100 kg/m^3	密度为 64 kg/m^3
摩擦阻力	新管时较小	略大于新钢管	较大于新钢管
使用寿命	易生锈，一般为 5～10 年	一般为 5～10 年	10～30 年

4．管壁厚度的确定

一般风管壁厚可采用“全国通用通风管道计算表”推荐的数值。粉体净化系统和气力输送系统管道，应根据粉体的硬度、腐蚀性、粒径分布等参数，选择管道的材质和厚度，通常不小于 3 mm。

5．管道倾角

含尘气体管道倾角（pipeline obliquity）决定于粉尘的物理性质和气体中的含尘浓度。

从粉尘的物理性质而言，应使管道的倾角大于粉尘的静止堆积角，以防淤积阻塞管道。粉尘静止堆积角的大小与粉尘性质、尘粒直径、形状和湿度等因素有关，一般不小于 45°，最好不小于 60°。

从气体中的含尘浓度而言，若含尘浓度小于 0.3 g/m^3，而且粉尘干燥、粒径大、不黏附于管壁时，则管道的形式可从流体压力损失最小和设备投资费少的条件进行选择。若含尘浓度为 0.3～15 g/m^3，含尘气体在管道内的最大速度不应超过 16～18 m/s，以防止管道应有平直的部分，只能倾斜地设置。

管道以支管（branch pipe）和倾斜主干管（slanting trunk pipe）连接时，应从上面或侧面接入。三通管道的夹角一般不宜小于 30°，最大不宜超过 45°。

但实际工程中，常由于各种原因不能采取较大的管道倾角，有时甚至只能采用平直管道，这时就必须采取加大管道内风速、在管道内设置压缩空气吹扫装置等措施，避免运行后出现粉尘堵塞现象。

6．管道压力损失

含尘气体在管道中流动阻力有两种形式，一种是含尘气体本身的黏滞性及其与管壁摩擦而引起的沿程能量损失，称为沿程阻力或摩擦压力损失（frictional resistance）；另一种是含尘气体在经过各种管道附件及设备时，由于流速的大小和方向发生变化以及产生涡流造成比较集中的能量损失，称为局部阻力（local resistance）。除气力输送系统外，一般的净化系统管道，粉尘对摩擦阻力的影响很小，即使含尘浓度达到 50 g/m^3 时，所增大的摩擦阻力不超过 2%，因此一般情况下可忽略不计。净化系统中，直管中以摩擦阻力为主，而弯管以局部阻力阻力为主。

（1）基本计算

根据流体力学原理，空气在管道内流动时，单位长度管道的摩擦阻力（亦称比摩阻）按下式计算：

$$R_{\mathrm{m}}=\left(\frac{\lambda}{4R_{\mathrm{s}}}\right)\left(\frac{\rho v^2}{2}\right) \tag{5-49}$$

式中：R_{m} ——单位长度管道摩擦压力损失，Pa；

λ ——摩擦阻力系数；

ρ ——空气密度，kg/m^3；

v ——风管内平均风速，m/s；

R_{s} ——风管的水力半径，m。

对圆形风管：

$$R_{\mathrm{s}}=\frac{D}{4},\quad R_{\mathrm{m}}=\left(\frac{\lambda}{D}\right)\left(\frac{\rho v^2}{2}\right) \tag{5-50}$$

式中：D ——风管直径，m。

对矩形风管：

$$R_{\mathrm{s}}=\frac{ab}{2(a+b)} \tag{5-51}$$

式中：a，b ——矩形风管的边长，m。

一定长度管道的摩擦阻力 ΔP_1 以下式表示：

$$\Delta P_1=R_{\mathrm{m}}l \tag{5-52}$$

式中：ΔP_1 ——一定长度管道的摩擦阻力，Pa；

l ——管道长度，m。

在实际应用中，为了避免烦琐的计算，可以查《全国通用通风管道计算表》得到λ/d值，再算出 R_{m} 值；也可通过已制成的各种形式的计算表或线解图。如图 5-10 是计算圆形钢板风管的线解图。是在气体压力 B=101.3 kPa、温度 t=20℃、空气密度ρ_0=1.204 kg/m^3、管壁粗糙度 K=0.15 mm 等条件下得出的。只要已知风量、管径、流速、单位摩擦阻力四个参数中的任意两个，即可利用该图求得其余两个参数。

（2）单位摩擦阻力的修正

无论是按照《全国通用通风管道计算表》，还是按线解图计算时，如被输送空气的参数相差较大时，则应对 R_{m} 值进行修正。

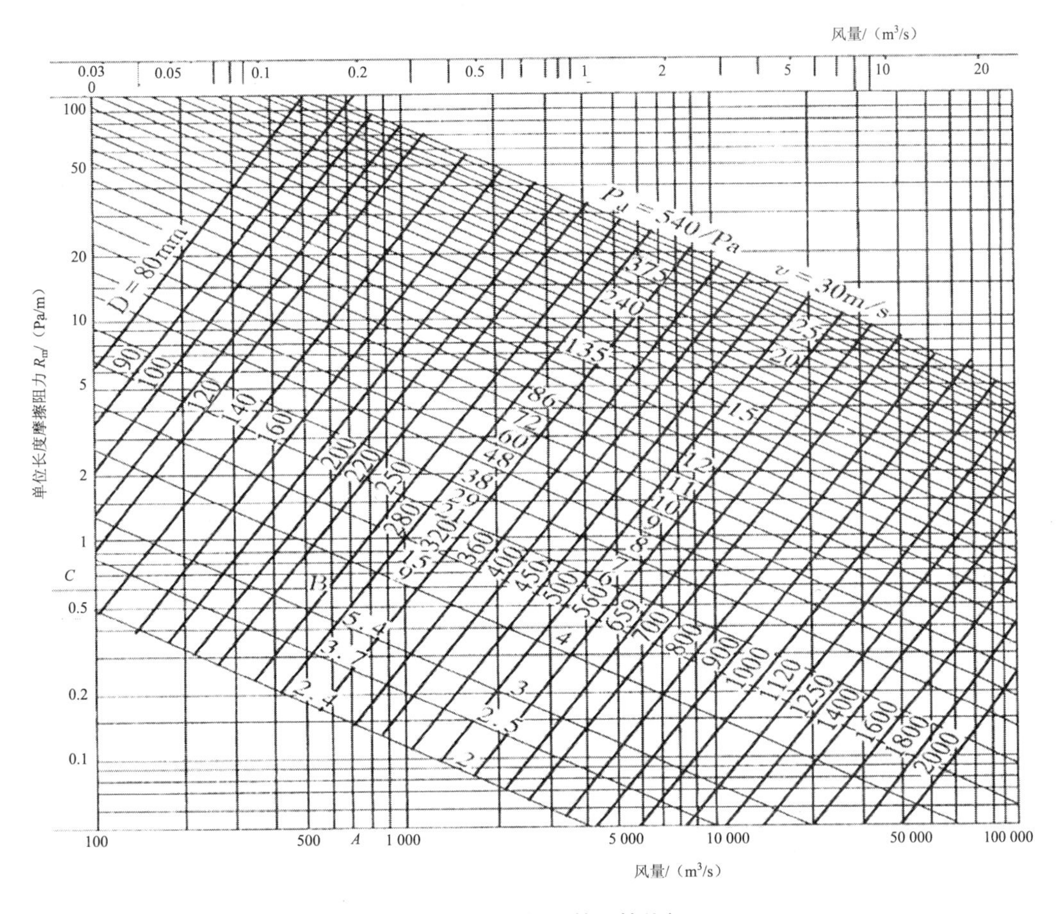

图 5-10　圆形钢板风管计算线解图

① 密度和黏度的修正：

$$R_m = R_{m_0}\left(\frac{\rho}{\rho_0}\right)^{0.91}\left(\frac{\mu}{\mu_0}\right)^{0.1} \tag{5-53}$$

式中：R_m ——实际的单位长度摩擦阻力，Pa/m；

R_{m0} ——线解图上查出的单位长度摩擦阻力，Pa/m；

ρ ——实际的空气密度，kg/m^3；

μ ——实际的空气运动黏度，m^2/s。

② 空气温度和大气压力的修正：

$$R_m = k_t k_B R_{m_0} \tag{5-54}$$

式中：k_t ——温度修正系数，$k_t = \left(\frac{273+20}{273+t}\right)^{0.825}$；

k_B ——大气压力修正系数，$k_B = \left(\frac{P}{101.3}\right)^{0.9}$。

式中：P ——实际的大气压力，kPa；

t ——实际的空气温度，℃。

③ 粗糙度修正。钢板制的风管内壁粗糙度 K 值一般为 0.15 mm。当实际使用的钢板制风管，其内壁粗糙度 K 值与制图表数值有较大出入时，由计算图表查得的单位摩擦阻力 R_m 值乘以表 5-24 中相应的粗糙度修正系数。

表 5-24 管壁粗糙度修正系数

K/mm \ V/（m/s）	2	4～6	8～12	14～22	24～30
0～0.01	0.95	0.90	0.85	0.80	0.75
0.1	1.00	0.95	0.95	0.95	0.95
0.20	1.00	1.05	1.05	1.05	1.05

摩擦阻力系数λ与空气在风管内的流动状态和风管管壁的粗糙度有关：

层流区 Re<2 000，$\lambda=\dfrac{64}{Re}$

临界区 2 000≤Re≤4 000，$\lambda=0.0025\sqrt[3]{Re}$

紊流区 Re>4 000，$\lambda=0.11\left(\dfrac{68}{Re}+\dfrac{K}{d}\right)^{0.25}$

$$\frac{1}{\sqrt{\lambda}}=-2\lg\left(\frac{K}{3.7D}+\frac{2.51}{Re\sqrt{\lambda}}\right) \tag{5-55}$$

式中：K ——风管内壁粗糙度，mm；

D ——风管直径，mm；

Re ——雷诺数。

表 5-25 管壁摩擦系数表（Re 在 10^4～10^6 范围内）

管道性质	λ	管道性质	λ
玻璃、黄铜、铜制新管	0.025～0.04	橡皮软管	0.01～0.03
新钢管（焊接）	0.09～0.1	松木或桦木胶合板卷管	0.06～0.08
使用一年后的钢管	0.02～0.08	木管	0.09～0.1
镀锌钢管	0.12	用水泥胶砂涂抹的管道	0.05～0.1
薄钢板管和很光滑的水泥管	0.1～0.2	水泥胶砂砌砖的管道	0.045～0.2
污秽钢管	0.75～0.9	混凝土涵道	0.045～0.2

（3）摩擦阻力的转换计算式

在实际设计计算中，可将上述摩擦阻力计算式作一定的变换，使其变得更直观、更方便。主要有如下两种变换方式：

① 比摩阻法：

根据，$R_m=\left(\dfrac{\lambda}{D}\right)\left(\dfrac{\rho v^2}{2}\right)$，有

$$\Delta P_m = R_m l \tag{5-56}$$

这样，在工程设计计算时只需根据管内风量、管径和管壁粗糙度由线解图上即可查出 R_m 值，这样就很容易由上式算出摩擦阻力。

② 综合摩擦阻力系数法：

由 $v=\dfrac{Q}{A}$，将 v 代入摩擦阻力计算式后，令

$$k_m = \frac{\lambda \rho l}{2DA^2} \tag{5-57}$$

则摩擦阻力计算式变换为下式：

$$\Delta P_m = k_m Q^2 \tag{5-58}$$

式中：k_m ——综合摩擦阻力系数，$N \cdot S^2/m^3$。

该式更便于管道系统的分析及风机的选择，因此，在管网系统运行分析与调节计算时，多采用该计算式。

（4）局部压力损失

当含尘气流通过净化系统管道中的管件如弯头、渐扩管、三通等以及附件如清扫设施、控制仪表探头等时，由于边壁或流量的改变，引起了流速的大小、方向或分布的变化，由此产生的能量损失，称为局部阻力压降（local pressure loss）。局部阻力主要可分为两类：① 流量不改变时产生的局部阻力，如空气通过弯头、渐扩管、渐缩管等；② 流量改变时所产生的局部阻力，如空气通过三通等。

局部压力损失在管件形状和流动状态不变时，正比于动压，可按下式计算：

$$\Delta P_i = \zeta \frac{\rho v^2}{2} \tag{5-59}$$

式中：ΔP_i ——某个管件的局部阻力，Pa；

ζ ——局部阻力系数；

v ——空气流速，m/s；

ρ ——空气密度，kg/m^3。

局部阻力系数 ζ （coefficient of local resistance）一般通过实验的方法确定，可查有关手册得到。

在大多数情况下，克服局部阻力而损失的能量要比克服摩擦阻力而损失的能量大得多。所以，设计净化系统时，如何采取措施减少局部阻力是必须重视的问题。

（5）管道的总压力损失

净化系统管道的总压力损失是直管的摩擦压力损失和管道中局部压力损失之和。

净化系统的总压力损失是管道压力损失和各设备压力损失之和：

$$\Delta P=\Delta P_l+\sum\Delta P_i \tag{5-60}$$

式中：ΔP ——净化系统的总压力损失，Pa；

ΔP_l——系统中管道总压力损失，Pa；

$\sum\Delta P_i$——系统中所含设备管件局部压力损失之和，Pa。

7．管网的阻力计算

风管的阻力计算有下列方法：

（1）比摩阻法

比摩阻法就是已知通风系统的流量和风管断面尺寸，求通风系统的阻力。如果不知道风管断面尺寸时，则可事先选择一定的速度计算出风管断面尺寸，再进行计算。因此，这种方法也称为风速选择法。

比摩阻法设计步骤如下：

① 根据风管平剖面布置图绘制通风系统图，标出设备及局部部件的位置。以风量不变为原则把通风系统分成若干个单独管段，并进行管段编号，选一条管网最为复杂的路线作为主阻管路，从进风口至吸风口依次编号，其他作为支管。标明管段的长度（一般以两管件中心线长度来计算，不扣除局部管件本身的长度）和风量。

② 选择风管内的空气流速。按“管道内气速的确定”一节选择。

③ 计算摩擦阻力和局部阻力。根据各管段的风量和所确定的风管断面尺寸，计算最不利环路（一般是部件最多而管道最长的环路）的摩擦阻力和局部阻力。

④ 并联风管（或支风管）的阻力计算。并联管路（parallel tube）节点的压力值只有一个，因此并联管路的阻力压降值应相等，否则在实际运行时，阻力小的支管的风量将增大，而阻力大的支管的风量则减小，一直变化到阻力平衡为止，其结果是实际风量偏离设计参数。

设计中应按分支节点阻力平衡的原则确定出并联风管（或支风管）的断面尺寸。要求两分支管的阻力不平衡率：粉体净化系统应小于10%；一般通风系统应小于15%。

最后，以最不利环路的阻力压降作为系统的总阻力压降。但尚需乘以附加系数，一般送排风系统为10%～15%；粉体净化系统为15%～20%。

（2）假定流速法

① 计算前，完成管网布置，确定流量分配；

② 绘草图，编号；

③ 确定流速；

④ 确定管径；

⑤ 计算各管段阻力；

⑥ 平衡并联管路；

⑦ 计算总阻力，计算管网特性曲线；

⑧ 根据管网特性曲线，选择动力设备。

（3）静压复得法

所谓静压复得法，是利用每一分支处的静压复得值来克服下一段风管的阻力。

① 计算前，完成管网布置；

② 确定管道上各孔口的出流速度；

③ 计算各孔口处的管内静压 P_j 和流量；

④ 顺流向确定第一孔口处管内流速、全压和管道尺寸；

⑤ 计算第一孔口到第二孔口的阻力 $P_{1\text{-}2}$；

⑥ 计算第二孔口处的动压 P_{d2}；

⑦ 计算第二孔口处的管内流速，确定该处的管道尺寸。

⑧ 依此类推，直到确定最后一个孔口处的管道断面尺寸。

（4）并联管路的阻力平衡调节

但在工程实践时，由于管网布置等等调整，分支管阻力常常不平衡，则需要在调试时加以解决，使各支管间的阻力不平衡率小于 10%。

平衡支管阻力的方法通常用调节阀法和变管径法。

① 调节阀法。该法是在管路上设置调节阀，通过调节阀的开度调整支管阻力。该法设计工作量小，但若系统支管多，则调节将很困难。由于粉尘易在阀门死角处积累，纤维性、爆炸性粉尘不宜采用该法。

风管中一般使用蝶阀（butterfly damper）、斜插板阀（inclined damper）等。

② 变管径法。该法通过改变管径改变管路阻力达到系统阻力平衡的目的，首先在现场测试出主管的支管的阻力压降，然后根据下式计算调整后的管径：

$$D' = D\left(\frac{\Delta P}{\Delta P'}\right)^{0.225} \tag{5-61}$$

式中：D'——调整后支管的管径，mm；

D ——调整前支管的管径，mm；

ΔP ——调整前支管的阻力，Pa；

$\Delta P'$——要求达到的支管阻力，Pa。

采用本方法时，不宜改变三通的支管直径，可在三通支管上先增设一节渐扩（缩）管，以免引起三通局部阻力的变化。

③ 增大风量。当两支管的阻力相差不大时，例如在 20%以内，可不改变支管管径，将阻力小的那段支管的流量适当加大，达到阻力平衡。增大后的风量按下式计算：

$$q' = q\left(\frac{\Delta P'}{\Delta P}\right)^{0.5} \tag{5-62}$$

式中：q' ——调整后的支管风量，m^3/h；

q ——原设计的支管风量，m^3/h。

采用本方法会引起后面干管内的流量相应增大，阻力也随之增大；同时风机的风量和风压也会相应增大。

表 5-26 粉体净化系统风管计算表

动压	风速 v/		外径 d/mm							
$\rho\cdot v^2/2$/Pa	（m/s）		200 mm	220 mm	250 mm	280 mm	320 mm	360 mm	400 mm	450 mm
135	15	上行风量/（m^3/h）	1 646	1 997	2 587	3 254	4 262	5 405	6 684	8 474
		下行风量/（λ/d）	0.102	0.090 4	0.077 1	0.066 9	0.056 7	0.049 1	0.043 1	0.037 3
154	16	上行风量/（m^3/h）	1 756	2 130	2 760	3 471	4 546	5 766	7 130	9 039
		下行风量/（λ/d）	0.101	0.090	0.076 7	0.066 6	0.056 5	0.048 8	0.042 9	0.037 1
173	17	上行风量/（m^3/h）	1 865	2 263	2 932	3 688	4 830	6 126	7 576	9 604
		下行风量/（λ/d）	0.101	0.089 6	0.076 4	0.066 4	0.056 2	0.048 6	0.042 7	0.037 0
195	18	上行风量/（m^3/h）	1 975	2 397	3 105	3 905	5 114	6 486	8 021	10 170
		下行风量/（λ/d）	0.101	0.089 3	0.076 1	0.066 1	0.056 0	0.048 5	0.042 6	0.038 6
217	19	上行风量/（m^3/h）	2 085	2 530	3 277	4 122	5 398	6 847	8 467	10 730
		下行风量/（λ/d）	0.100	0.089 0	0.075 9	0.065 9	0.055 9	0.042 4	0.042 4	0.036 7
240	20	上行风量/（m^3/h）	2 195	2 663	3 450	4 339	5 683	7 207	8 913	11 300
		下行风量/（λ/d）	0.100	0.088 7	0.075 6	0.065 7	0.055 7	0.048 2	0.042 3	0.036 6

第七节 气力输送

气力输送（air conveying）系统是以气体作动力，在密闭管道内沿气流方向通过密封管道把固体颗粒物料从一处送到另一处的装置，是流态化技术的一种具体应用。广泛应用于燃煤电站、化工、冶金、建材、粮食等部门，是适合散料输送的一种现代物流系统，在许多方面可以取代各种传统的机械输送和水力输送。

气力输送装置的结构简单，操作方便，可作水平的、垂直的或倾斜方向的输送，在输送过程中还可同时进行物料的加热、冷却、干燥和气流分级等物理操作或某些化学操作。与机械输送相比，此法能量消耗较大，颗粒易受破损，设备也易受磨蚀。含水量多、有黏附性或在高速运动时易产生静电的物料，不宜于进行气力输送。

气力输送系统属于生产工艺装置，但从粉体净化的角度应关注其尾气中粉尘达标问题。

一、气力输送系统分类

根据颗粒在输送管道中的浓度，气力输送系统可分为浓相、半浓相、稀相输送系统。

表 5-27 气力输送系统功能表

项 目	气源压力/MPa	输送距离/m	物料粒度/mm	输送量/（t/h）
正压系统	0.4～0.6	2 000	＜13	＜100
负压系统	−0.04～−0.08	300	＜13	＜60

1. 稀相输送

稀相输送通常采用较高的气流速度和较低的固气比，固体含量低于 100 kg/m^3 或固气比（固体输送量与相应气体用量的质量流率比）为 0.1～25 的输送过程。操作气速较高（18～30 m/s）。输送距离可达数百米。输送气体常采用空气或氮气，动力一般由罗茨风机提供，物料在管道中呈悬浮状态。

按管道内气体压力，又分为吸送式和压送式。吸送式管道内压力低于大气压（工作压力为−0.04～−0.08 MPa），自吸进料，但须在负压下卸料，能够输送的距离较短，主要特点为可从低处（或散装处）、多点向高处、一点输送；压送式系统管道内压力高于大气压（工作压力为 0.1～0.5MPa），卸料方便，能够输送距离较长，但须用加料器将粉粒送入有压力的管道中，正压稀相系统中物料浓度一般为 5～10 kg/kg 气。

在水平管道中进行稀相输送时，气速应较高，使颗粒分散悬浮于气流中。气速减小到某一临界值时，颗粒将开始在管壁下部沉积。此临界气速称为沉积速度。这是稀相水平输送时气速的下限。操作气速低于此值时，管内出现沉积层，流道截面减少，在沉积层上方气流仍按沉积速度运行。

在垂直管道中作向上气力输送，气速较高时颗粒分散悬浮于气流中。在颗粒输送量恒定时，降低气速，管道中固体含量随之增高。当气速降低到某一临界值时，气流已不能使密集的颗粒均匀分散，颗粒汇合成柱塞状，出现腾涌现象（见流态化），压力降急剧升高。此临界速度称噎塞速度，这是稀相垂直向上输送时气速的下限。对于粒径均匀的颗粒，沉积速度与噎塞速度大致相等。但对粒径有一定分布的物料，沉积速度将是噎塞速度的 2～6 倍。

2. 密相输送

密相气力输送系统是利用压缩空气将物料输送至目的地的一种输送方式，固体含量高于 100 kg/m^3 或固气比大于 25 的输送过程。用较高的气压压送。其在环保、节能等方面大大优于机械输送、水力输送等输送方式。密相输送分为发送罐输送和旋转阀输送。发送罐输送是通过将发送罐加压至一定压力，采用切换出料阀及气刀对物料进行分配（物料在管道中呈柱塞状态）来实现输送。操作气速较低，输送气压力较高，对物料品质影响较小。输送气体常采用空气或氮气，动力一般由压缩机螺旋泵提供，能耗低。

二、气力输送系统尾气排放参数

气力输送系统中，物料通过一定输送距离后，全部经气固分离设施分离，物料进入后续生产单元，尾气排放。气力输送系统流程图见图 5-11。

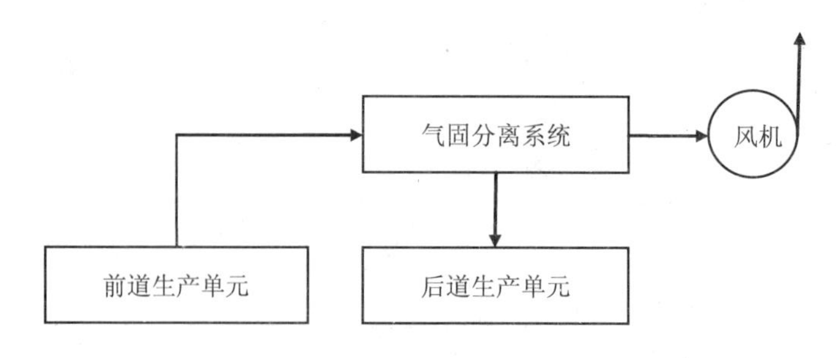

图 5-11 吸送式气力输送系统流程图

气力输送系统的气固分离率，关系到气力输送系统对环境的影响及物料损耗。通常气力输送系统的气固分离由多级分离单元构成，如旋风分离器与高效除尘器（袋式除尘器、塑烧板除尘器）等组合而成，总分离效率不低于 99.9%。

例如，采用两级分离的气力输送系统，其第一级分离器的分离效率因处理对象中相当比例为粒度大于 50 μ的粉体甚至于是以毫米计的粒状体，其修正系数 k 可取 0.2～0.4，总分离效率可以下式表示：

$$\eta = 1 - \left[k\left(1 - \eta_1\right)\left(1 - \eta_2\right) \right] \tag{5-63}$$

式中：η_1 ——第一级分离器分离效率，%；

η_2 ——第二级分离器效率，%；

k ——第一级分离效率修正系数。

但是，尽管修正系数 k 可以提高气力输送系统的气固分离率，还是需要核算其尾气是否能达到相应的排放标准，以便确定最终分离单元的级数和所采用的末级分离器的类型。

在核算保证达到排放标准的基础上，提交分离器级数和类型给工艺设计人员，供核算气力输送全系统的阻力压降，进而选型确定空气动力设备。

第八节 粉尘燃爆及防控措施

一、概述

在现代企业生产中，随着技术和工艺的不断发展，粉体制备、加工量和环节越来越多，新的可燃粉体物质亦不断出现，由于粉尘的燃烧特性、工艺操作特性等因素所造成的粉尘燃烧、爆炸的可能性也有所增多。

能与助燃气体发生氧化反应而燃烧、爆炸的粉尘叫做可燃粉尘，可燃粉尘具有燃烧的特性，也具有爆炸的特性，包括金属、煤炭、粮食及农副产品、林产品、粉体状态的有机化工产品、未达到最高氧化态的无机化合物、合成材料（如塑料）等。浮在空气中的粉尘叫悬浮粉尘，沉降在固体壁面上的粉尘叫沉积粉尘。主要产生在开采、破碎及粉碎、筛分、包装、配料、混合、搅拌、装卸、输送及除尘等生产过程中。在冶金、煤炭、机械、轻纺、粮食化工及污染物控制等行业中较为常见。

1. 粉尘爆炸的类型和形式

粉尘爆炸（dust explosion）是指悬浮于空气中的可燃粉尘触及明火或电火花等火源时发生的爆炸现象。粉尘爆炸是由粉尘粒子表面与氧发生反应所引起的，不像气体爆炸那样，是可燃气物与氧化剂均匀混合后的反应，而是某种凝固的可燃物与周围存在着的氧化剂在这种不均匀状态中进行的反应。

可燃性粉尘在空气中达到一定浓度时，在外界的高温、明火、摩擦、震动、碰撞及放电火花等作用下会引起爆炸，这类粉尘称为具有爆炸危险性粉尘。

有些粉尘（如硫粉矿、炭化钙粉尘）与水接触后会引起自然或爆炸，这类粉尘称为具有燃烧（爆炸）危险性粉尘。对于这种粉尘不能采用湿式净化设备和湿法除尘。

有些粉尘互相接触或混合后会引起爆炸，如溴与磷、锌粉、镁粉接触混合便能发生爆炸。

通常，粉尘爆炸有初始于厂房和设备空间两种形式。设备内属于受限空间，设备内形成粉尘-空气爆炸性混合物发生爆炸后，高速气流往往使沉积在地面、墙壁和各种建筑结构以及各种工艺设备上的粉尘搅动和飘扬，造成厂房内的二次、甚至三次以上的厂房空间爆炸。同理，如果设备内的粉尘泄漏到厂房内，达到爆炸极限浓度，遇火源也会产生先于设备的粉尘爆炸。

2. 爆炸性粉尘形成的条件

粉尘爆炸首先要有爆炸性粉尘的生成，爆炸性粉尘生成取决于以下条件。

（1）物理化学性质

粉尘爆炸的难易与粉尘的物理、化学性质和环境条件有关。物质的燃烧热越大，则其粉尘的爆炸危险性也越大，例如煤、碳、硫的粉尘等；越易氧化的物质，其粉尘越易爆炸，例如镁、氧化亚铁、染料等；越易带电的粉尘越易爆炸。如合成树脂、纤维类等导电不良的粉尘在生产过程中，由于互相碰撞，或与机器、空气摩擦等作用，产生的静电不易散失，造成静电积累，当达到一定值后，便出现静电放电。静电放电火花，构成爆炸的火源；粉尘挥发物含量越高，越易爆炸。如煤粉中当挥发物低于10%时，就不再发生爆炸，因而焦炭粉尘没有爆炸危险性。

可燃粉尘的爆炸浓度极限下限较高（通常在 20 g/m^3 以上）和最小点火能量较大（为可燃气体的100～1 000倍），易滋生人们麻痹大意心理，忽视其爆炸危险性。

（2）粒度和粒度分布

固体可燃物及某些常态下不燃的物质如金属、矿物等经粉碎达到一定程度成为高度分散物系，具有极高的比表面自由焓，此时表现出不同于常态的化学活性。

粉尘的表面吸附空气中的氧，颗粒越细，吸附的氧就越多，因而越易发生爆炸，而且发火点越低，爆炸下限也越低。随着粉尘颗粒的直径的减小，不仅化学活性增加，而且还容易带上静电。

（3）粉尘的浓度

与可燃气体相似，粉尘爆炸也有一定的浓度范围，因为粉尘的爆炸上限较高，通常只列出粉尘的爆炸下限。

（4）粉尘的形状与表面状态

（5）粉尘中的水分

含尘空气有水分存在时，爆炸下限提高，甚至失去爆炸性。欲使产品成为不爆炸的混合物，至少使其含 50%的水。

3. 粉尘爆炸形成的条件

可燃气休爆炸是因可燃气体在助燃气体中达到一定浓度，即达到爆炸浓度极限，在一定能量作用下，即会发生爆炸。可燃粉尘爆炸成因也基本相似，空气中有一定浓度的可燃粉尘，在能量源作用下，即会发生爆炸。粉尘爆炸的形成有外部条件和粉尘自身两大类原因，应具备以下四个基本条件：

（1）粉尘具有可燃性

粉尘具有可燃性是粉尘爆炸形成的基础，不具备可燃性的粉尘不可能发生化学爆炸。

（2）粉尘必须悬浮在助燃气体中

从粉尘爆炸的反应历程看，若可燃粉尘没有悬浮在空气中，则形成沉聚粉尘，即使与助燃物混合均匀，有点火源的作用，但由于可燃粉尘和助燃物充分混合的数量有限，其受热分解或干馏分解的可燃气体量（或直接与助燃气体发生剧烈氧化还原反应的粉尘量）有限，反应产生的能量会被快速释放到空气中，能量难以聚集，则持续反应的能量不足，不会发生爆炸。

（3）可燃粉尘在助燃气体中的浓度处在爆炸浓度极限范围内

（4）存在足以引起粉尘爆炸的点火源或者强烈振动与摩擦

从粉尘爆炸形成过程可以看出，可燃粉尘爆炸是点火源导致可燃粉尘受热分解或干馏分解出可燃气体，或点火源导致可燃粉尘与助燃物发生剧烈的氧化还原反应，使高温空气迅速膨胀，从而导致粉尘爆炸的发生。因此，足以引起粉尘爆炸的点火源是粉尘爆炸形成不可或缺的因素。

生产过程中常见的点火源有明火、火花、加热和炽热的物体、高温表面、炽热空间、摩擦热、自燃、化学反应热、热射线的聚焦作用、燃烧热等，包括如下几点。

① 设备内的摩擦撞击火花。设备内部由于机械运转部位缺乏润滑而摩擦生热；物料、硬性杂质或脱落的零件与设备内壁碰击打出火星。表面粗糙的坚硬物体相互猛烈撞击或摩擦时，产生的火星撞击或摩擦脱落的高温固体微粒。若火星的微粒直径为 0.1～1 mm，其所带的能量可达 1.76～1 760 MJ，足可点燃可燃粉尘。

② 电火花和静电火花。电气设备故障引起的电火花是常见的一种引火源，事故案例较多。物料在输送和粉碎研磨的搅拌中，粉料与管壁、设备壁，粉料的颗粒与颗粒之间的摩擦和碰击，会产生静电。一些粉尘表面的电量可达 10^{-6}～10^{-7}C/cm^2。在适当条件下，其静电电压可高达数千至数万伏。

③ 沉积粉尘的阴燃和自燃。沉积在加热表面如照明装置、电动机、机械设备热表面的粉尘，受热一段时间后会出现阴燃，最终也可能转变为明火，成为粉尘爆炸的引火源。粉尘最易阴燃的层厚范围为 10～20 mm。沉积的阴燃粉尘甚至在极轻微的震动下也能引起着火和爆炸。

长期沉积在设备裂缝中和管道拐弯等处的可燃粉尘易发生自燃。由于某些物质在微粒状态下与空气接触时会吸附氧，发生氧化放热反应，并在一定条件下其粉层内温度上升，当热量不能充分散发时，温度即可继续升高而引起自燃。粉尘的自燃性不仅取决于粉层的厚度、气流方向及其风力、空气温度，而且还与粉尘颗粒的细度和结构、细孔的内外表面积等因素有关。各种不同的混杂物能对粉尘的自燃性产生极大的影响。例如，含油和含脂物质的掺和料，就能促进粉尘的自燃。湍流越严重，爆炸范围越大。粉尘爆炸条件见表 5-28，常见可燃粉尘的最小点火能量见表 5-29。

表 5-28 粉尘爆炸的自身及外部条件

粉尘自身		外部条件
化学因素	物理因素	气流运动状态
燃烧热	粉尘浓度	氧气浓度
燃烧速度	粒径分布	温度
与水气、二氧化碳的反应性	粒子形状	可燃气体浓度
	比热容及热传导率	阻燃性粉尘浓度及灰分
	表面状态	点火源状态与能量
	带电性	窒息气浓度
	粒子凝聚特性	

表 5-29 常见可燃粉尘的最小点火能量

粉尘名称	最小点火能量/MJ	粉尘名称	最小点火能量/MJ
硫	15	聚氨酯泡沫塑料	15
镁	80	聚乙烯纤维（树脂）	15
小麦	160	酚醛树脂	10
烟煤	60	聚苯乙烯树脂	40

4. 粉尘爆炸极限

在封闭空间内可燃性悬浮粉尘的燃烧会导致化学爆炸。但粉尘在空气中，只是在一定浓度范围内才能发生爆炸。这个能够引起爆炸的浓度称为爆炸的浓度极限。能发生爆炸的粉尘最低浓度和最高浓度称为爆炸的下限和上限。浓度处于上限和下限之间的粉尘都属于有爆炸危险的粉尘。在封闭容积内低于爆炸浓度下限或高于爆炸浓度上限的粉尘都属于安全的。粉尘的爆炸下限越小，能够引起爆炸的温度越低，爆炸危险性越大。

在有些情况下粉尘的爆炸下限非常高，以致只是在生产设备、风道以及除尘器内才能达到。在气力输送中粉尘可能达到其爆炸上限浓度。

可燃粉尘在助燃气体中的浓度处在爆炸浓度极限范围内，这是粉尘爆炸形成的另一重要条件。当粉尘悬浮在助燃物中浓度过高时，可燃物的数量过大，助燃物的数量过小，两者反应的剧烈程度小，反应产生的能量会被很快释放到空气中，难以聚集，不会发生爆炸，反之也一样。只有当可燃物和助燃物的数量混合较为均匀，反应比例恰当时，两者反应最为剧烈，放出的能量最大，大量的能量聚集在一起瞬间释放，形成化学爆炸。因此可燃粉尘能爆炸必须在其爆炸浓度极限范围内，一般常见粉尘的爆炸浓度极限在 20～6 000 g/m^3

之间，但在实际生产、加工场所，由于粉尘具有沉降性，可燃粉尘很难达到爆炸浓度极限上限，因此研究可燃粉尘爆炸浓度极限的上限没有实际意义。

爆炸极限一般用单位体积内所含粉尘质量表示，其单位为 g/m^3。

爆炸下限越低，粉尘爆炸危险性越大；不同种类粉尘其爆炸下限不同，同种物质粉尘其爆炸下限也随条件变化而改变。

影响粉尘爆炸极限因素主要有粉尘粒度、分散度、湿度、点火源的性质、可燃气含量、氧含量、惰性粉尘和灰分温度等。

粉尘粒径越小、分散度越高、氧浓度越高、可燃挥发分含量越高、点火源强度、表面积越大、初始温度越高、湿度越低、惰性粉尘及灰分越少，爆炸下限越低。

含尘空气有水分存在时，爆炸下限提高。表 5-30 是常见可燃粉尘在空气中的爆炸浓度极限下限。

表 5-30 常见可燃粉尘的爆炸浓度极限下限

粉尘种类	爆炸下极限/（g/m^3）	起火点/℃	粉尘种类	爆炸下极限/（g/m^3）	起火点/℃
钼	35	645	聚丙烯腈	25	500
锑	420	416	聚乙烯	20	410
锌	500	680	聚对苯二甲酸乙酯	40	500
锆	40	常温	聚氯乙烯	—	660
硅	160	775	聚醋酸乙烯酯	40	550
钛	45	460	聚苯乙烯	20	490
铁	120	316	聚丙烯	20	420
钒	220	500	聚乙烯醇	35	520
硅铁合金	425	860	甲基纤维素	30	360
镁	20	520	木质素	65	510
镁铝合金	50	535	松香	55	440
锰	210	450	己二酸	35	550
绝缘胶木	30	460	酪蛋白	45	520
环氧树脂	20	540	对苯二酸	50	680
酚甲酰胺	25	500	多聚甲醛	40	410
酚糠醛	25	520	对羧基苯甲醛	20	380
缩乙醛	35	440	软木	35	470
醇酸	155	500	纤维素絮凝物	55	420
乙基纤维素	20	340	棉花絮凝物	50	470
合成橡胶	30	320	木屑	40	430
醋酸纤维素	35	420	玉米及淀粉	45	470
四氟乙烯	—	670	大豆	40	560
尼龙	30	500	小麦	60	470
丙酸纤维素	25	460	花生壳	85	570
聚丙烯酰胺	40	410	砂糖	19	410
干浆纸	60	480	泥炭粉	10.1	
肥皂	45	430	棉花尘	25.2	
铝粉	58.0		谷仓粉尘	227.0	
煤粉	114.0		面粉	30.2	
硫黄粉	2.3		亚麻皮	16.7	
硫矿粉	13.9		染料尘	270.0	

表 5-31　粉尘引燃温度分类

粉尘类和级	粉尘物质	引燃温度/℃		
		$T>270$	$270\geqslant T>200$	$200\geqslant T>140$
$\mathrm{III_A}$	非导电性易燃纤维	木棉纤维、烟草、纸纤维、亚硫酸盐纤维素、人造毛短纤维	木炭纤维	
	非导电性爆炸性粉尘	小麦、玉米、砂糖、橡胶、染料、聚乙烯、苯酚树脂	可可、米糖	
$\mathrm{III_B}$	导电性爆炸性粉尘	镁、铝、铝青铜、锌、焦炭、炭黑、钛	铝（含油）、铁煤	
	火药、炸药粉尘		黑火药、TNT	硝化棉、吸收药、黑索金、泰安

二、粉尘爆炸机理

首先，悬浮可燃粉尘在热源作用下表面接受点火源的能量，迅速提高了表面温度，迅速地被干馏或热分解气化，产生的可燃气体从粉尘离子表面释放到气相中。

然后，可燃气体与空气（或氧气等助燃气体）混合形成爆炸性混合气体，随后被点火源点燃而燃烧。

最后，燃烧放出的热量以热传导和火焰辐射的方式传给附近悬浮的或被吹扬起来的粉尘，这些粉尘受热汽化后使燃烧循环地进行下去。随着每个循环的逐次进行，其反应速度逐渐加快，通过剧烈的燃烧，最后形成爆炸。这种爆炸反应以及爆炸火焰速度、爆炸波速度、爆炸压力等将持续加快和升高，并呈跳跃式的发展。

依靠这种火焰产生的热量，又促使周围的粉尘发生分解，持续不断地在气相中释放出可燃气体，可燃气体又与空气混合，使火焰不断传播，从而导致粉尘爆炸。

从某种程度上讲，可燃粉尘-空气混合物的爆炸是一种气固非均相燃烧现象，从燃烧本质上看，也可以认为是可燃气体在空气中的爆炸，只是这种可燃气体“储存”在粉尘中，受热后释放出来参加了爆炸反应。

但某些发生表面燃烧的物质如铁粉、钛粉、铝粉等粉尘发生爆炸过程中，不发生分解或干馏过程，这些粉尘接受点火源的作用，直接与空气中的氧气发生剧烈的氧化放热反应，炽热的粉尘或粉尘的氧化物加热周围的粉尘和空气，使高温的空气迅速膨胀，从而导致粉尘爆炸的形成。甚至于铝粉只要在二氧化碳气氛中就有爆炸的危险。

一般比较容易发生爆炸事故的粉尘都有较强的还原剂 H、C、N、S 等元素存在，当它们与过氧化物和易爆粉尘共存时，便发生分解，由氧化反应产生大量的气体，或者气体量虽小，但释放出大量的燃烧热。

三、粉尘爆炸的特点及危害

1. 粉尘爆炸的特点

① 多次爆炸。粉尘初始爆炸的气浪可能将沉积的粉尘扬起，形成爆炸性尘云，在新的空间再次产生爆炸，这叫二次爆炸。而且第二次爆炸压力比第一次爆炸压力大，破坏性更

严重。这种连续爆炸会造成严重的破坏。

第一次爆炸气浪把沉积在设备或地面上的粉尘吹扬起来，在爆炸后短时间内爆炸中心区会形成负压，周围的新鲜空气便由外向内填补进来，形成所谓的“返回风”，与扬起的粉尘混合，在第一次爆炸的余火引燃下引起第二次爆炸。二次爆炸时，粉尘浓度一般比一次爆炸时高得多，故二次爆炸威力比第一次要大得多。

② 粉尘爆炸所需的最小点火能量较高，一般在几十毫焦以上。

③ 粉尘燃烧要经过受热熔融、分解、蒸发等复杂过程，感应期是粉尘从接触火源到发生爆炸所需的时间。粉尘的感应期要比气体爆炸长，达数十秒，为气体的数十倍。

④ 粉尘爆炸可能产生两类有毒气体。一类是不完全燃烧产生的一氧化碳，另一类是爆炸物质自身分解产生的毒性气体。

2. 粉尘爆炸危害性

① 与可燃性气体爆炸相比，粉尘中的碳、氢含量高，即可燃物含量多，其燃烧速度和爆炸压力上升较缓慢，但燃烧时间长、压力较高（如硫粉、煤粉最大爆炸压力分别为0.29 MPa、0.32 MPa）、持续时间长、释放的能量大，所以造成的破坏及烧毁的程度严重得多。

② 爆炸时粒子一边燃烧一边飞散，可使可燃物局部严重炭化，造成人员严重烧伤；具有极强的破坏性。

③ 最初的局部爆炸发生之后，会扬起周围的粉尘，继而引起二次爆炸、三次爆炸，扩大伤害。

④ 爆炸生成的一氧化碳和其他有毒气体，易使附近人员中毒。

四、粉尘火灾及特点

除了粉尘爆炸，在粉尘处理过程中，也经常遇到可燃性粉尘被加热或遇到火花发生氧化反应而放热或燃烧，甚至酿成火灾的现象。因此，我们不仅要防止粉尘爆炸，同时也要防止粉尘火灾。

粉尘火灾与粉尘爆炸的不同之处在于它们二者之间的燃烧形式截然不同。粉尘火灾发生过程为：暗燃——冒烟燃烧；粉尘爆炸：发生火焰的明火燃烧。

暗燃还是明火取决于粉尘堆积层的情况以及与空气的接触情况。有一种粉尘，燃烧时既不产生暗燃也不产生明火，而只是呈现出炽热的状态。

发火条件：

① 点火源；

② 暗燃的粉尘飞扬落到堆积的粉尘上；

③ 粉尘在低温的加热表面堆积时间过长或高温环境下较薄的粉尘层。

五、粉尘爆炸的防控

1. 识别与评估

① 根据工艺、设备、物料、操作条件，分析可能产生的粉尘种类和部位。

② 用已经投产的同类生产厂、作业岗位的检测数据或模拟实验测试数据进行类比

识别。

③ 分析粉尘产生的原因、粉尘扩散传播的途径、作业时间、粉尘特性，确定其危害方式和危害范围。

④ 分析是否具备形成爆炸性粉尘及其爆炸条件。

对处理的物质进行危险性评估，以确定采取的防护措施。常采用“最大爆炸压力指数（P_{max}）”和“爆燃指数（K_{st}）”，P_{max} 和 K_{st} 值越大，表示该物质危险性越大，越容易爆炸。

表 5-32 一些可燃粉尘的 P_{max} 和 K_{st} 值

粉尘	粉尘粒径/μm	P_{max}/bar	K_{st}/（bar·m/s）
木粉	29	10.5	205
玉米淀粉	7	10.3	202
食糖	30	8.5	138
煤粉	24	9.2	129
PVC	60	8.3	98

2. 粉尘爆炸事故预防措施

从可燃粉尘爆炸反应历程可以看出，粉尘爆炸是可燃粉尘、助燃物（主要是空气中的氧气）、点火源三者互相作用的结果，三个条件缺一不可。因此控制粉尘爆炸产生的原理就是控制可燃粉尘、助燃物、点火源三者相互作用，预防粉尘爆炸事故安全措施有如以下三类。

（1）控制可燃粉尘在助燃物中的浓度

控制可燃粉尘在助燃物中的浓度，在生产、加工、储存场所可以采用密闭性能良好的设备，尽量减少或避免粉尘飞散；对难以在密闭场所完成的作业，如有发生粉尘爆炸危险性，应安装有效的通风除尘设备，加强清扫工作，防止粉尘沉积，及时消除悬浮在空气中的可燃粉尘，降低可燃粉尘在助燃物中的浓度，确保可燃粉尘不在爆炸浓度极限范围内；对于设备内极易形成粉尘-气体爆炸混合物的操作，在设备中充入惰性介质、降低系统中的氧含量是目前防止设备爆炸的唯一可靠方法。惰性介质可以采用氮气、二氧化碳以及惰性粉尘等。

（2）控制作业场所空气相对湿度

提高作业场所的空气相对湿度，也是预防粉尘爆炸形成的有效举措。当空气相对湿度增加时，一方面可减小粉尘飞扬，降低粉尘的分散度，提高粉尘的沉降速度，避免粉尘达到爆炸浓度极限；同时空气相对湿度增高会消除部分静电，相当于消除了部分点火源，并且空气相对湿度的提高会导致可燃粉尘爆炸的最小点火能量相应提高；此外空气相对湿度增加后会占据一定空间，从而降低氧气浓度，降低了粉尘燃烧速度，抑制粉尘爆炸的发生。

（3）消除粉尘爆炸的点火源

由前述分析可知，粉尘爆炸的点火源有多种，必须根据操作环境可能出现的点火源种类进行针对性预防。任何条件下，设备的表面温度都应稍低于粉尘层的阴燃温度。另处，可燃粉尘在破碎机、粉碎设备、风管和其他带搅拌装置的设备的零件，须用不产生火花的材料制造。控制电源，清除静电隔绝火源等。

3. 粉尘爆炸应急措施

常用的应急处置方案主要有四种：遏制、泄爆、抑爆、隔爆。

遏制，就是在设计、制造粉体处理设备的时候采用增加设备厚度的方法以增大设备的抗压强度，承受 P_{max}。但是这种措施往往以高成本为代价，在金属材料价格日益昂贵的今天，采用这种措施显然是非常不经济的。

所谓泄爆，是指存在于围包体内的粉尘云发生爆炸时，在爆炸压力尚未达到围包体的极限强度之前，爆炸产物通过泄压膜泄除，使围包体不致被破坏的控爆技术。泄爆分为正常情况下的压力泄放和无火焰泄放，是利用防爆板、防爆门、无焰泄放系统对所保护的设备在发生爆炸的时候采取的主动爆破、泄放爆炸压力的办法进行泄压，以达到保护粉体处理设备的安全。防爆板通常用来保护户外的粉体处理设备，如粉尘收集器、旋风收集器等，压力泄放的时候并随有火焰以及粉体的泄放，可能对人员和附近设备产生伤害和破坏；防爆门通常用来保护处理粉体的车间建筑，以达到避免整个车间产生粉体爆炸的作用；厂房装配易甩出的轻型防护结构包括：装上窗扇或一般的玻璃窗、门、双扇大门、天窗，带有轻质保温层的薄钢板，铅板和石棉水泥板的屋顶构件。在单层厂房中，如果墙壁上不可能装配防爆构件时，可集中利用屋顶泄压；对于处于室内的粉体处理设备，有时对泄爆要求非常严格，不能产生火焰、物料泄放或者没有预留泄放空间的情况下，通常会采用无焰泄放系统，以达到保护人员以及周围设备的安全。

当粉尘爆炸发生于工艺设备内部时，为了保护设备不遭到严重破坏，可利用减压泄爆部件（防爆膜、阀件等）降低爆炸产生的压力。防爆膜或其他减压部件均要求在超过工作压力 20%～30%时发生动作。可采用金属箔片、浸橡胶的石棉板、聚乙烯薄膜等作为防爆膜材料。防爆膜的有效通过截面积，可采用下述简化公式计算：

$$FV \geqslant 0.16$$

式中：F ——薄膜面积，m^2；

V ——设备容积，m^2。

抑爆是指爆炸初始阶段，通过物理化学作用扑灭火焰，抑制爆炸发展的技术。爆炸抑制系统是在爆燃现象发生的初期（初始爆炸）由传感器及时探测到，通过发射器快速在系统设备中喷射抑爆剂，从而避免危及设备乃至装置的二次爆炸，通常情况下爆炸抑制系统与爆炸隔离系统一起组合使用。抑制就是利用了爆炸需要的三要素以及爆炸原理。根据这个原理，爆炸需要完整的三个要素，并在适当的条件下产生爆炸。所以要抑制爆炸的发生，必须取消三要素中的一个要素。一种措施是往粉体处理设备内部注入惰性气体如 N_2、CO_2 等代替空气，从而降低氧化剂氧气的含量，以达到抑制爆炸的目的；另一种措施是取消易燃易爆物料，但是这是不可能的，因为设备本身就是用来处理该物料的。所以以上两种措施都是不可能或者很难做到的，所以我们一般采用最简单的措施，就是取消其中的一个重要因素：火源，从而抑制爆炸的发生。这就要采用爆炸抑制系统，最简单的爆炸抑制系统是由四个单元组成：监视器、传感器、发射器和电源。

隔爆是在爆炸发生后，将危险的设备与相连的设备隔离开，从而避免爆炸的传播，产生二次爆炸。隔离分为机械隔离和化学隔离。主要防护设备包括：防爆板、防爆门、无焰泄放系统、隔离阀以及化学隔离和抑爆系统相同。

在实际应用中，并不是每一种防护措施单独使用，往往采用多种防护措施进行组合运用，以达到更可靠更经济的防护目的。

六、除尘系统粉尘爆炸的防控

用于处理可燃性粉尘的除尘设备也必须采取防火、防爆措施，否则一旦使用不当也会造成爆炸起火事故。

1. 除尘系统的点火源

一般除尘器都是吸入空气后再排出，故除尘系统内氧气供给充足。能引起除尘系统起火可能性的主要为静电火花、自燃发火、冲击摩擦和明火。其中静电火花是主要是由于非导电性可燃粉尘长期高速摩擦除尘器滤布、管路，形成高压静电造成的；自燃发火是由于捕集下来的粉尘在布袋或灰斗内缓慢进行氧化反应而积蓄下的氧化热造成的；冲击摩擦一般是除尘系统吸入的易起火花的金属碰撞，或者是检修清扫过程中用锤头振落附着在灰斗或袋室内的粉尘时因碰撞而产生的火星；明火可以由人工带入或检修时的气焊火焰、电焊火花等产生。

2. 除尘系统各部位的防爆措施

粉尘在风管内沉积的主要原因，是输送风速太小或有漏风现象。所以为防止发生爆炸，可燃性粉尘的除尘管路应尽可能短些，并要求同一系统的除尘器所担负的产尘设备（生产加工中能形成粉尘的产尘源）最多不超过四台。

对于系统中的弯头、变径管等，在设计时应使弯头曲率半径在管道直径 D 的 1.5 倍以上，变径管的展开角在 15 度以下，以减少阻力。

当可燃性粉尘的粒径小于 15 μm，其沉降速度在 0.1 m/s 左右时，管内的风速应该是沉降速度的 100～200 倍。当粉尘浓度增大时，输送风速也应相应地加大。

在袋室和灰斗处应安装便于检修和清扫的活动门，当连接处采用插入止口连接时，应没有阻挡粉尘的现象和漏气现象。

除尘器灰斗部分最容易产生粉尘起火爆炸。因为吸入风管的粉尘有一部分直接落入灰斗，大部分在滤袋中被过滤。粉尘在滤袋表面形成层后，靠重力自行脱落或被喷吹、振打后脱落，这时就有可能产生高浓度粉尘云，或者在灰斗内的加强筋上及钢板焊缝上堆积起来。如果由于某种原因造成粉尘二次飞扬，条件适宜又遇上火源，将是非常危险的。因此，对于金属粉尘，如铅、锌、氧化亚铁、锆等，在除尘系统的灰斗中堆积时发生的缓慢氧化反应，以及塑料合成树脂、橡胶等仍保持着制品加工时的摩擦热的粉尘，应采取连续排灰的方法，勿使灰斗内积存过多的粉尘，并要经常观察灰斗及袋室内的温度，或安装温度传感器，以便随时控制装置内的温度，防止积蓄热诱发火灾引起爆炸。

在吸尘罩口安装适当的金属网，以防止铁片、螺钉等物被吸入与管道碰撞产生火花引起燃烧。

对于处理有非导电性可燃性粉尘的除尘设备，应将除尘系统的除尘器、管道、风机等设施连接起来接地处理。也可采用防静电滤布或将除尘器的袋子用铁夹子夹牢后接地。

生产车间的含油雾和含可燃性气体的通风排风设施，绝对不能与可燃性粉尘的除尘系统或有机溶剂作业的通风设备相连接或共用风机。如炼铁高炉用的袋式除尘器，尽管整个系统都有相应的防爆、防火措施，但在高炉休风时仍要严格防止煤气爆炸。为此在高炉无蒸汽的情况下，必须迅速打开煤气系统所有的放散阀及清灰阀，与箱体外大气串通，以便在很短时间内将煤气驱出除尘器。对于原则上不能分开的通风系统，除考虑以上措施外，在除尘器运转、停机前后，还应清除整个除尘系统中的残余气体。

3. 除尘系统中的防灭火措施

除尘系统在采取上述措施后虽能防止发生爆炸事故，但在除尘器内局部仍有可能出现起火燃烧现象。干式除尘设备一般采用以下防灭火措施。

① 在室外设备的大型除尘装置，如果发现有着火现象需关闭除尘器风机时，为防止烟气经管道倒灌入车间，应在关闭防火阀或风量开关后，再关掉风机。电除尘及袋式除尘器的过滤部分通常是密封结构，没有特殊情况，滤袋的燃烧不会向其他部位蔓延。对设立在室内的小型除尘装置，遇到袋室起火冒烟情况则应立即关闭风机。

② 堆集在灰斗内的粉尘一旦着火，可用灭火器扑灭，然后将其内部的粉尘排出。排出的粉尘要认真处理，防止死灰复燃并要注意在清除过程中避免出现爆燃事故。灰斗或袋室清理干净后再换上新滤袋。

③ 灭火后，为了防止袋室内缺氧及一氧化碳中毒，人员进入前应进行充分的通风换气，待确认安全后方可进入查看、操作。

④ 治理可燃性、摩擦性强的粉尘时，原则上风机应后置。

4. 设置除尘设备的注意事项

对于处理可燃性粉尘的除尘系统及车间建筑物的设计、施工中应注意如下几点。

① 除尘器与其他生产设备应保持适当的安全距离，四周设置耐压壁。

② 有易燃粉尘的车间建筑物应采用防火结构，与其他车间的连接处应设防火门、百叶窗以及排气孔，以便驱散爆炸气体。

③ 在含有易燃易爆气体的车间内设置的除尘器，一般要设计防爆孔。孔的尺寸应为袋室面积的5%～6%或相对袋室容积的0.16 m^2/m^3。

④ 建筑物的换气次数和通风口的比例按防止粉尘爆炸的要求来设计。

⑤ 要防止可燃性粉尘泄漏飘散，车间内的房梁、支架、顶棚等处不能有粉尘堆集。

参考文献

[1] 中国石化集团上海工程有限公司. 化工工艺设计手册（第四版，上、下册）[M]. 北京：化学工业出版社，2009.

[2] 元英进. 现代制药工艺学[M]. 北京：化学工业出版社，2004.

[3] 李国生，等. 土建工程制图（第一版）[M]. 广州：华南理工大学出版社，2005.

[4] 靳士兰，等. 化工制图[M]. 北京：国防工业出版社，2006.

[5] 中华人民共和国化学工业部. 工业金属管道设计规范（GB 50316—2000）[S]. 北京：中国计划出版社，2008.

[6] 中华人民共和国国家质量监督检验检疫总局，中国国家标准化管理委员会，机械工程 CAD 制图规则（GB/T14665—2012）[S]. 北京：中国标准出版社，2012.

[7] A. S. Foust，et al. Principles of Unit Operations（2nd ed）[M]. John Wiley & Sons，New York，1980.

[8] W. L. McCabe，J. C. Smith，Unit Operations of Chemical Engineering（3rd ed），Mc Graw-Hill，New York，1976.

[9] J. M. Coulson，J. F. Richardson，Chemical Engineering（3rd ed）[M]. 1～2，Pergamon Press，Oxford，1977-1978.

[10] 唐受印，等. 废水处理工程（第二版）[M]. 北京：化学工业出版社，2004.

[11] 郑四仙. 静态混合器简介及选用[J]. 化工生产与技术，2000，7（2）：33-35.

[12] 金涌，祝京旭，汪展文，等. 流态化工程原理[M]. 北京：清华大学出版社，2001.

[13] 李德华. 化学工程基础[M]. 北京：化学工业出版社，1999.

[14] 李炳智. 臭氧氧化处理含氯代硝基苯类废水机理及其强化生物降解性的研究[D]. 浙江大学，2010.

[15] 刘金泉. 二氧化氯与多环芳烃污染物的反应活性及机理研究[D]. 哈尔滨工业大学，2007. M.G. 方坦纳，N.D. 格林著，左景伊译，腐蚀工程[M]（第二版）. 北京；化学工业出版社，1982.

[16] 李金桂，等. 腐蚀和腐蚀控制手册[M]. 北京：国防工业出版社，1988.

[17] 北川浩，铃木谦一郎. 吸附的基础与设计[M]. 鹿政理译. 北京：化学工业出版社，1983.

[18] 朱家骅，夏素兰，胡新辉. 生物化工中的流化床分离技术[J]. 四川联合大学学报（工程科学版），1998，2：（4）：1-8.

[19] Zhu J，Xia S. Comparative investigations of fluized bed protein adsorptions[J]. Proceedings of CKCSST，Tianjin，1995.

[20] 井出哲夫，等. 水处理工程理论与应用[M]. 张自杰等译.北京：中国建筑工业出版社，1984.

[21] 徐志明. 对活性炭吸附柱工艺参数计算方法的探讨[J]. 沈阳黄金学院学报，1990，9（2）：6-10.

[22] Perry R. H，Chilton C. H. Chemical Engineers Handbook. 6th ed. New York，McGraw-Hill，Inc. 1984.

[23] 陈敏恒. 化工原理（第二版上、下册）[M]. 北京：化学工业出版社，2000.

[24] 蒋展鹏. 环境工程学（第二版）[M]. 北京：高等教育出版社，2005.

[25] 大连理工大学. 化工原理（上、下册）[M]. 北京：高等教育出版社，2002.
[26] 李连仲. 岩石矿物分析，第一分册（第三版）[M]. 北京：地质出版社，1030，1991.
[27] 冯岩岩，徐森，刘大斌，等. 冷凝法回收有机溶剂的优化设计[J]. 化学工程，2012，40（1）：35-37.
[28] 陈良杰，王京刚. 挥发性有机物的物化性质与活性炭饱和吸附量的相关性研究[J]. 化学工程，2007，27（5）：409-412.
[29] 何炳林，黄文强. 离子交换与吸附树脂[M]. 上海：上海科技教育出版社，1995.
[30] 陈火林，张家泉，卢俊彩.树脂吸附法处理二氯吡啶酸生产废水[J]. 工业水处理，2008，28（2）：26-29.
[31] 国显波，马雪梅，项玉杰. 大孔树脂吸附废水中利福平的研究[J]. 辽宁医药，2008，23（1）：19-20.
[32] 杨淼，王亚宁，熊春华. 两种高浓度酚醛树脂生产废水的树脂吸附处理及其资源化研究[J]. 四川环境，2007，26（1）：1-4.
[33] Mikkel G. Mandt，Bruce A. Bell. Oxidation Ditches in Wastewater Treatment. 1982.
[34] 田钟荃，翁元声. 活性炭吸附淀粉及强制放电再生的研究[J]. 给水排水，1989，15（6）：12-14.
[35] 李惠民，邓兵杰，李晨曦. 几种活性炭再生方法的特点[J]. 四川化工，2006（5）：44-47.
[36] 史惠祥. 实用水处理设备手册[M]. 北京：化学工业出版社，2000.
[37] 邱志惠. AutoCAD 实例教程[M]. 西安：西安电子科技大学出版社，2001.
[38] 化工部环境保护设计技术中心站. 化工环境保护设计手册[M]. 北京：化学工业出版社，1998.
[39] 井出哲夫，水处理工学——理论与应用[M]. 成都：技报堂出版株式会社，1978.
[40] 左景伊，腐蚀数据与选材手册[M]. 北京：化学工业出版社，1995.
[41] 汪大，雷乐成. 水处理新技术及工程设计[M]. 北京：化学工业出版社，2001.
[42] 于尔捷，等. 给水排水工程快速设计手册 2[M]. 北京：中国建筑工业出版社，1996.
[43] 中国石化集团上海工程有限公司. 化工工艺设计手册（第三版下册）[M]. 北京：化学工业出版社，2003.
[44] 刘锦梁，苏永森. 工业厂房通风技术（第一版）[M]. 天津：天津科学技术出版社，1985.
[45] 王家德，等. 有机废气的生物处理概述[J]. 上海环境科学，1998，17（4），21-24.
[46] 童志权. 工业废气的净化与利用[M]. 北京：化学工业出版社，2001，93.
[47] 吴忠标. 大气污染控制工程[M]. 北京：科学出版社，2002，201.
[48] 黄伯芬. 活性炭纤维（ACF）及其应用[J]. 化工时刊，2003，17（11）：16-18.
[49] 蔡来胜，刘春雁，刘刚. 活性炭纤维及其在空气净化中的应用[J]. 上海防治科技，2003，31（4）：10-11.
[50] 冯志武，等. 对我国 LD31～92 标准中关于光气尾气高空排放规定的探讨[J]. 化工环保，1999，19（4）：247.
[51] 化工部环保设计技术中心站. 化工环境保护设计手册（第一版）[M]. 北京：化学工业出版社，1998.
[52] 金国森，等. 化工设备设计全书——除尘设备[M]. 北京：化学工业出版社，2002.
[53] 陶珍东，郑少华. 粉体工程与设备[M]. 北京：化学工业出版社，2003.
[54] 郝吉明，等. 大气污染控制工程（第二版）[M]. 北京：高等教育出版社，2002.
[55] 郑爱国. 通风管道材料性能分析及选择[J]. 山西建筑，2002，28（1）：84-85.
[56] 吴建章，李东森. 通风除尘与气力输送[M]. 北京：中国轻工业出版社，2009.
[57] 路乘风. 崔政斌. 防尘防毒技术[M]. 北京：化学工业出版社，2004.
[58] 和丽秋. 消防燃烧学[M]. 昆明：云南人民出版社，2006.

附录 1 本书习题

一、作业格式

封面字体：二号仿宋体；正文字体：中文小四号宋体，英文：Times New Roman；行距：1.25 倍。

图纸图幅为 A2 或 A3。

作业按封面、目录、正文、参考文献等顺序装订，封面注明姓名、专业、学号。

二、讨论题

本书设计了若干讨论题，主要来源于工程实践。建议同学们分成 8～10 人一组，提前一周查阅文献、分组讨论，然后在讨论课上由各组分别报告结果，并由其他同学提问。

题目

1．某精细化工工厂 1990 年建成，2003 年新投产生产 1-AP（1-氨基四氢吡咯），采用常压精馏精制，采用常压精馏精制，某人调查后给出其生产流程和物料平衡（单位：t/月，工作时数：200 h/月）如附图 1-1。

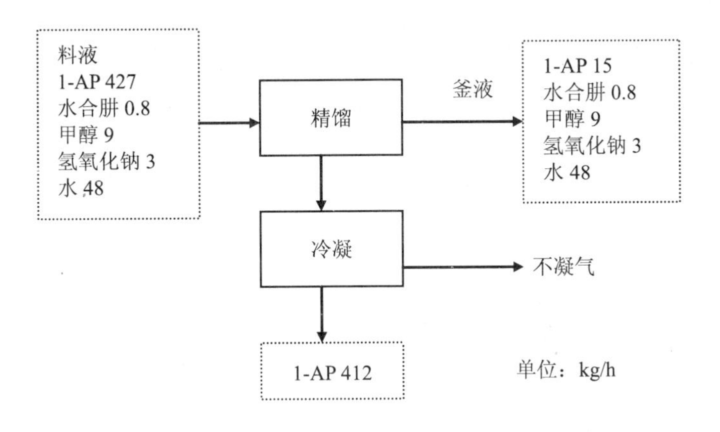

附图 1-1 精细化工厂生产流程和物料平衡

已知：1-AP 沸点为 105℃，甲醇-水 $K_{G}a$=0.041 kmol/m^2 h，设精馏对料液中甲醇的分离率为 99%。请查其他物质相关参数后，核实所给单元的产污环节和污染源源强并进行解释。在此基础上，提出有关污染控制措施，绘制工艺流程图、给出工艺说明、主要技术经济指标、主要设备及水工构筑物一览表。

2．某企业 2004 年投产生产 BIT（1,2-苯并异噻唑酮），其年生产时数为 2 400 h（三班连续运转），其物料平衡见附图 1-2（单位为 t/a），请根据该物料平衡作出：（1）画出邻二氯苯的平衡图；（2）根据相关国家排放标准，给出 W_{5-1} 中各特征因子并估算 COD 及特征因子浓度；（3）设计 G_{5-1}、G_{5-2} 废气处理方案，风量自定并说明理由（CTBC 是 2-氯巯基苯甲酰氯）。

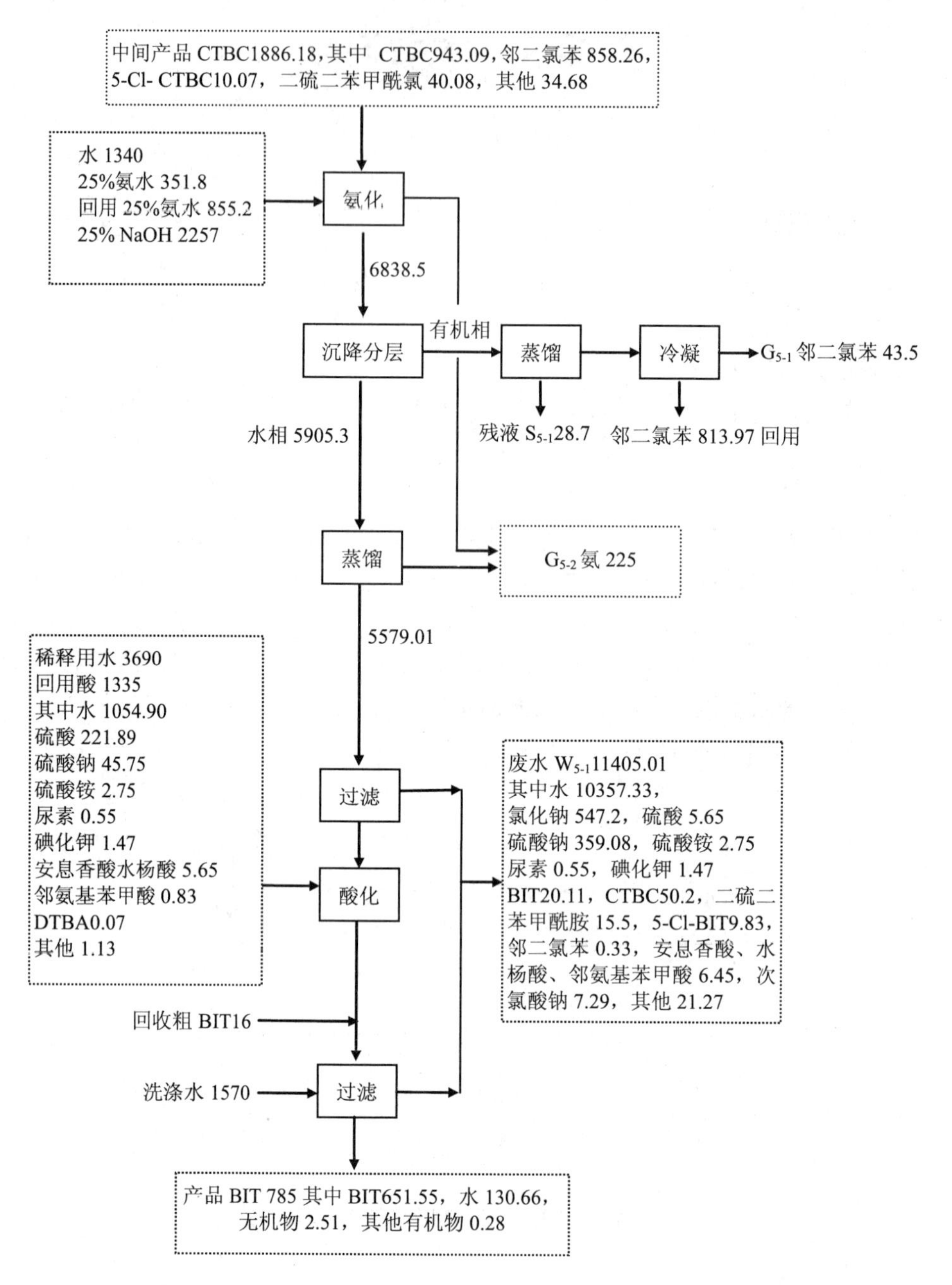

附图 1-2 BIT 生产物料平衡图

3．某新建钢帘线厂生产废水：总水量 360 m^3/d，其中含铜废水水量 50 m^3/d，浓度为 Cu^{2+}50 mg/L；含镍废水水量 40 m^3/d，浓度为 Ni^{2+}40 mg/L；含锌废水水量 100 m^3/d，浓度 Zn^{2+}40 mg/L；其余为前处理废水，水质为 Fe^{2+}1 020 mg/L、石油类 15 mg/L、磷酸根 120 mg/L、硫酸钠 450 mg/L、COD150 mg/L、pH 为 7～7.5。要求处理达到《污水综合排

放标准》（GB 8978－1996）一级标准。

请根据国家对重金属和固体废弃物的处理要求，设计处理工艺。

4．某厂生产氧化锌，工艺流程如附图 1-3。

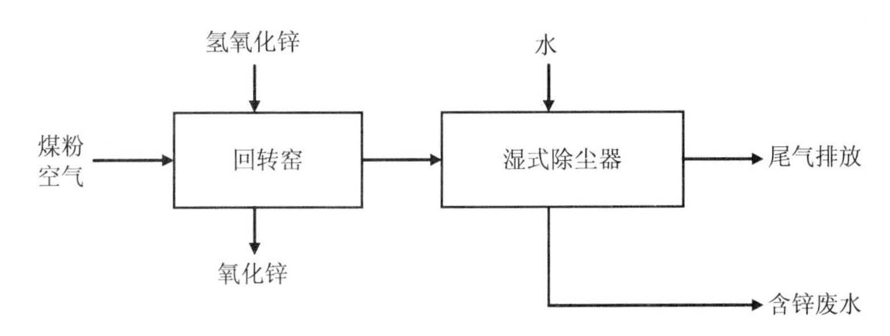

附图 1-3 氧化锌工艺流程

所排含锌废水废水，水量 240 m^3/d，pH 为 5～8，SS=1 200 mg/L 该 SS（可视为机械杂质），Zn^{2+}650 mg/L，COD600 mg/L，请设计一处理流程，要求回收氢氧化锌，处理后水回用作除尘循环水。请做技术方案并说明理由。

5．某印染厂废水主要来自于漂染车间，主要染料品种为硫化染料，水量 600 t/d，平均 COD900 mg/L，BOD_5 250 mg/L，SS300 mg/L，色度 200 倍。要求处理尾水达到《污水综合排放标准》（GB 8978—1996）中原有企业一级指标，请提出技术方案。

6．某厂水相法 50%甲基 1 605 乳油设计年产 5 000 t，日产 17 t。废水主要来源水洗锅和过滤器排出的含酚废水、打浆场地冲洗的废水和开、停车或事故产生的高浓度含酚废水，废水排放量为 45～50 t/d。废水水质见附表 1-1。

附表 1-1 印染厂废水水质

组成	COD_{Cr}	有机磷	对硝基酚钠	硫化物	pH
浓度/（mg/L）	30 000～50 000	2 200～2 500	2 000～3 000	1 400～2 500	7～8

废水处理流程为酸解-沉磷-萃取-生化法处理。废水经酸解破坏有机磷的 S=P 双键，使部分有机磷转为 PO_4^{3-}，再与 Ca^{2+}生成磷酸钙沉淀。废水中的酚主要以对硝基酚的形式存在，用 N-503 萃取后用稀碱反萃，回收酚钠。除酚后废水经表面加速爆气池生化处理后达标排放。本题仅要求对萃取除酚部分进行工艺设计。

萃取工艺条件：进水 pH 为 4～5，萃取剂为 1∶9（体积比）的 N-503 和煤油混合物，萃取剂∶废水=1∶5，室温，停留时间 1 h，N-503 的溶解度为 10 mg/L，萃取剂损失 0.5%，反萃时含酚 N-503∶稀碱=800∶300（体积比），NaOH 用量以控制水相 pH10～12，反萃温度 50℃，反萃时间 30 min。按此工艺，萃取除酚率 96%，反萃再生率 99%。请设计一萃取处理技术方案。

7. 某工厂建于 1996 年 8 月，在其生产过程中有一氯化氢尾气需治理，产生量为 24 kg/h，常温，要求处理达到《大气污染物综合排放标准》（GB 16297—1996）中二级标准。拟采用填料塔吸收处理，已知体积传质系数 K_ya=0.05 kmol/（m^3·s），在吸收效率为 95%时 N_{OG}=5.5。请设计治理工艺流程，计算给出吸收塔主要参数和材质、其他主要设备选型计算和材质、吸收液终浓度和产生量，排气筒高度不得大于 16 m。

8. 某非纤维性粉尘除尘系统，初始含尘浓度 C_1=1 g/m^3，允许排放浓度 C_2=100 mg/m^3，空气为常温，当地大气压为 760 mmHg，风管采用钢板制作（K=0.15 mm），共有 3 个局部抽风点，坐标位置分别为 a 点（3，4，1.6）、b 点（3，8，1.6）、c 点（4.5，8，1），单位为 m。试作出净化系统图、设备及管道管件表、工艺说明等。

三、本书讨论题

1. 某大型化工联合企业生产主要品种为 12 万 t/a 烧碱、2 万 t/a 氟化物以及甲基氯化物等，各分厂生产废水的水质水量见附表 1-2。

附表 1-2 大型化工联合企业废水水质

	氯碱公司	氟化公司	氟材料公司	氯化物公司
废水量/（t/d）	860	720	500	320
COD_{Cr}/（mg/L）	450	600	500	450
BOD_5/（mg/L）	21	36	23	14
SS/（mg/L）	1 000	200	400	350
F/（mg/L）	—	1 500	500	—
P/（mg/L）	5.57	—	—	—
石油类/（mg/L）	24.4	9.6	10.4	—
二氯甲烷/（mg/L）	—	—	—	400
三氯甲烷/（mg/L）	—	140	—	120
四氯甲烷/（mg/L）	—	100	—	80
Cl^-/（mg/L）	15 000	10 000	—	—
pH	1～11	1～7	5～11	7～11

处理后尾水要求达到《污水综合排放标准》（GB 8978—1996）中一级排放标准并去除废水中卤代烃类。某环保工程公司为其制定的废水处理工艺流程见附图 1-4。

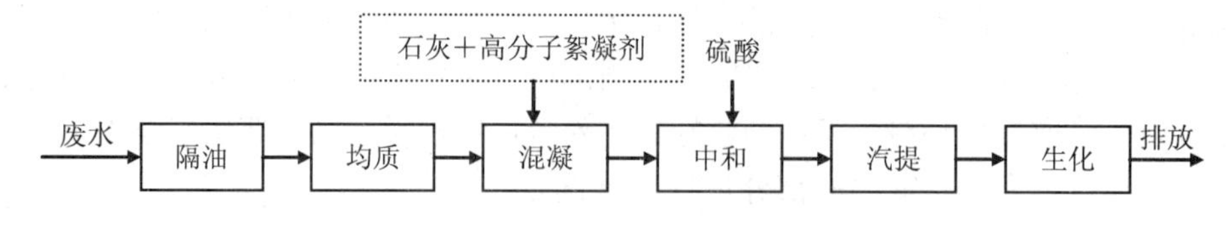

附图 1-4 大型化工联合企业废水处理工艺流程

问题：

① 处理流程是否合理？为什么？

② 如你认为该流程有可改进处，请在不改变处理方法的基础上调整优化该处理流程，并解释。

③ 优化后，汽提的能耗和氟化物排放总量分别可降低多少？

2. 讨论农药废水方案的合理性？

某农药化工有限公司氯噻啉、二嗪磷原药生产主要工艺流程见附图 1-5、附图 1-6。废水水质见附表 1-3。

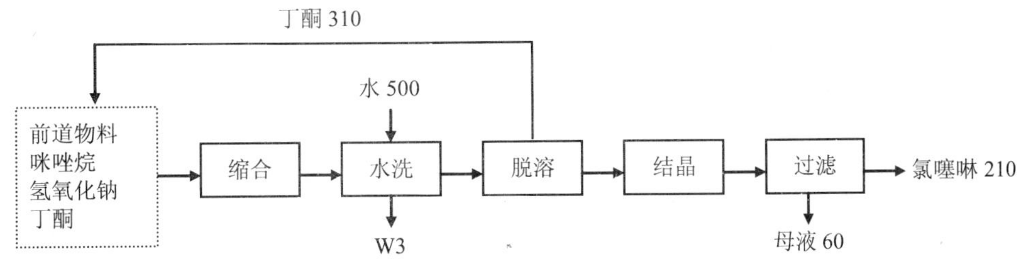

附图 1-5 氯噻啉部分工艺流程

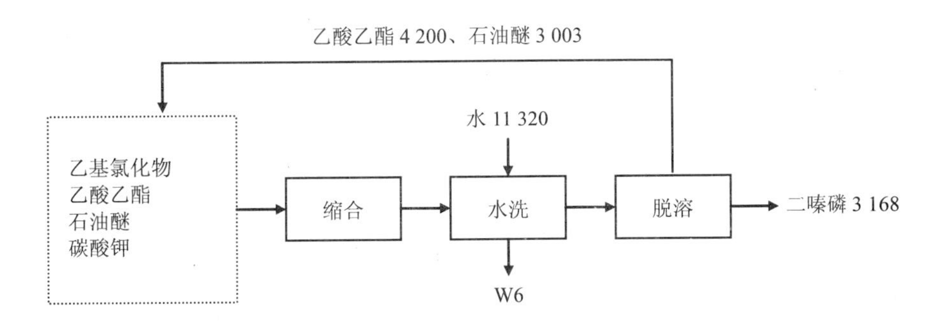

附图 1-6 二嗪磷部分工艺流程

附表 1-3 废水水质

序号	水量/（t/a）	污染物浓度（mg/L）
W1	1 339	COD 30 000 mg/L；$Na_2SO_3$113 370 mg/L；NaCl 6 200 mg/L；二氯乙烷 4 000 mg/L
W2	176	COD 45 000 mg/L；$Na_2SO_3$120 950 mg/L；NaCl 130 000 mg/L；二氯乙烷 14 760 mg/L
W3	613	COD 6 640 mg/L；NaCl 104 860 mg/L；SS1 000 mg/L；丁酮 11 900 mg/L
W4	1 208	COD 14 488 mg/L；甲醇 7 198 mg/L
W5	4 730	COD 63 000 mg/L；NaCl 120 000 mg/L；甲醇 31 300 mg/L
W6	12 753	COD 63 000 mg/L；TP970；有机磷农药 32；乙酸乙酯 1 150；石油醚 157；氯化钾、碳酸氢钾 100 000 mg/L

某单位提出的废水处理方案流程图见附图 1-7。W1、W2 两股含高浓度二氯乙烷废水先经树脂吸附，二氯乙烷去除率不低于 80%；吸附后废水与 W3、W6 混合后一同蒸发，沸点低于 100℃的有机溶剂进入冷凝水，高沸点有机物及盐类为蒸发渣，送去焚烧；冷凝水用 Fe^{2+}和 H_2O_2 进行催化氧化；再经过滤后采用疏水型晶态的二氧化硅分子筛吸附废水中小分子有机物，去除率 80%；吸附后废水与喷射泵废水、地面冲洗水和生活污水等混合，经厌氧、好氧处理达到接管标准后送污水处理厂集中处理。附表 1-4 是该方案对特征污染物的预期处理效果。

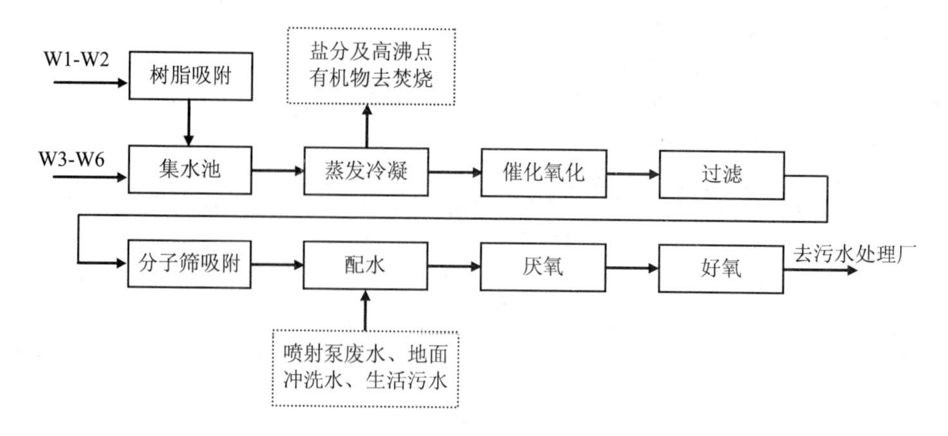

附图 1-7　废水处理流程图

附表 1-4　特征污染物处理效果表（进水量 20 820 t/a，配水水量 48 020 t/a）

	进水	蒸发冷凝		催化氧化		分子筛吸附		配水		厌氧+好氧		接管标准
	浓度/(mg/L)	浓度/(mg/L)	去除率/%	浓度/(mg/L)	去除率/%	浓度/(mg/L)	去除率/%	浓度/(mg/L)	去除率/%	浓度/(mg/L)	去除率/%	
COD	20 936	16 749	20	13 399	20	2 680	80	1 592	0	446	72	500
二氯乙烷	76	76	0	68	10	3.4	95	1.5	0	1.3	13	—
有机磷	19.6	2	90	1	50	1	0	0.43	0	0.34	20	0.5
丁酮	350	350	0	245	30	73.5	70	31.9	0	8.6	73	—
乙酸乙酯	704	704	0	634	10	127	80	55	0	13.8	75	—
甲醇	7 529	7 529	0	6 023	20	1 205	80	522	0	26	95	200
石油醚	96	96	0	86	10	69	20	30	0	6.3	79	—

提示：应注意源强的准确性，工艺单元对特征污染物的去除能力，工艺单元排列的合理性。

3．某厂以废铅酸蓄电池为原料生产再生铅。生产工艺为，废铅酸蓄电池经放废电解质、机械破碎、水力筛分、重选，铅泥等在冶炼炉中加焦炭、铁屑、碳酸钠等进行初炼得粗铅，再经火法精炼得到精铅。其熔炼废气采用冷却沉降-袋式除尘-水喷淋法处理，设计铅尘去除率 99.5%，铅尘排放浓度 2.5 mg/m^3。问题：该烟气应以什么标准考核？处理工艺是否合理？你觉得可以如何改进？

4．某化工生产过程中产生工艺废水量 5 070 m^3/a，其中含有氯化钾 15.4 t、溴化钾 163.2 t、二氯乙烷 5 t、苯酚 2.8 t、5-苯氧基苯酞（$C_6H_5OC_6H_4COOCH_2$）8 t，pH=5。另有地面冲洗水 4 000 m^3/a、初期雨水 300 m^3/a 和生活污水 4 000 m^3/a。拟以如附图 1-8 所示，废水处理流程处理之。

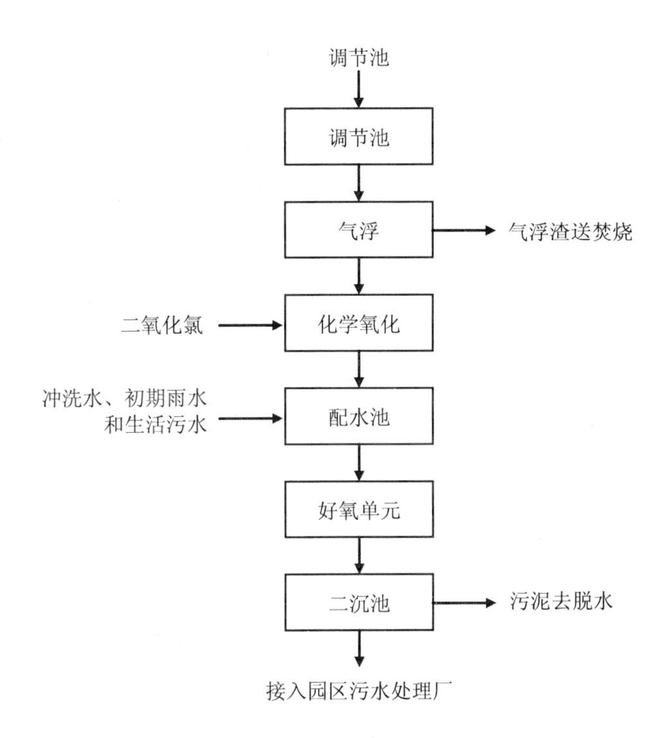

附图 1-8 再生铅废水处理流程

已知污水处理厂的接管标准为 COD1 000 mg/L、二氯乙烷 1 mg/L、苯酚 1 mg/L，试论证该处理工艺过程中可能的新污染源、污染物及产生量，提出改进方案。

5．某有机硅材料厂单体合成废气成分见附表 1-5。

附图 1-5 有机硅材料厂废气成分

污染物	产生速率/（kg/h）	产生量/（t/a）
氯甲烷	1.06	7.6
甲基单体	2.07	14.9
氢气	18.76	135.1
甲烷	169.86	1223
乙烷	0.43	3.1
氯化氢	106.26	765.1
氯气	3.49	25.1

拟采用焚烧-碱吸收法处理，其工艺流程见附图 1-9。

附图 1-9 有机硅材料厂废气处理流程

试讨论该方案的可行性，如果改进，但仍采用焚烧法，可以怎么调整工艺单元？

6．某汽车部件有限公司电镀项目污水处理方案见附图 1-10。

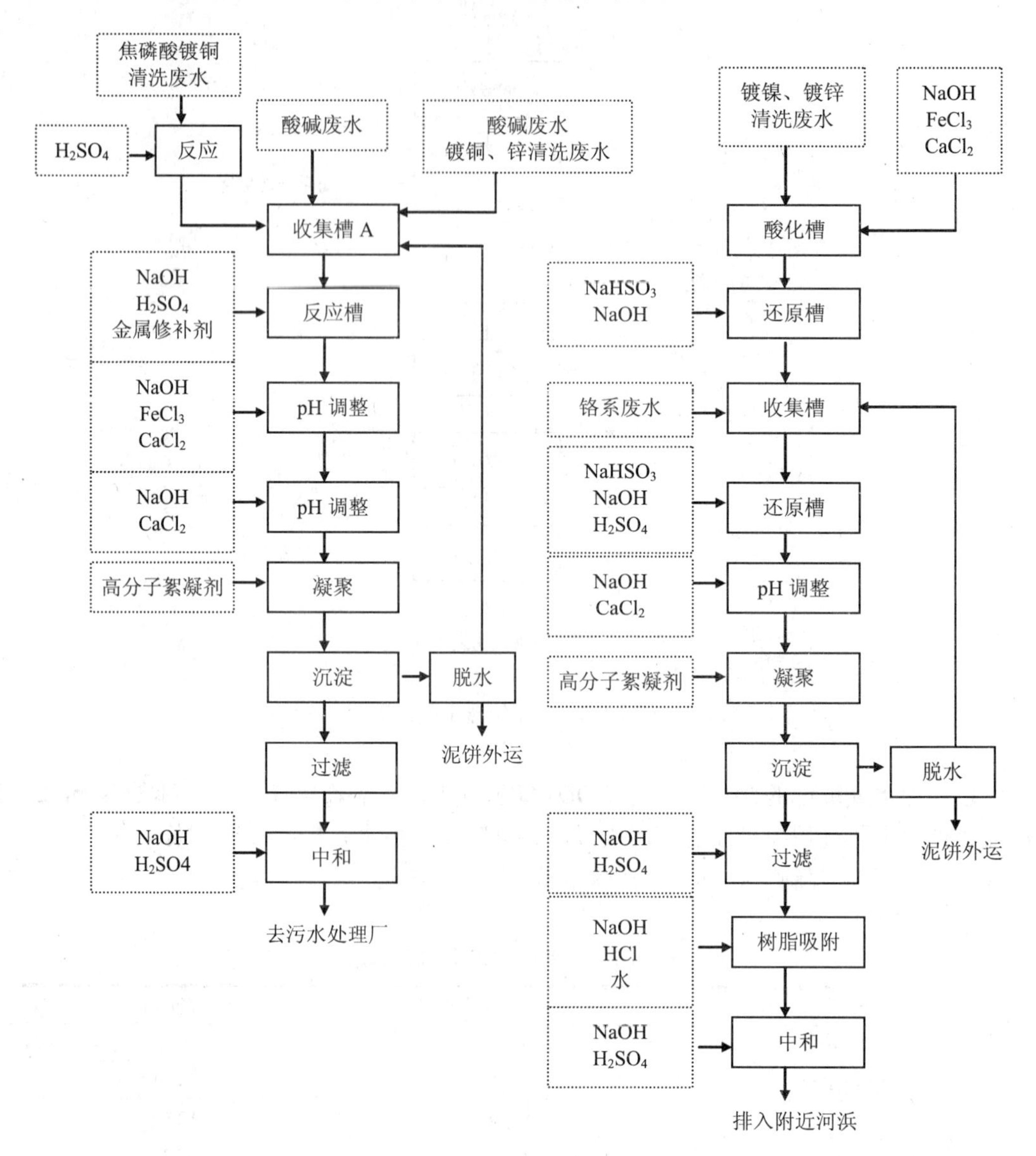

附图 1-10　电镀项目污水处理流程

请讨论以下问题：① 分析并说明本废水处理方案的原理及工艺过程；② 分析并说明本废水处理方案中磷的处理方法；③ 找出本方案中的问题并提出改进措施。

附录 2　教学建议

课程名称：环境工程工艺设计教程

英文名称：Environmental engineering proccss design tutorial

周课时：2

学分：2

课时安排：建议本课程安排 40 课时，详见下表。

章	节	课时	备注
第一章	概述、环境工程设计步骤	2	
	环境工程设计内容	2	习题 1
	环境工程设备、环境工程图	2	
第二章	一～三节	2	
	四～六节	2	
	讨论课	2	讨论题 2
	七～九节	2	
	十～十一节	2	
第三章	概述	2	
	讨论课	2	讨论题 1
	含铅废水例	2	
	树脂吸附例	2	
第四章	概述、废气工艺流程设计步骤	2	
	吸收法回收氨例	2	
	讨论课	2	讨论题 5
	活性炭纤维回收氯仿例	2	32
第五章	一～四节	2	
	讨论课	2	讨论题 3
	五～六节	2	
	七～八节	2	
		40	

附录 3 《环境工程项目基础设计说明书》编制大纲

一、概述

说明项目来源，是新项目、现有设施改造，还是限期治理等；

项目概况，所在地、所属行业、规模、生产产品等；

项目需完成的主要工作目标、内容（废水治理、废气治理、废渣处置、综合治理）等。

1. 设计依据、原则和设计范围

（1）设计依据

① 有关设计标准和设计规范；

② 项目主管部门有关批复文件；

③ 建设单位相关技术资料（可行性研究报告、环评报告、工艺规程、生产单元有关污染物产生量的原始记录、生产台账等）；

④ 研究单位实验报告、中试报告；

⑤ 合同。

（2）设计原则

① 符合国家法律法规、技术政策、环保管理要求、技术规范。

② 全面反映研究实验的成果，并按工程要求进行必要的修改和完善，为施工图设计提供依据。

③ 对污染源进行必要调查，采取清洁生产措施，消除或减少源强是设计原则之一。

④ 对于水质较为简单、水量较大的废水处理，采取深度处理后实现水的回用、套用是必要的原则。

⑤ 如有多股不同废水时，分质处理是必要的原则。

（3）项目适用的污染物排放标准

按项目所在地环境管理部门的规定，列表给出本项目完成后应达到的污染物排放标准。

（4）设计范围

经双方协商后，以委托书或合同的形式确定，并在本方案中明确。原则上应含本项目界区内所有设施。

2. 产品介绍、设计规模和生产方法

（1）产品介绍

简要介绍产污产品的生产规模、品种规格、生产时数和方式等。

（2）生产方法及流程特点

介绍产品的生产原理（有化学反应的应给出主要化学反应式）、工艺流程、产污环节、所用主要原辅材料单耗等，同时对某些物质如（过量物质、溶剂损耗量、酸碱中和剂、萃取剂、催化剂用量等）辅以必要的核算，以估算出这些物质的流失量。

3．污染源源强资料

① 详细描述各污染源并编号，污染源编号应尽可能与项目环评报告书一致；

② 为了说明污染物排放量和浓度的波动程度，应调查其产生方式（连续和间断）、产生时数及最大瞬时值；

③ 应分别核算出各污染源的主要污染物浓度、特征污染物种类和浓度等。

二、工艺技术方案

1．处理工艺路线选择

根据本项目污染源的有关污染物情况，简单论述常见处理方法，说明各处理方法的主要优缺点，从达标可靠性、衍生污染物的可处理处置性、二次污染、投资、运行费用（需包括对衍生污染物的处理处置费用）、占地面积、操作性、自动化程度等方面进行比选并选定拟采用的工艺流程。

对于选定工艺方案，应进一步阐述的技术原理，说明对各污染物特别是对污染源中各特征污染物的去除或降解率。如果方案应依据中试结果编制，如仅仅根据实验室实验结果，应给出有关实验的主要数据并进行说明。

2．处理工艺说明和工艺技术经济指标

处理工艺说明和工艺技术经济指标应包括如下内容。

（1）处理工艺方框图

① 如果有多个污染源，有多套处理装置，应先给出总处理系统框图，再分别给出各套处理装置的工艺流程框图。

② 处理系统框图用以说明各污染源污染物的处理途径、去向，表明各污染物混合节点、处理装置的套数及名称。

③ 处理工艺方框图则是以框图的形式说明该污染物处理设施的工艺流程。包括所有工艺单元、各工艺单元间的连接、各污染物的流向和最终去向、原辅材料的加入点等。处理工艺方框图可以表示全流程也可以表示部分单元。

（2）处理工艺过程说明

应以简练的语言说明处理工艺过程。

（3）主要技术经济指标和主要工艺参数

主要工艺指标见附表 3-1。

附表 3-1 主要技术经济指标

序号	项 目	单 位	指 标
1	废水处理能力	t/a	
		t/d	
2	处理后水水质指标	—	
3	运行费用	元/t 废水	
4	削减污染物总量	t/a	
5	回收物料量	t/a	
6	年开工日	日/a	
7	工作制度	日/班	
8	工作人员	人	
9	电力容量	—	
	其中装机容量	kW	
	其中开机容量	kW	
10	占地面积	—	
	其中建筑面积	m^2	
	其中构筑物容积	m^3	

（4）工艺单元预期处理效率

方案中，应给出各工艺单元对各污染物的预期处理效率。其目的一是为了核算各污染物是否可通过工艺流程达到排放标准，二是为了核算各污染物最终排放总量。

各工艺单元对各污染物（含特征因子）的预期处理效率依据中试结果给出，如根据实验室实验或文献资料给出，应加以说明。

（5）混合节点水量水质变化平衡

现代工业废水处理，要求分类收集、分质处理，以便做到处理效率最高而最终污染物排放量最小。因此，在工艺上可能会出现多个环节的废水源分离或合并，如蒸发析盐使含盐废水量分为固体废盐和冷凝水两部分，高浓度有机废水经预处理后与生活污水合并进入生化处理单元等。每一次分离或合并，水量及水质即会发生变化，因此必须核算分离或合并前后水质水量值，以便正确估算预期单元处理效率。

现代工业废气处理，有时也会遇到合并的问题。含同种污染物的废气源合并，废气排气量增加，污染物的浓度等于各废气源的平均值，速率等于各废气源的加和；含不同种类污染物的废气源合并，废气排气量增加，各污染物的速率不变，但浓度降低。后者相当于稀释排放，为环境管理所不允许，如必须这样做，应在各废气源支管上设置采样孔。

（6）生产组织和装置定员和人员培训计划

环境工程项目，除了如粉体净化系统等某些废气处理装置可以无人值守运行外，其他设施特别是流程较长的各类废水处理装置，不宜无人值守。

某些有一定安全风险的操作岗位（如高空、易燃易爆、有毒有害、深池等），应设双人上岗；需要连续运行的生化处理装置，应考虑四班、三班倒的人员设置。

定员结果填入附表 3-2。

附表 3-2 定员表

序号	名称	生产人员	辅助人员	管理人员	操作班次	轮休人员	合计
1	工段 1						
2	工段 2						
3	管理						
	合 计						

3. 原辅材料及动力单耗、年消耗量

附表 3-3 说明原辅材料的单耗（废水以 kg/m^3 给出，废气以 kg/万 m^3 给出）、日用量和年用量，均应以各原辅材料常用的形态和含量给出，特殊形态和含量应说明。

附表 3-3 主要原、辅材料规格及耗用量表

序号	名称	规格	单耗/（kg/t 废水）	日用量/（kg/d）	年用量/（t/a）	运输方式

4. 公用工程与动力消耗

公用工程指水、电、蒸汽、压缩空气、真空、各种惰性气体、高温热媒、冷媒等（附表 3-4、附表 3-5）。一般由工厂的动力车间统一供应，设计时仅给出消耗量。

附表 3-4 用电设备负荷表

序号	工艺单元	设备名称	单机功率/kW	运行时间/（h/d）	台数		耗电量/（kWh/d）	装机功率/kW	开机功率/kW
					使用	备用			

附表 3-5 水、电、汽消耗

水		电		蒸汽（P=0.4MPa）	
t/t 废水	t/a	kWh/t 废水	kWh/a	t/t 废水	t/a

三、主要设备与水工构筑物选型计算

逐一进行包括主要设备、装置、水工构筑物在内的选型计算。给出主要设计参数、工艺参数计算过程、材质（根据介质理化性质和材料性能，通过《腐蚀数据手册》查得或实验得到）、型号、规格和数量。

根据选型计算结果，分别列出设备一览表和水工构筑物一览表（附表 3-6）。

附表 3-6 主要设备、构筑物一览表

序号	名称	型号规格	材质	数量	备注

四、仪表及自动控制

主要测量、控制仪表（如流量计、压力计、温度计、酸度计、液位计等）的选型依据与设计参数、数量。

五、公用工程界区条件

描述本界区位置、物料输送、公用工程管线、道路、配电、上下水等以及与工厂本部的对接关系。

六、土建及绿化

描述厂房及辅助用房（办公室、更衣室、控制室、分析化验室、工具机修间、配电室、风机房、泵房等）的设计、结构、面积。

界区道路、场地的设计、绿化设计等。

七、环境保护

描述项目完成后的环境效益（污染物的总量削减量、有毒有害物质的减排情况等、运行费用的降低情况等），列表逐项说明各污染物的产生量、削减量、削减率和最终排放量、排污口整治等（附表 3-7）。

附表 3-7 项目环境效益表

污染物名称	产生量/（t/a）	削减量/（t/a）	削减率/%	排放量/（t/a）

应核算出废弃物的最终排放量包括各类有组织排放废气的排放量、废水排放量、废水中各类常规及特征因子的排放量等，各类废弃物最终排放量（排污总量）不得大于项目环境影响报告批复中下达的指标。

应根据当地环境主管部门对该项目排污口整治的要求，列出排污口整治工程内容，估算工程费用。

八、投资估算及资金筹措

设备水工构筑物及建筑物的投资概算，应根据“设备一览表和水工构筑物、建筑物一览表”中的型号、规格、数量、市场报价和当地的相关费用收费标准进行计算，计算结果逐项列表在附表 3-8、附表 3-9 中。

附表 3-8 投资概算总表

工程或费用名称	概算价值/万元				
工程费用	设备购置	安装工程	建筑工程	其他材料	合 计
其他费用	技术、调试费	设计费	施工管理费	税金	合 计
总 计					

附表 3-9 分项投资概算

序号	项目	数量	费用/万元	小计/万元
1	设备			
	定型设备/台			
	非标设备/台			
2	管道管件			
3	电器仪表			
4	土建			
	构筑物/ m^3			
	建筑物/ m^2			
	基础地坪/ m^2			
5	其他材料			
6	安装			
	合计			

在设备和水工构筑物选型计算完成后，即可通过询价从制造商处获取设备、器材、管道管件、电气仪表等价格。

非标准设备可在完成设计图纸，请制造商估价。

水工构筑物按池体、构件、配件、附属设备、防腐处理等分别进行造价估算。池体造价通常根据砖壁、混凝土结构按每立方米池容积估价；构件、配件、附属设备等可按设计图纸或选型进行询价。

九、技术经济评价及分析

1. 核算依据

原辅材料单位用量、市场价格，当地水、电、蒸汽、压缩空气等动力消耗费用、人员工资单价。

2. 运行成本核算

分项计算原辅材料（药剂）、水、电、蒸汽、压缩空气费用、人员工资、设备及构筑物折旧费用、维护费用等，最终给出吨产品污染治理费用或单位数量的污染物处理成本。

运行成本＝原辅材料（药剂）费＋水、电、蒸汽、压缩空气费用＋人员工资＋设备及构筑物折旧费＋维护费用

原辅材料（药剂）包括酸碱中和剂、混凝剂、沉淀剂、氧化还原剂、营养盐、消泡剂等。原辅材料成本核算时，应在前述各原辅材料单耗的基础上，给出原辅材料市价，以此

逐项计算原辅材料成本。

设备折旧期通常以8～10年计算，厂房及水工构筑物通常以15～20年计算。

运行成本计算时，废水以元/m^3给出，废气以元/万m^3给出，固废以元/t给出。

如有回收物料及综合利用产品，则还应计算回收及综合利用成本，给出回收及综合利用效益。回收及综合利用成本同样包括原辅材料（药剂）、水、电、蒸汽、压缩空气费用、人员工资、设备及构筑物折旧费用、维护费用等。

十、图件

应提供如下图件。

（1）工艺流程图（如果有生物处理单元，应提供高程图，以便于审查提升次数的合理性）。

（2）粉体净化技术方案应提供净化系统图。净化系统图为一轴测图，可清楚地标明从吸尘罩、风管、除尘器到排气筒的系统全部设备、管道、管件等。

（3）平面布置图（应标明排气筒数量和位置、废水入口和排口）。

（4）水平衡图。如果废水处理方案中有回用水或套用水流程，应给出实施后全公司水平衡图，其中应标明回用水或套用水来源、回用点及回用量、套用点及套用量。并相应地计算出回用水率或套用水率。

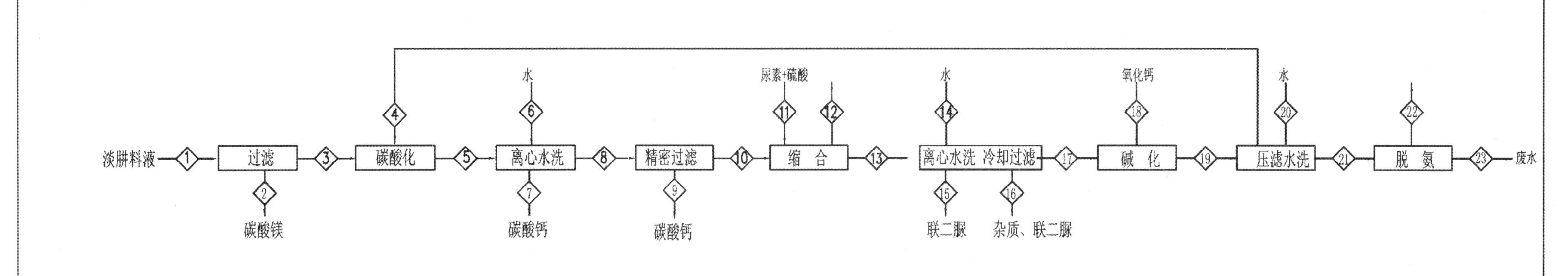

	①		②		③		④		⑤		⑥		⑦	
	kg/t	%	kg/t	%	kg/t	%	kg/t	%	kg/t	%	kg/t	%	kg/t	%
肼	329.74	3.45			329.74	3.46			329.74	2.56				
碳酸钠	1092.26	11.43			1092.26	11.46			54.61	0.42				
氯化钠	602.81	6.30			602.81	6.33			602.81	4.68				
水	7409	77.52	14.96	50	7394.04	77.61	887.55	40	8281.59	72.99	1391.96		618.65	40
硫酸														
碳酸镁	15	0.16	14.96	50	0.04				0.04					
氧化钙														
硫酸钙							1331.32	60						
硫酸钠									1390.06	10.79				
尿素														
碳酸钙									978.92	7.60			927.97	60
联二脲														
氨														
肼的盐														
铵盐														
二氧化碳														
其他	108.87	1.14			108.87	1.14			108.87	0.96				
合计	9557.68	100	29.92	100	9527.76	100	2218.87	100	11746.64	100	1391.96		1546.63	100

	⑧		⑨		⑩		⑪		⑫		⑬		⑭	
	kg/t	%	kg/t	%	kg/t	%	kg/t	%	kg/t	%	kg/t	%	kg/t	%
肼	329.74	2.84			329.74	2.87			3.30					
碳酸钠	54.61	0.47			54.61	0.48								
氯化钠	602.81	5.20			602.81	5.25					602.81	5.07		
水	9054.89	78.11	50.93	50	9003.96	78.36	20.61		1800.79		7199.99	60.61	8000	
硫酸							1009.83							
碳酸镁	0.04				0.04						0.04			
氧化钙														
硫酸钙														
硫酸钠	1390.06	11.99			1390.06	12.10					1463.22	12.32		
尿素							1253							
碳酸钙	50.95	0.44	50.93	50	0.02						0.02			
联二脲											1155.11	9.72		
氨									44.93					
肼的盐											53.58	0.45		
铵盐											1292.16	10.88		
二氧化碳									80.82					
其他	108.87	0.94			108.87	0.95					112.70	0.95		
合计	11591.97	100	101.86	100	11490.15	100	2283.44		1894.36		11879.23	100	8000	

	⑮		⑯		⑰		⑱		⑲		⑳		㉑		㉒		㉓	
	kg/t	%	kg/t	%	kg/t	%	kg/t	%	kg/t	%	kg/t	%	kg/t	%	kg/t	%	kg/t	%
硫酸钙									1401.39	7.57			70.07	0.38			70.07	0.42
水	731.57	40	57.76	50	14410.66	80.35			14586.86	78.80	1996		15695.31	85.82	1198.20		14497.11	86.34
硫酸钠					1463.22	8.16			1390.06	7.51			1390.06	7.60			1390.06	8.28
氯化钠					602.81	3.36			602.81	3.26			602.81	3.30			602.81	3.59
肼的盐					53.58	0.30			53.58	0.29			53.58	0.29			53.58	0.32
氧化钙							577.04											
氨					1292.16铵盐	7.20			332.83	1.80			332.83	1.82	299.55		33.28	0.20
碳酸钙					0.02				0.02				0.02				0.02	
联二脲	1097.35	60	57.76	50														
其他					112.34	0.63			144.28	0.78			144.28	0.79			144.28	0.86
合计	1828.92	100	115.52	100	17934.79	100	577.04		18511.83	100	1996		18288.96	100	1497.75		16791.21	100

说明

1. 压滤穿透率以5%计，精密过滤穿透率以0.03%计，滤饼含水量以40%计。
2. 缩合反应肼的转化率以95%计，剩余肼分别进入废气、废水。以肼计ADC总收率为83.66%。
3. 缩合水洗只计算初期洗涤水。
4. 脱氨率90%。
5. 本工艺硫酸消耗1009.83（100%）kg/tADC；副产碳酸钙927.97kg/tADC；副产氨299.55kg/tADC。

南京大学环境科学研究所				
职 责	签 名	日 期	ADC发泡剂缩合清洁生产工艺 物料平衡流程图	工程代号 SB01
设 计				设计项目 工艺
制 图				设计阶段 施工
校 核				SB01-003
审 核				
审 定				第 张 共 张 版次
			比例 图幅 594X420	

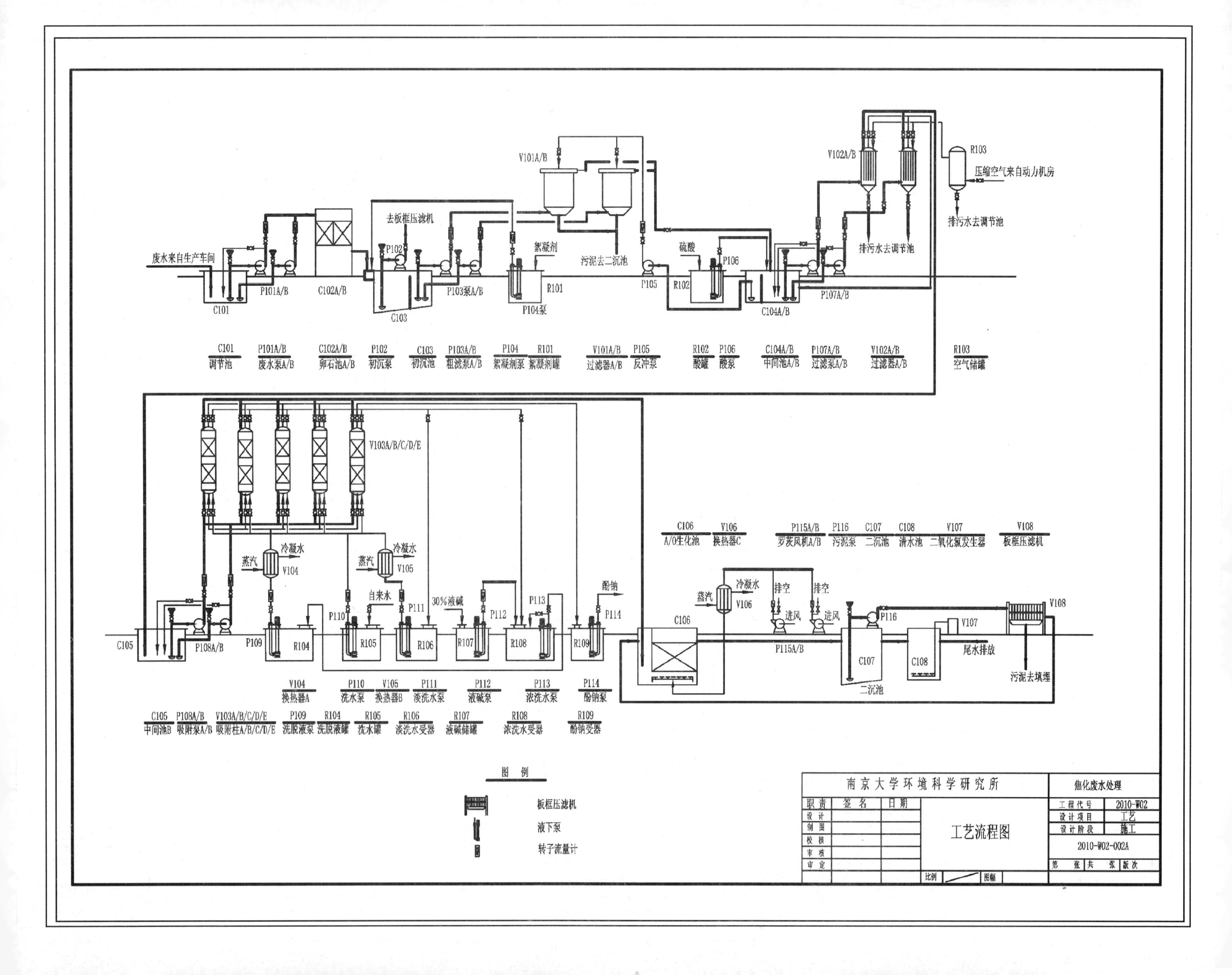
废水来自生产车间
V101A/B
去板框压滤机
絮凝剂
污泥去二沉池
硫酸
V102A/B
R103
压缩空气来自动力机房
排污水去调节池
排污水去调节池
P101A/B
C102A/B
P102
C101
C103
P103泵A/B
P104泵
R101
P105
R102
P106
C104A/B
P107A/B
C101 调节池
P101A/B 废水泵A/B
C102A/B 卵石池A/B
P102 初沉泵
C103 初沉池
P103A/B 粗滤泵A/B
P104 絮凝剂泵
R101 絮凝剂罐
V101A/B 过滤器A/B
P105 反冲泵
R102 酸罐
P106 酸泵
C104A/B 中间池A/B
P107A/B 过滤泵A/B
V102A/B 过滤器A/B
R103 空气储罐
V103A/B/C/D/E
蒸汽
冷凝水
V104
蒸汽
冷凝水
V105
自来水
30%液碱
P113
酚钠
C105
P108A/B
P109
R104
P110
R105
P111
R106
R107
P112
R108
R109
P114
C106 A/O生化池
V106 换热器C
P115A/B 罗茨风机A/B
P116 污泥泵
C107 二沉池
C108 清水池
V107 二氧化氯发生器
V108 板框压滤机
蒸汽
冷凝水
V106
排空
排空
进风
进风
C106
P115A/B
P116
V107
V108
C107
C108
二沉池
尾水排放
污泥去填埋
V104 换热器A
P110 洗水泵
V105 换热器B
P111 淡洗水泵
P112 液碱泵
P113 浓洗水泵
P114 酚钠泵
C105 中间池B
P108A/B 吸附泵A/B
V103A/B/C/D/E 吸附柱A/B/C/D/E
P109 洗脱液泵
R104 洗脱液罐
R105 洗水罐
R106 淡洗水受器
R107 液碱储罐
R108 浓洗水受器
R109 酚钠受器
图 例
板框压滤机
液下泵
转子流量计
南京大学环境科学研究所
焦化废水处理
职责
签名
日期
设计
制图
校核
审核
审定
工艺流程图
工程代号 2010-W02
设计项目 工艺
设计阶段 施工
2010-W02-002A
第 张 共 张 版次
比例
图幅